TRIDIUM 教育部—霍尼韦尔Tridium产学合作协同育人项目成果

物联网工程专业系列教材

物联网中间件技术与应用

主编 邓庆绪 张金

参编 顾琳 刘晨 王波

IOT MIDDLEWARE TECHNOLOGY AND APPLICATION

机械工业出版社
CHINA MACHINE PRESS

图书在版编目（CIP）数据

物联网中间件技术与应用 / 邓庆绪，张金主编．—北京：机械工业出版社，2021.1（2023.8 重印）
（物联网工程专业系列教材）

ISBN 978-7-111-67399-6

Ⅰ. 物…　Ⅱ. ①邓…　②张…　Ⅲ. 物联网－系统软件－高等学校－教材　Ⅳ. ① TP393.4　② TP18

中国版本图书馆 CIP 数据核字（2021）第 005851 号

物联网中间件的作用是将不同的设备、协议等抽象为一个个通用的对象，帮助开发者将精力聚焦于物联网系统内部的业务和数据，从而快速地构建物联网应用系统。本书的目标是介绍物联网中间件技术及其常见的功能和应用方法，以便读者能够快速了解物联网中间件提供的各种功能和服务。本书的主要内容包括物联网和物联网中间件的基础知识、通用对象模型与组态、基于组件的业务逻辑设计、协议转换与设备连接、基于中间件的物联网安全技术、物联网中间件与人工智能，并给出了两个典型场景下利用物联网中间件开发物联网系统的综合案例。

本书内容丰富、系统、实用，可作为高校物联网工程专业及相关专业的物联网中间件课程教材，也可作为物联网技术人员的参考书。

出版发行：机械工业出版社（北京市西城区百万庄大街 22 号　邮政编码：100037）
责任编辑：朱　劼　　责任校对：李秋荣
印　　刷：固安县铭成印刷有限公司　　版　　次：2023 年 8 月第 1 版第 5 次印刷
开　　本：185mm×260mm　1/16　　印　　张：15.75
书　　号：ISBN 978-7-111-67399-6　　定　　价：59.00 元

客服电话：（010）88361066　68326294

序

随着物联网技术的发展，物联网产品已经越来越多地出现在人们的日常生活当中，人们对智能化物联网应用的需求也日益增加。基于物联网的应用发展迅猛，系统规模越来越大，接入网络的智能设备和智能系统不断增多，设备结构各异，产生的数据量越来越大，信息的安全性越来越重要，这些都给物联网的设计和开发带来了巨大的挑战。

物联网中间件作为物联网系统的重要组成部分，能够解决各种应用领域异构设备的互操作、上下文感知、设备与数据管理、系统扩展以及物联网环境下的信息安全等问题，因此掌握物联网中间件技术对快速开发物联网系统有极大的帮助。

Tridium 公司从 1996 年开始致力于物联网中间件平台 Niagara 的开发及应用。Niagara 是一个完整、智能的企业级集成应用平台，可用于开发、集成、连接和管理各种协议、网络、智能设备及系统。它能够将异构系统进行抽象化、模型化，形成通用对象模型，基于这些通用模型就可以设计业务流程和应用程序，轻松管理和优化各种设施。因此 Niagara 已广泛应用于建筑、工厂以及智慧城市等领域，成为物联网领域的重要技术。

多年前 Tridium 已经认识到人才培养对技术的推动作用。Tridium 从 2016 年开始与教育部高等学校计算机类专业教学指导委员会物联网工程专业教学研究专家组合作，并积极参与教育部产学合作协同育人项目，共建物联网教育生态。至今，Tridium 公司已经和国内百余所高校建立了合作关系，在科研、专业教学、实验室建设、产业学院、人才培养等方面开展合作。本书就是产学合作的结晶。

我们希望通过本书帮助高校物联网工程及相关专业的学生、教师了解物联网中间件的相关知识，掌握业界先进的物联网系统设计与开发方法。在与东北大学、南开大学、华中科技大学的各位作者合作编写本书的过程中，我们也从更高的层面看到了中间件技术的价值，坚定了继续做好中间件技术、为物联网行业的发展和人才培养做出贡献的决心。

在本书成稿之际，感谢东北大学邓庆绪和刘晨老师、南开大学张金老师、华中科技大学顾琳老师等专家为策划、编写本书付出的心血，感谢西安交通大学桂小林老师、南开大学吴功宜老师、华中科技大学秦磊华老师、上海交通大学王东老师等教育部高等学校计算机类专业教学指导委员会物联网工程专业教学研究专家组的各位专家长期以来的支持和帮助以及对本书编写提供的指导，感谢合作院校对本书编写提供的建议，感谢 Tridium 的同事及合作伙伴提供的技术及案例支持。

Tridium 将继续为我国物联网工程专业人才的培养提供有力的支持，期待能与更多的专家、院校合作出更多的成果！祝大家阅读愉快！

陈杰
Tridium 中国总经理

前　言

物联网通过“感知”这一重要方式，完成了对人类所处物理世界的量化和抽取，虚拟网络空间才得以成型；自然世界中海量的事物和状态通过物联网转换成了海量的数据，大数据才应运而生；对于数据的运用终归要回到对各种规律的预测和决策的执行，人工智能才得以如火如荼地发展。因此，物联网被认为是数据、算法、算力构成的新计算时代的关键支撑技术。

当前，物联网创新发展与新工业革命正处于历史交汇期。发达国家纷纷抢抓新一轮工业革命的机遇，围绕核心标准、技术、平台加速布局工业物联网，构建数字驱动的工业新生态，物联网发展的国际竞争日趋激烈。全球物联网产业处于高速发展阶段，相关的新技术、新应用层出不穷。当前，物联网发展呈现出“边缘智能化、连接泛在化、服务平台化、数据延伸化”的新特征。

在这种发展趋势下，物联网系统难免要承载海量的异构设备，汇聚海量的异构数据。在与工业控制技术和信息技术结合之后，物联网系统也呈现出规模化发展的势头，各种管理百万级和千万级节点的大中型系统不断涌现，产生了各种复杂工作流和业务逻辑的控制问题，其设计、开发和实施工作变得越发困难。因此，如何便捷、可靠地进行各种大中型物联网系统的开发和构建就成为一个至关重要的问题。

物联网中间件是物联网系统不可或缺的组成部分，它的出现有助于消除各种异构设备和应用间的交互、协作障碍，能帮助用户更加稳定、便捷地进行物联网系统的设计、开发和搭建。各类物联网中间件平台正是为解决困扰物联网行业的难题而出现的。

物联网中间件作为解决各种异构和海量设备、数据等问题的重要技术已经得到了业界认可。就其本质而言，物联网中间件的主要作用是将林林总总的设备、协议等抽象为一个个通用的对象，帮助开发者将精力聚焦于物联网系统内部的业务和数据，从而快速完成物联网应用系统的构建。

我们遵循教育部高等学校计算机类专业教学指导委员会物联网工程专业教学研究专家组编制的《高等学校物联网工程专业规范（2020 版）》的要求，结合高校物联网工程专业建设的需要编写本书，目标是对物联网中间件技术及其常见的功能和应用方法进行介绍，以便读者能够快速了解物联网中间件提供的各种功能和服务。本书首先从物联网系统入手，帮助读者对物联网系统建立宏观的认识，进而了解物联网中间件需要解决的关键问题。之后对通用对象模型进行介绍，这是物联网中间件应用中最为基础和抽象的部分。读者要理解的是，所有的设备都会被抽象成一个个组态，底层细节交由中间件处理，用户只需确定组态中的参数即可。业务逻辑是物联网系统设计的关键环节，中间件对物联网系统开发的支撑正是体现在对业务逻辑设计过程的简化上。之后，我们安排了一章对多设备连接协议进行介绍。物联网中间件最重要的功能就是简化设备细节和整合多种协议，读者可以从这一章中了解当前常用的设备连接协议。

在物联网的数据交互中，一方面可以利用中间件来构造友好的人机界面，另一方面则可以解决与系统外部的交互问题。此外，物联网的安全问题日益得到关注，因此书中也涵盖了相关的内容，其中与芯片相关的安全问题相对前沿，分布式、AIoT 等问题与前沿技术结合较为紧密，这些话题供读者作为延伸阅读内容。本书最后一章给出了两个典型的物联网系统综合案例，帮助读者理解和掌握运用物联网中间件构建物联网系统的方法。

本书可以作为高校物联网工程专业物联网中间件相关课程的教材或参考书，也可作为广大物联网应用爱好者了解物联网中间件的参考资料。无论是学生还是物联网工程技术人员，通过学习本书，都可以学会利用中间件和平台快速搭建大型、复杂、安全、可靠的物联网应用系统的方法。本书配备 PPT、教学方案、实验手册等资源，并联合 Tridium 公司提供正版 Niagara 软件授权，需要的教师请微信扫描以下二维码申请相关资源。

本书在成书过程中得到了机械工业出版社朱劼编辑，Tridium 公司徐风、陈杰、闻一名、王敏、刘振宇、田浩等专家的大力帮助，王昕怡、王思谦等同学也贡献良多，在此表示衷心的感谢。由于物联网中间件技术还处于快速发展过程中，加之本书编写时间紧张，书中难免有疏漏之处，请各位读者不吝指正。

物联网是信息时代的基石，其发展必将是长远而可期的，我们希望本书能起到抛砖引玉的作用，激发学生和工程人员利用物联网中间件与物联网平台搭建复杂物联网系统的兴趣，从而进一步深入学习物联网相关理论和技术。我们将追随国家重大战略的要求和物联网相关理论、技术的发展，不断更新和完善本书的内容，也希望各位读者、同行能一起参与到这项工作中来，为我国抢抓新一轮工业革命机遇、发展物联网产业、培养物联网人才贡献力量！

目　录

第1章　物联网与物联网中间件

物联网是信息革命的标志性产物，更是人类“第五空间”——网络空间构建的基石。它通过“感知”这一重要方式，完成了对人类所处的物理世界的量化和抽取，虚拟网络空间才得以成型；自然世界中海量的事物和状态通过物联网转换成了海量的数据，大数据才应运而生；对于数据的运用最终要归结到各种规律的预测和决策的执行，人工智能才得以如火如荼地发展。因此，物联网被认为是数据、算法、算力——新计算时代的关键支撑技术。

物联网系统难免要面对海量的异构设备，汇聚海量的异构数据，而在与工业控制技术和信息化技术结合之后，更产生了各种复杂工作流和业务逻辑的控制问题。因此，物联网系统的设计、开发和实施工作变得越发困难。物联网中间件正是为了解决这一困扰整个物联网行业的难题而出现的。本章将围绕物联网和物联网中间件分别展开介绍，便于读者形成对于物联网及其中间件的宏观和直观认识。

1.1　物联网基础

本质上，物联网（Internet of Things，IoT）是在互联网的基础上，利用RFID、无线数据通信等感知和通信技术构造而成的一个覆盖世界上万事万物的网络。本节将对物联网中的一些基础问题进行介绍。

1.1.1　物联网的定义

物联网是通信网和互联网的拓展应用和网络延伸，它利用感知技术与智能装置对物理世界进行感知和识别，通过网络传输和互联进行计算、处理和知识挖掘，实现人与物、物与物之间的信息交互和无缝连接，达到对物理世界实时控制、精确管理和科学

决策目的。这也突破了欧洲原始物联网概念中重点强调感、智、传的能力的界限。概括来说，物联网就是物物相连的互联网。这里有两层意思：其一，物联网的核心和基础仍然是互联网，是在互联网基础上延伸和扩展的网络；其二，其用户端延伸和扩展到了任何物品与物品之间，进行信息交换和通信，也就是物物相联。

在讨论物联网时，常常会提到信息物理融合系统（Cyber-Physical System，CPS）的概念。2008年，美国国家基金委员会提出了这个新概念。CPS的基本特征是构成一个能与物理世界交互的感知反馈环，通过计算进程和物理进程相互影响的反馈循环，实现与实物过程的密切互动，从而给实物系统增加或扩展新的能力。日本和韩国也都推出了基于物联网的国家信息化战略，分别称作U-Japan和U-Korea。制定该战略的目的是催生新一代信息科技革命，通过无所不在的物联网，创建一个新的信息社会。

我国的物联网概念整合了美国CPS、欧盟IoT和日本U-Japan等提出的概念。2010年，我国的政府工作报告中对物联网做了如下定义：物联网是指通过信息传感设备，按照约定的协议，把任何物品与互联网连接起来，进行信息交换和通信，以实现智能化识别、定位、跟踪、监控和管理的一种网络。它是在互联网基础上延伸和扩展的网络。

随着物联网技术的飞速发展，其应用也日益广泛。物联网与其他领域的融合也越来越普遍，IIoT、AIoT等概念也陆续被提出。

工业物联网（Industrial Internet of Things，IIoT）是指应用到工业领域的物联网系统。在工业物联网中，即使是最小的设备也可以连接起来，对它们进行监控和跟踪，共享它们的状态数据，并与其他设备进行通信。然后，还可以收集和分析这些数据，从而提高业务流程的效率。IIoT之所以重要，是因为它有助于企业更快、更好地做出决策，它带来的变化与许多企业正在进行的数字化转型项目密切相关。通过实时提供详细的数据，IIoT可以帮助企业更好地了解业务流程，并通过分析来自传感器的数据，使业务流程更加高效，甚至开辟新的收入来源。IIoT还可以让企业深入了解更广泛的供应链，使企业能够充分协调并进一步提高效率。

AIoT（Artificial Intelligence & Internet of Things，人工智能物联网）= AI（人工智能）+ IoT（物联网）。AIoT融合AI技术和IoT技术，将通过物联网产生、收集的海量数据存储于云端、边缘端，再通过大数据分析以及更高级的人工智能，实现万物数据化、万物智联化。物联网技术与人工智能追求的是一个智能化生态体系，除了技术上需要不断革新，技术的落地与应用更是现阶段物联网与人工智能领域亟待突破的核心问题。

1.1.2 物联网的应用

互联网实现了计算机与计算机的连接，或者说实现了人与人的连接，这种连接给人的交互带来了便利，在此基础上涌现出很多全新的、颠覆性的商业模式，例如，电子商务、即时通信，社交媒体等。物联网将实现人与物、物与物的连接，也会带来全新的、颠覆性的商业模式，甚至更进一步，有望带来颠覆人类生活、生产方式的全新模式。如图 1-1 所示，物联网产业目前正处于高速发展阶段，对全球经济的影响也越来越大。

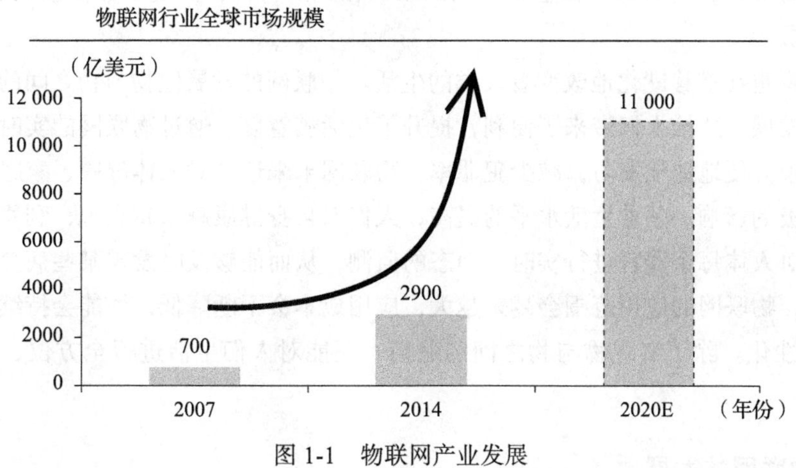

图 1-1　物联网产业发展

现阶段，全球物联网应用出现了三大主线。一是面向需求侧的消费物联网，即物联网与移动互联网融合的移动物联网。这类物联网应用的创新高度活跃，孕育出可穿戴设备、智能硬件、智能家居、车联网、健康养老等规模化的消费类应用。二是面向供给侧的生产物联网，即物联网与工业、农业、能源等传统行业深度融合形成行业物联网，成为行业转型升级所需的基础设施和关键要素。三是智慧城市发展进入新阶段，基于物联网的城市立体化信息采集系统正加快构建，智慧城市成为物联网应用集成创新的综合平台。

从全球范围来看，产业物联网（包括生产物联网和智慧城市物联网）与消费物联网基本同步发展，但双方的发展逻辑和驱动力量有所不同。消费物联网作为体验经济，会持续推出简洁、易用和对现有生活有实质性提升的产品来实现产业的发展；产业物联网以问题为导向，从解决工业、能源、交通、物流、医疗、教育等企业的最小问题开始，最终实现企业变革转型，完成物联网在企业中的落地与应用。

据 GSMA Intelligence 预测，从 2017 年到 2025 年，产业物联网的连接数将实现 4.7 倍的增长，消费物联网的连接数将实现 2.5 倍的增长。产业物联网逐渐成为物联网应用的重点方向。尤其是工业物联网，作为物联网的主战场之一，人们对它的期许是在工业设计、制造、流通环节带来革命性的变革，为传统工业注入新的活力，提供新的势能，驱动工业在更高维度上发展、创新乃至变革。随着计算、存储能力的提升，特别是大数据、人工智能的发展，任何行业对数据获取手段都提出了前所未有的要求。对数据获取手段的要求主要表现出以下四个特征：第一是高效性，第二是准确性，第三是实时性，第四是经济性。在当前的技术能力下，能够同时满足这四个特征的就是工业物联网。首先，微电子技术、芯片技术取得了突破性的进展，无论在价格上还是在性能上都有了长足的突破，可以满足大规模应用要求，这就使得物联网有了物质基础；另一方面，随着国际上近 30 年来在通信技术上的发展，从模拟到数字、从简单调制到复杂调制技术的商用化，使无线通信可以用很低的成本覆盖几百米甚至数公里的范围，满足了数据获取的密集部署要求，同时由于工业物联网的永久在线的特征，满足了数据获取的高效性、实时性要求。

物联网也在潜移默化地改变着人类的生活。物联网的发展使物与物之间的交流朝智能化方向发展，这给人们带来了便利，提升了生活满意度。通过物联网的实时监控和操作，可以很方便地加强安防，减少犯罪率。物联网未来还会对人体健康、家庭生活等领域产生积极的影响。随着生活水平的提高，人们对自身健康越来越重视，利用物联网技术，可以对人体每个器官进行实时、动态的监测，从而能够及时发现某些病变。随着技术的改进，物联网的应用范围会越来越大，应用成本会不断降低，性能会持续提高，服务会更人性化。除了实现物与物之间的通信，还能对人们生活进行全方位、智能化的管理。

1.1.3 物联网的发展

1. 全球物联网的发展态势

当前，物联网创新发展与新工业革命正处于历史交汇期。发达国家抢抓新一轮工业革命机遇，围绕核心标准、技术、平台加速布局工业物联网，构建数字驱动的工业新生态。各国积极推动物联网发展，国际竞争日趋激烈，全球物联网产业处于高速发展阶段，相关的新技术、新应用层出不穷。总的说来，物联网的发展呈现出如下态势。

（1）发展动能不断丰富，带动物联网在全球持续发展

从物联网概念兴起至今，受基础设施建设、基础性行业转型和消费升级三大周期性发展动能的驱动，处于不同发展水平的领域和行业成波次地动态推进物联网的发展。当前，基础性、规模化行业需求凸显。一方面，全球制造业的发展形势严峻，各国纷纷量身定制制造业新战略，以物联网为代表的新一代信息技术成为重建工业基础性行业竞争优势的主要推动力量。物联网持续创新并与工业融合，推动传统产品、设备、流程、服务向数字化、网络化、智能化发展，加速重构产业发展新体系。另一方面，市场化的内在增长机制推动物联网行业逐步向规模化消费市场聚焦。受联网设备数量、附加值、商业模式等因素推动，车联网、社会公共事业、智能家居等成为当前物联网发展的热点行业。

（2）内生动力不断增强，物联网呈现新的发展特征

互联网企业、传统行业企业、设备商、电信运营商全面布局物联网，产业生态初具雏形；连接技术不断突破，NB-IoT、eMTC、Lora 等低功耗广域网全球商用化进程不断加速；物联网平台迅速增长，服务支撑能力迅速提升；区块链、边缘计算、人工智能等新技术不断注入物联网，为物联网带来新的创新活力。

受技术和产业成熟度的综合驱动，当前，物联网呈现出“边缘智能化、连接泛在化、服务平台化、数据延伸化”的特征。

1）边缘智能化：各类终端持续向智能化的方向发展，操作系统等促进终端软硬件不断解耦合，不同类型的终端设备协作能力加强。边缘计算的兴起更是将智能服务下沉至边缘，满足了行业物联网实时业务、敏捷连接、数据优化等关键需求，为终端设备之间的协作提供了重要支撑。

2）连接泛在化：局域网、低功耗广域网、第五代移动通信网络等的陆续商用为物联网提供了泛在连接能力，物联网网络基础设施迅速完善，互联效率不断提升，助力开拓新的智慧城市物联网应用场景。

3）服务平台化：物联网平台成为解决物联网碎片化、提升规模化的重要基础。通用水平化和垂直专业化平台互相渗透，平台开放性不断提升，人工智能技术不断融合，基于平台的智能化服务水平持续提升。

4）数据延伸化；“先联网后增值”的发展模式进一步清晰，新技术赋能物联网，不断推进横向的跨行业、跨环节“数据流动”和纵向的平台、边缘“数据使能”创新，应用新模式、新业态不断显现。

（3）物联网应用场景持续拓展，应用新特征不断显现

得益于外部动力和内生动力的不断丰富，物联网应用场景迎来大范围拓展，智慧政务、智慧产业、智慧家庭、个人信息化等领域产生大量创新性应用方案，物联网技术和方案在各行业加速渗透。全球物联网产业规模由 2008 年的 500 亿美元增长至 2018 年的近 1510 亿美元。物联网在各行业的新一轮应用已经开启，落地增速加快，物联网在各行业数字化变革中的赋能作用已经非常明显。新一轮应用的“新”表现在开拓了新的应用范畴、逐步形成了新的技术演进路线、促成了新的业务变革。

（4）物联网生态之争愈演愈烈，边云双核心加快布局

围绕“平台化”构建的产业生态初步形成。物联网平台是行业巨头构建产业生态的核心与重要抓手，技术逐渐成熟，产业界投入持续加大，产业价值被普遍看好。目前。平台建设的主体由设备制造商、网络服务商、行业解决方案提供商、系统集成商等组成，几乎遍布物联网产业链各环节，英特尔、思科、微软、亚马逊、IBM、通用等巨头企业无一缺席，物联网平台迅速从野蛮生长期进入调整洗牌期，2016 年 IoT Analytics 统计的物联网平台企业榜单中，当前已经有 30 个企业破产或被收购。平台的马太效应开始显现，尤其是应用使能平台这一价值高地，更是成为各大巨头的必争之地。

另一方面，边缘核心成为新一轮布局重点，各路巨头纷纷切入这个领域。云端数据处理能力开始下沉，更加贴近数据源头，使得边缘成为物联网产业的重要关口。据 IDC 的数据统计，到 2022 年，将有超过 500 亿个终端与设备联网。未来超过 75% 的数据需要在网络边缘侧进行分析、处理与存储。目前，通信、工业、互联网巨头纷纷在立足自身优势的基础上拓展边云协同生态。通信企业聚焦网络侧边缘计算，盘活网络连接设备的剩余价值，开放接入侧网络能力。

（5）物联网与多样化技术加快融合，创新能力持续提升

物联网与新技术的融合创新，使得物联网具备了更加智能、开放、安全、高效的

"智联网"内涵。物联网创新主要围绕横向的数据流动和纵向的数据赋能两大方向进行。其中，横向的数据流动创新主要体现在两个方面，一是跨层的数据流动，即云、管、端之间的数据流动，以提升效率为主要创新方向；二是跨行业、跨环节的数据流动，以人工智能、区块链技术为代表，以数据一致性为创新方向。纵向的数据赋能包括平台的大数据赋能和边缘侧的现场赋能，实现途径包括基于人工智能的知识赋能、基于边缘计算的能力赋能和为数据开发服务的工具赋能。

2. 我国物联网的发展现状

前面说过，技术创新发展与新工业革命正处于历史交汇期，因此，加快建设和发展物联网，推动物联网、大数据、人工智能和实体经济深度融合，发展先进制造业，支持传统产业优化升级，对我国经济和社会发展具有重要意义。如图 1-2 所示，随着物联网技术的飞速发展，物联网在国民经济中所占比重越来越大，在社会生活和生产中起着举足轻重的作用。根据中国经济信息社发布的《2018—2019 中国物联网发展年度报告》，随着我国物联网政策支持力度持续加大，政策聚焦重点应用和产业生态，物联网产业规模已达万亿元。

图 1-2 我国物联网市场规模的变化

为了进一步发展物联网产业，国务院、工业和信息化部、发改委等纷纷出台物联网发展指导文件。2017 年 1 月，工业和信息化部发布《信息通信行业发展规划物联网分册（2016—2020 年）》，明确指出我国物联网加速进入"跨界融合、集成创新和规模化发展"的新阶段，提出强化产业生态布局、完善技术创新体系、完善标准体系、推进规模应用、完善公共服务体系、提升安全保障能力六大重点任务，为我国未来 5 年物联网产业发展指明了方向。

2017 年 11 月，国务院印发了《关于深化"互联网 + 先进制造业"发展工业互联网的指导意见》（以下简称《意见》）。《意见》明确提出要以全面支撑制造强国和网络强国建设为目标，围绕推动互联网和实体经济深度融合，聚焦发展智能、绿色的先进制造业，构建网络、平台、安全三大功能体系，增强工业互联网产业供给能力，有力推动现代化经济体系建设。

因此，加快建设和发展物联网技术，推动物联网、大数据、人工智能和实体经济深度融合，发展先进制造业，支持传统产业优化升级，对我国具有重要意义。一方面，物联网（尤其是工业物联网）是以数字化、网络化、智能化为主要特征的新工业革命的关键基础设施，加快其发展有利于加速智能制造的发展，更大范围、更高效率、更加精准地优化生产和服务资源配置，促进传统产业转型升级，催生新技术、新业态、新模式，为制造强国建设提供新动能。物联网还具有较强的渗透性，可从制造业扩展成为各产业领域网络化、智能化升级必不可少的基础设施，实现产业上下游、跨领域的广泛互联互通，打破“信息孤岛”，促进集成共享，并为保障和改善民生提供重要依托。另一方面，发展物联网有利于促进网络基础设施演进升级，推动网络应用从虚拟到实体、从生活到生产的跨越，极大地拓展网络经济空间，为推进网络强国建设提供新机遇。当前，全球物联网正处在产业格局未定的关键期和规模化扩张的窗口期，需要发挥我国的体制优势和市场优势，加强顶层设计、统筹部署、扬长避短、分步实施，努力开创我国物联网发展的新局面。

当前，我国正大力推动物联网在热点行业中的应用。围绕工业物联网、车联网和智慧交通、智能制造等关系国计民生的重要行业和关键领域，大力推广物联网新技术、新产品、新模式和新业态，发展丰富的智能化服务，全力支持医疗健康服务等市场需求旺盛、应用模式清晰的领域，复制、推广成熟模式，以规模应用带动技术、产品、解决方案不断成熟，不断降低部署成本。基于物联网技术的研究和应用，推动物联网数据的共享、利用和应用模式的完善，持续提升我国工业互联网发展水平，努力打造国际领先的工业互联网，促进大众创业万众创新和企业融通发展，深入推进“互联网 +”，形成实体经济与网络相互促进、同步提升的良好格局，推动现代化经济体系建设，已成为我国社会发展的一个重要内容。我国工业互联网与发达国家基本同步启动，在框架、标准、测试、安全、国际合作等方面已经取得了初步进展，成立了汇聚政产学研的工业互联网产业联盟，发布了《工业互联网体系架构（版本 1.0）》《工业互联网标准体系框架（版本 1.0）》等，涌现出一批典型的平台和企业。越来越多的企业、高校和科研机构也参与到物联网产业中，在物联网相关领域取得了重要进展。

目前，国内的海思、乐鑫、君正等新兴芯片企业已经崭露头角，在半导体芯片中低端领域占据了一定的市场份额。在无线通信领域，5G 的高带宽、低延时和高稳定的特性为无人机驾驶、汽车自动驾驶、高清 AR/VR 的应用奠定了基础。三大运营商分别选定了 12 个 5G 试点城市，在测试阶段峰值速率已经达到了 4G 网络的 10 倍以上。这预示着“云”与“端”之间因为传输造成的界限将渐渐模糊，“云”会更接近“本地硬件”的概念，这将为物联网带来新的革命。

工业物联网方面，已经出现了各细分行业的大数据公司和无人工厂解决方案企业。

但总体上，我国的大部分工业企业还处于传统的电气化和自动化工业阶段（也称为工业2.0），目前正在向信息化管理的工业阶段（即工业3.0阶段）过渡，其中包括对于PLC和电脑的大量应用，而基于CPS的智能化的工业概念（即工业4.0阶段）还需等待一定时间。

在云平台方面，国内的阿里云、腾讯云、百度云、华为云等云服务领先企业先后推出了工业PaaS平台、操作系统、智能家居平台，这些平台主要集中于云服务、中间件、数据处理等领域。其中，物联网中间件作为各种物联网应用的核心支撑系统，更是受到了广泛关注。各大运营商以及华为、中兴等企业借助其通信和管道优势，在物联网中间件领域强势出击，国内高校和科研机构的研究力量也逐渐向相关领域倾斜。

虽然我国物联网产业取得了巨大进展，但与发达国家相比，总体发展水平及现实基础仍然不高，产业支撑能力不足，核心技术和高端产品对外依赖度较高，关键平台综合能力不强，标准体系不完善，企业数字化、网络化水平有待提升，缺乏龙头企业引领，人才支撑和安全保障能力不足，与建设制造强国和网络强国的目标仍有较大差距。

针对我国物联网方面，尤其是工业物联网方面存在的问题，包括网络协同制造和智能工厂发展模式创新不足、技术能力尚未形成、融合新生态发展不足、核心技术/软件支撑能力薄弱等，国内物联网企业、各大高校和科研机构正对工业物联网关键技术及制造业创新发展和转型升级进行积极研究与探索。基于“互联网+”思维，以实现制造业创新发展与转型升级为主题，以推进工业化与信息化、制造业与互联网、制造业与服务业融合发展为主线，以“创模式、强能力、促生态、夯基础”以及重塑制造业技术体系生产模式、产业形态和价值链为目标，坚持推动科技创新与制度创新、管理创新、商业模式创新、业态创新相结合，探索引领智能制造发展的新模式。

2020年3月，我国提出要加快5G网络、数据中心等新型基础设施建设进度。新型基础设施是以新发展理念为引领，以技术创新为驱动，以信息网络为基础，面向高质量发展需要，提供数字转型、智能升级、融合创新等服务的基础设施体系。在新基建中，物联网可以说是“无处不在，无所不用”，这也必将促进物联网在我国的进一步发展。

3. 我国物联网建设的指导思想和发展规划

当前，我国以供给侧结构性改革为主线，以全面支撑制造强国和网络强国建设为目标，围绕推动科技与经济的深度融合，聚焦发展智能、绿色的先进制造业，按照国家的战略部署，加强统筹引导，深化简政放权、放管结合、优化服务改革，深入实施创新驱动发展战略，构建网络、平台、安全三大功能体系，促进行业应用，强化安全保障，完善标准体系，培育龙头企业，加快人才培养，持续提升我国工业发展水平。通过努力打造国际领先的工业物联网产业，形成实体经济与网络相互促进、同步提升的良好格局。为此，我国设定了三个阶段的发展目标：到2025年，覆盖各地区、各行业的物联网网络基础设施基本建成，工业物联网标识/解析体系不断健全并规模化推广，基本形成具备国际竞争力的基础设施和产业体系；到2035年，建成国际领先的物联网基础设施和平台，物联网全面深度应用并在优势行业形成创新引领能力，重点领域实现国际领先；

到21世纪中叶，物联网创新发展能力、技术产业体系以及融合应用等全面达到国际先进水平，综合实力进入世界前列。

发展物联网已经成为我国落实创新驱动、培育发展新动能、建设制造强国和网络强国、实现智慧社会等一系列国家重大战略部署的重要举措。根据国家战略部署要求，我国将紧抓物联网发展新机遇，加快推进物联网基础设施升级，加快培育新技术、新产业，推动传统行业的数字化转型，拓展经济发展新空间，充分发挥物联网对经济发展、社会治理和民生服务的关键支撑作用，推进国家治理体系和治理能力现代化，打造国际竞争新优势。

一方面，我国物联网应用需求的升级为物联网带来新机遇。当前物联网应用正在向工业研发、制造、管理、服务等业务全流程渗透，农业、交通、零售等行业的物联网集成应用试点也在加速开展。消费物联网应用的市场潜力将逐步释放。全屋智能、健康管理、可穿戴设备、智能门锁、车载智能终端等消费领域市场保持高速增长，共享经济蓬勃发展。此外，新型智慧城市全面落地实施也将带动物联网规模应用和开环应用。

另一方面，我国物联网产业发展问题仍面临诸多挑战。我国物联网产业核心基础能力薄弱、高端产品对外依赖度高、原始创新能力不足等问题长期存在。此外，随着物联网产业和应用的加速发展，一些新问题日益突出，主要体现在如下几点：一是产业整合和引领能力不足，我国缺少整合产业链上下游资源、引领产业协调发展的龙头企业，产业链协同性能力较弱；二是物联网安全问题日益突出，数以亿计的设备接入物联网，针对用户隐私、基础网络环境等的安全攻击不断增多，物联网风险评估、安全评测等尚不成熟，成为制约物联网推广应用的重要因素；三是标准体系仍不完善，一些重要标准研制进度较慢，跨行业应用标准制定和推进困难，尚难满足产业发展和规模应用的需求。

因此，我国正重新审视物联网对经济社会发展的基础性、先导性和战略性意义，牢牢把握物联网发展的新一轮重大转折机遇，进一步聚焦发展方向，优化调整发展思路，持续推动我国物联网产业保持健康有序发展，抢占物联网生态发展的主动权和话语权，为我国物联网产业战略部署的落地、实施奠定坚实基础。

1.2 物联网系统的组成与物联网中间件

1.2.1 物联网系统的组成

物联网是在通信网络的基础上，针对不同应用领域，利用具有感知、通信和计算能力的智能物体自动获取现实世界的信息，并将这些对象互联，实现全面感知、可靠传输、智能处理，构建人与物、物与物互联的智能信息服务系统。物联网的体系结构主要由三个层次组成：感知层、网络层和应用层。此外，还包括信息安全、网络管理等公共支撑技术。

如图1-3所示，在物联网体系结构中，感知层由各种设备组成，通过不同的通信方式和协议，经过网络层将数据传输给应用层。在物联网感知层中存在着各种各样的感知设备，造成了物联网感知层网络和协议的异构性，如何将这些异构设备进行融合，是物联网系统建设的一个关键问题。物联网中间件在物联网应用和感知设备之间起到了桥梁和纽带的作用，是物联网系统可以广泛使用的基础，也是本书重点介绍的内容。

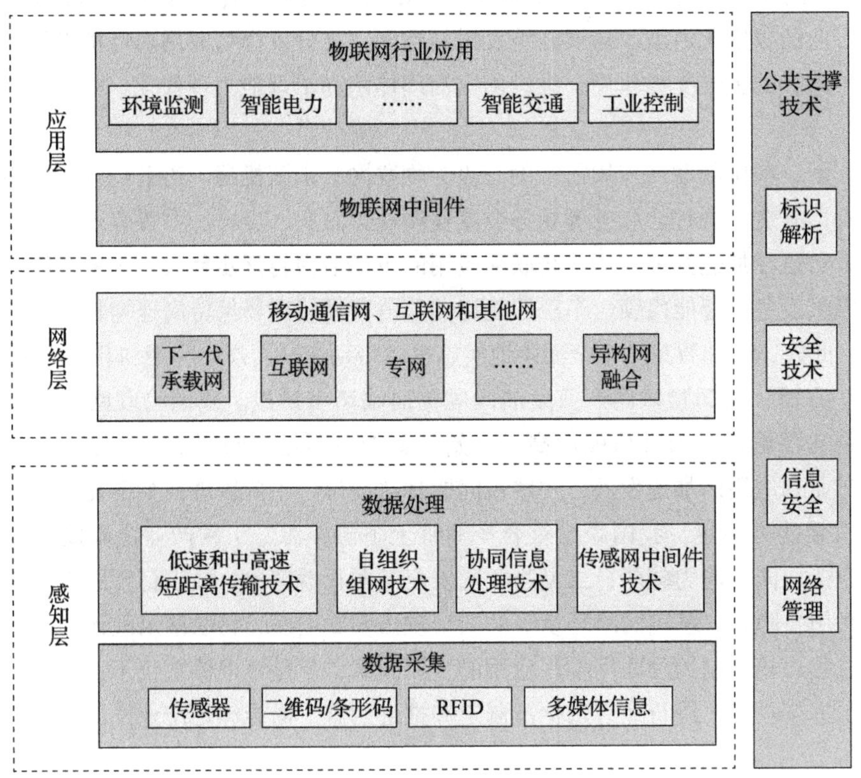

图 1-3 物联网体系结构

1. 感知层

物联网感知层是物联网的最底层，其功能为“感知”，即通过传感网络获取环境信息。感知层主要分为两个层面：

1）数据采集：主要是通过智能感知设备（包括 RFID、传感器、多媒体终端等）自动感知外部物理信息。

2）数据处理：主要是实现各种终端的网络接入及信息处理。

随着终端设备性能的日益增强，感知层在整个物联网中承担的任务也越来越多，很多在服务端的工作逐渐下沉到感知层来执行。

2. 网络层

网络层位于物联网三层结构中的第二层，其功能为“传送”，即通过通信网络进行信息传输。网络层作为纽带连接着感知层和应用层，它由各种私有网络、互联网、有线和无线通信网等组成，相当于人的神经中枢系统，负责将感知层获取的信息安全、可靠地传输到应用层，然后根据不同的应用需求进行信息处理。

物联网的网络层基本上综合了已有的全部网络形式，从而构建更加广泛的“互联”。每种网络都有自己的特点和应用场景，互相组合才能发挥出最大的作用，因此在实际应用中，信息往往经由任何一种网络或几种网络组合的形式进行传输。

3. 应用层

应用层分为物联网中间件和物联网行业应用两部分。物联网中间件位于下层，实现感知硬件和应用软件之间的物理隔离和无缝连接，提供海量数据的高效汇聚、存储。通过数据挖掘、智能数据处理计算等技术，为行业应用层提供安全的网络管理和智能服务。物联网行业应用位于最上层，为不同行业提供物联网服务，包括智能医疗、智能交通、智能家居、智能物流等。这一层主要由应用层协议组成，不同的行业需要制定不同的应用层协议。

由于物联网中存在多种多样的网络协议和数据格式，因此物联网中间件需要对异构网络环境下的各种异构数据协议进行融合和扩展，实现异构网络的互联互通，以提供更加广泛和高效的互联功能。因此，物联网中间件成为整个物联网系统的建设核心，也是物联网技术体系的难点和关键点，自然也成为各种新技术的舞台。

目前，我国在物联网中间件相关领域积极探索，并取得了较大进展。国家重点研发计划“网络协同制造和智能工厂”对基于物联网及中间件技术的制造业创新发展和转型升级进行了深入研究；由中国科学院沈阳自动化研究所、东北大学、重庆邮电大学等单位承担的“软件定义的工业异构网络融合关键技术与设备研发”主要针对工业异构网络环境下物联网中间件技术和异构设备互联的应用，目前已取得了重大进展，为物联网中间件的进一步发展和应用提供了理论基础和技术支撑。

1.2.2　物联网的终端设备

物联网终端设备（亦称为终端节点）是物联网系统的关键部分之一，通过这些终端设备的转换和采集，才能对各种外部感知数据进行汇集和处理，并将数据通过各种网络接口传输到互联网中。如果没有终端设备，“物”的联网将无法实现。

物联网终端节点需要具有一定通信能力、感知能力（数据采集能力）和计算能力，一部分终端节点还具有执行能力。其结构如图 1-4 所示。

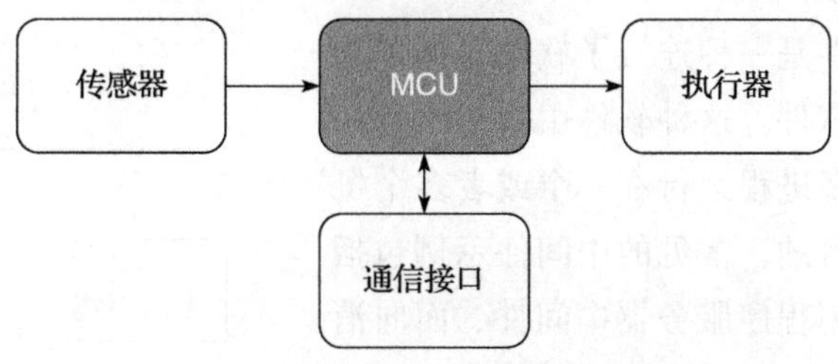

图 1-4　物联网终端设备的结构

物联网终端设备的通信接口主要是用来交流数据信息的。物联网的通信方式主要有无线和有线两种类型，视具体应用场景来选择。传感器类似于人的眼睛、耳朵、鼻子、舌头等感知器官，用来接收外界的物理信号。物联网终端所使用的传感器包括声、光、电、气等不同类型。执行器接收 MCU（Micro Control Unit，微控制单元）的指令，并根据 MCU 的命令来执行任务。执行器一般是继电器、开关或电机等。

MCU 是物联网终端设备中最重要的部分，相当于终端设备的大脑，控制着传感器、执行器和通信接口，其典型的工作方式如下：一边接收传感器的信息，并上传到云端；一边接收云端的指令，再根据指令来控制执行器。在物联网终端设备中，MCU 通常为单片机（开发嵌入式系统的核心部件）。

嵌入式系统（Embedded System）是一个很宽泛的概念。相对于计算机而言，嵌入式系统是一种尺寸受限、功耗受限的特殊类型的计算机，小到手表、大到手机，都可以认为是嵌入式系统。物联网终端设备通常也被认为是一种嵌入式系统。

1.2.3 物联网中间件

1. 中间件的基本概念

中间件是介于操作系统和在其上运行的应用程序之间的软件（如图 1-5 所示）。中间件实质上是隐藏转换层，实现了分布式应用程序的通信和数据管理。它有时被称为“管道”，因为它将两个应用程序连接在一起，使数据和数据库可在“管道”间轻松传递。通过中间件，用户可执行很多请求，例如在 Web 浏览器上提交表单，或者允许 Web 服务器基于用户的配置文件返回动态网页。Java 语言中的 Tomcat、WebLogic、JBoss、WebSphere 等都是典型的中间件。

中间件作为一种独立的系统软件或服务程序，介于上层应用和下层硬件系统之间，发挥服务支撑和数据传递的作用。中间件向下负责协议适配和数据集成，向上提供数据资源和服务接口。上层应用会借助中间件在不同的技术之间共享资源。中间件位于客户机 / 服务器的操作系统之上，管理计算机资源和网络通信，可以提供两个独立应用程序或独立系统间的连接服务功能。系统即使具有不同的接口，也可以通过中间件相互交换信息，这也是中间件的一个重要价值。通过中间件，应用程序可以工作于多平台或操作系统环境，即实现常规意义的跨平台。

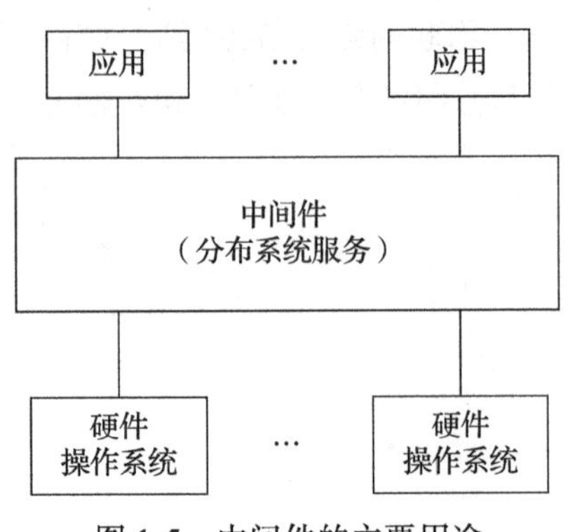

图 1-5　中间件的主要用途

简言之，中间件是一种连接了软硬件部件和应用程序的计算机软件。这种软件由一组服务构成，这些服务允许多进程运行在一个或者多个机器上，实现交互的目的。常见的中间件示例包括数据库中间件、应用程序服务器中间件、面向消息的中间件、Web 中间件和事务处理监视器。

中间件的主要特点可归纳如下：

- 可承载大量应用。
- 可运行于多种硬件和操作系统平台。
- 支持分布式计算，支持进行跨网络、跨软硬件平台的透明性交互服务。
- 支持多种标准的协议。
- 支持多种标准的接口。

2. 物联网中间件的概念

随着物联网技术在生活和行业中的大规模应用，物与物之间的相互通信与协同工作也变得频繁起来，能够消除各种异构设备和应用间的数据交互障碍的物联网中间件平台应运而生。

物联网中间件具有如下特点：

1）独立于架构。物联网中间件独立于物联网设备与后端应用程序，并能与多个后端应用程序连接，降低维护的复杂性。前端能兼容不同厂商、不同型号甚至不同功能的异构设备。

2）面向数据流的优化。物联网的目的是将实体对象和环境的状态转换为网络空间中的各种量化数值，因此数据处理是中间件不可或缺的基本功能。物联网中间件通常具有数据采集、过滤、整合与传递等功能，以便将从设备端采集到的信息准确、可靠、及时地送达上层应用系统。

3）面向业务流的优化。物联网中间件可以支持各种消息转发或者事件触发机制，并以直观方式进行交互业务逻辑的交互设计，支持各种复杂业务或者工作流的创建和生成。

4）支持标准化协议。物联网中间件需要为大量异构的上层应用和下层设备提供交互连接和数据汇聚，因此支持各种物联网行业的标准化协议与接口方式。

因为面向各种不同的应用、使用各种不同的网络通信技术、连接不同底层硬件系统，物联网系统对解决数据、设备、协议、应用的异构问题的需求尤为迫切。物联网中间件的根本任务就是通过标准化汇聚的方式，解决上述异构问题，最大限度地保证系统兼容性，屏蔽底层硬件及网络平台差异，以便支持各种物联网系统及应用的快速、稳定、可靠的设计、开发、构建和运行。

例如，传统的工厂实现智能化、智慧化升级的第一步便是将各种设备和生产线联网。但对大多数生产型企业而言，即使在一个厂房内都可能存在多种品牌和种类的生产与监控设备。只有在物联网中间件的帮助下，才能让企业以低成本的方式将这些设备有效整合起来，从而将整体业务向网络迁移，以便后期实现智能化和智慧化。

通常，物联网中间件在物联网系统中主要起到如下作用：

1）屏蔽异构性。异构性表现在计算机软硬件系统之间的异构，包括硬件、操作系统、数据库等的异构。造成异构的原因多源自市场竞争、技术升级以及保护投资等因素。

2）确保交互性。各种异构设备、异构系统、异构应用间可以通过中间件进行彼此交叉的数据获取，从而形成信息的互通互享，或者进行彼此之间的交互控制，即进行各种控制命令和信号的传递。

3）数据预处理。物联网的感知层将采集海量的信息，如果把这些信息直接传送给应用系统，那么应用系统处理这些信息时将不堪重负。这便要求物联网中间件帮助系统进行各种数据的预处理和加工，在确保数据准确、可靠、安全的前提下，先进行数据压缩、清洗、整合，再将数据按需进行传输和处理。

1.2.4 物联网中间件平台的框架

随着物联网中间件重要性的日益凸显，很多企业陆续推出了物联网中间件平台，用于实现对设备互联、协议转换等的支持。目前常见的物联网平台框架有霍尼韦尔的Niagara平台、GE的Predix平台、华为的OneAir解决方案以及海尔的COSMOPlat等。本节将以Niagara平台为例，简要介绍物联网中间件平台框架的基本结构和功能。

Tridium自1996年成立以来，一直从事物联网中间件平台的研究和开发，1998年推出第一代Niagara Framework，至今已经推出完全基于物联网技术的第四代产品——Niagara 4。Niagara Framework每次的迭代更新都进一步加强了与先进的IT和物联网技术的融合，目前最新版本的Niagara Framework涵盖分布式边缘计算技术，支持高安全性、高可靠性、高效数据接入、大数据整合和分析计算等。

Niagara Framework是一种灵活、可扩展的物联网框架，广泛应用于智慧建筑、数据中心、智能制造、智慧城市，以及物联网领域的其他垂直市场，目前已在全球70多个国家和地区的近80万个系统上安装、部署。它可以实现对设备的互联及管理、能源分析、大数据平台下的预测和诊断等功能，并与云平台协同工作，实现可靠的在线数据流。Niagara Framework提供了一个开放的、没有壁垒的体系结构，可以在整个物联网架构平台接入和部署。如图1-6所示，Niagara Framework技术支持图中所有层的设备和数据连接。同时Niagara作为一个具有通用性的中间件框架，其本身基于Java的专有技术，可以跨任意平台，集成各节点上不同系统平台上的构件。通过通用模型提供算法程序，抽象、标准化异构数据，大大降低了分布式系统的复杂性。

在我国某石油企业总部大楼智慧建筑综合管理系统中，基于Niagara Framework的解决方案对超过50个子系统的26 000多台套设备进行集中管理，实现了项目预期并达到了业主在绿色、环保、节能、智慧化和可持续提升等多方面的要求。基于Niagara Framework技术的云边协同的智慧建筑管理系统的应用，实现了建筑的智慧化。通过系统优化节能控制逻辑，减少了能源浪费。通过无差别化地集成各个异构系统，减少了运维的复杂度，同时降低了运维人力投入。由于Niagara Framework的开放性和扩展性，使得未来子系统的调整和改进成为可能，从而达到可持续化的节能控制目标。

综上所述，考虑到Niagara平台提供的丰富功能和在物联网行业中应用的广泛性，本书选择Niagara作为后续实验和案例的演示平台，而本书中系统的示例性说明部分也大都从Niagara平台中提炼而来。

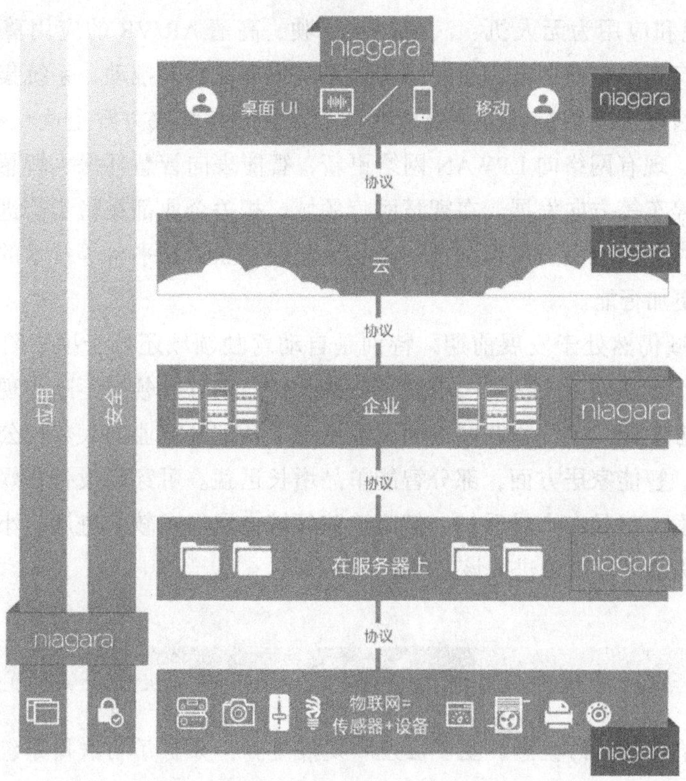

图 1-6　Niagara Framework 在物联网中的部署

1.2.5　物联网中间件的典型应用领域

物联网中间件用途广泛，涉及智能交通、环境保护、政府工作、公共安全、智能楼宇、智能消防、智能制造、环境监测、个人健康、智慧农业和食品溯源等众多领域，典型应用场景如图 1-7 所示。

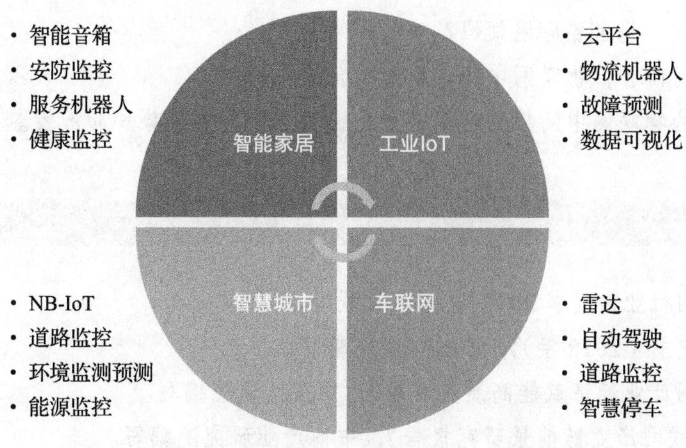

图 1-7　物联网中间件的典型应用场景

5G的出现和应用为无人机、汽车自动驾驶、高清AR/VR的应用奠定了基础。智慧城市由大型互联网企业、电信企业和各地系统集成商共同推动，系统集成商持续碎片化、分散。在智能表、智慧政务等领域存在大量软硬件解决方案企业。一线城市向二、三线城市渗透，现有网络向LPWAN网络更新，智能表向智慧环保、智慧消防、智慧交通调度、智慧停车等方向发展。在智慧医疗领域，相关企业都在稳步前进并且取得了一定的效果。另外，由于室内定位、电子标签、无线互联、云平台等技术的发展，医疗资产管理也变得更加智能。

车联网领域仍然处于发展前期，特别是自动驾驶领域还处于摸索阶段，呈现出强强联合的态势。互联网巨头纷纷与传统车厂结合，自动驾驶领域不断出现更低成本的导航、避障技术方案商。工业物联网方面，也出现了各细分行业的大数据公司和无人工厂解决方案企业。智能家居方面，部分智能单品增长迅猛。可穿戴设备在娱乐方面虽然并未如愿迎来爆发，但是在人员看护、健康追踪领域也取得了较大进展。小米、华为等拥有品牌和渠道资源的厂商也进入该市场。

本章小结

本章介绍了物联网的概念、主要应用和发展趋势，分析了物联网系统的组成，以及物联网中间件的价值，并以Niagara平台为例介绍了中间件的结构和功能。通过本章的学习，读者应该掌握物联网及中间件的基础知识，为后续的深入学习奠定基础。

习　题

1. 什么是物联网，它的主要应用有哪些？
2. 简要说明物联网系统的组成。
3. 什么是物联网中间件？它的主要用途有哪些？
4. 物联网系统有哪些主要应用领域？
5. 就车联网应用而言，物联网中间件能起到什么作用？
6. 请列举常见的物联网中间件平台，并对比说明各平台的优势和局限性。

拓展阅读

1.《中国物联网行业白皮书2018》，星河互联编写。
2.《物联网白皮书（2018年）》，中国信通院编写。
3.《工业互联网产业经济赋能高质量发展》，中国信通院编写。
4.《2019年物联网产业链前景研究报告》，中商产业研究院编写。
5.《2019年工业控制网络安全态势白皮书》，谛听团队编写。

第 2 章　物联网中间件概述

物联网中间件已经成为中大型物联网系统的必要部分，而基于物联网中间件平台的开发工具也成为物联网系统研发的首选集成开发工具。因此，要了解和掌握中间件，首先要熟悉物联网系统设计。本书将从物联网系统设计问题的角度进行中间件平台的介绍。本章将首先介绍物联网系统与中间件平台中涉及的各个环节和问题，针对每一节的主题，在本书后面都安排了独立的一章进行深入讨论。

2.1　通用对象模型与组态设计

无论何种物联网系统，从本质上而言，都可以视为将输入处理后进行输出的功能模块，系统越大，这个功能越复杂。输入主要来自感知设备获取的各种数据和交互控制信号，输出则是供用户观察的人机交互界面，或者是提供给系统的控制信号和加工后的数据。

所谓系统的实现，就是将代表系统的核心功能实现出来。对于大中型系统，要将复杂的核心功能分解为一个个简单的功能。如果分解后的功能仍然复杂，需要再次进行分解，直至功能简单到易于实现。

这个过程就像搭建一座气势恢宏的建筑，可以先将其分解为前厅、后堂、侧翼等多个部分，之后递归分解，直至分解为一块块砖木。这些砖木的形状并不是独一无二的，可以根据外形或者材料等特征将其分为几类。之后，便可以根据这个设计方案准备材料，并逐步进行搭建。

如前所述，在物联网中间件平台上实现物联网系统的过程也可以被认为是实现一个个基本功能后再将其拼装、搭建起来的过程。因此，系统中作为基本功能的组态和楼宇设计中的砖木、结构一样重要。组态一般指基于硬件设备和装置的可配置程序（更详细的解释将在第 3 章中给出），相对而言，组件则指可配置软件

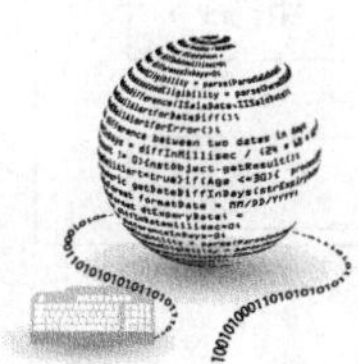

程序，但在大多数描述中并没有严格区分两者。简单来说，组态就是在物联网中间平台上的功能实现，或者说是实现功能代码部分。

在程序设计过程中，一般都需要进行一定的配置和基本框架的选择，例如引用库函数、外部函数声明等。理论上，在物联网中间件平台上编制组态时也需要类似的步骤。但为了简化设计过程，中间件平台会提供通用对象模型来支持进行组态设计，通用对象模型就相当于组态的程序框架，它将大量的具体功能抽象为对于输入、输出的简单设置。所有的组态都可以基于通用对象模型进行开发，即根据处理的数据类型选定一个对象模型，设置好输入的种类、来源和类型，并设定好输出的相关参数，一个组态就搭建完成了。简言之，通用对象模型的价值就是快速、便捷地构建组态，它可以被视为组件模板。

对于组态的设计过程而言，最重要的是确定组态与功能的映射关系。根据物联网系统的功能需求，每一个基本功能并不一定必须和一个组态对应，基本的对应原则是尽可能用现有的成熟组态（用户曾经开发并测试过的组态或者系统提供的组态）进行搭建，从而保证组态功能的稳定性和健壮性。即使现有的成熟组态存在一些冗余功能，利用它们也比重新开发组态节省时间（尤其是调试时间）。

物联网中间件平台既支持在现有的成熟组态上开发新的组态，也支持将现有组态进行组装后再次封装成新组态，这与硬件电路（尤其是 FPGA）的设计开发方法类似。进行组态封装的过程中，每进行一次封装都应当进行一次测试，虽然这样做看起来有些浪费时间，但相比在系统联调中遇到错误后再查找、定位所付出的代价而言，封装后的独立测试是物有所值的。

如图 2-1 所示，基于通用对象模型可以生成不同的组态，为物联网系统设计的功能则通过使用组态来实现。功能与组态在设计实现中并不一定是唯一对应的，一个组态可能对应了多个功能，例如组态 2 可以对应子功能 2 和 3。选择组态实现功能的时候首先要考虑利用成熟的既有组态（即使组态中存在一定的冗余），例如组态 x 可以实现功能 n，但是其中的组态 3 并没有被使用。

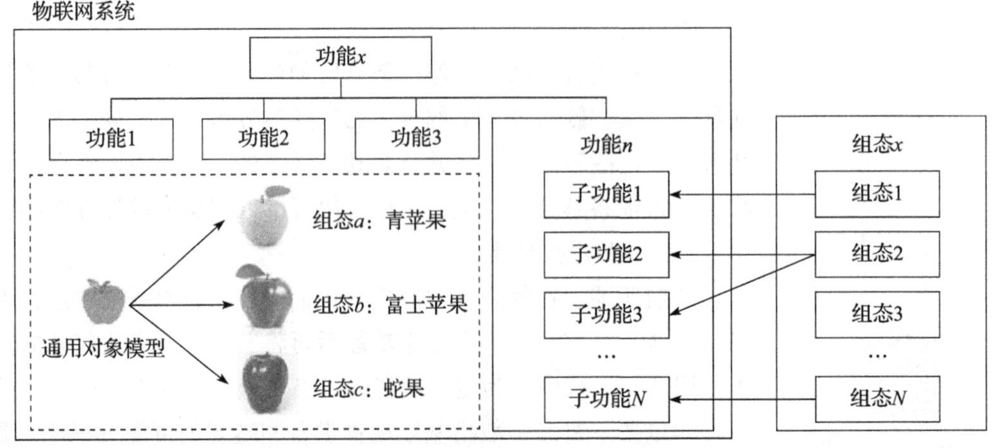

图 2-1　通用对象模型、组态与功能关系图

2.2　业务逻辑与第三方组件

如前所述，在物联网中间件平台上实现物联网系统的过程可以视为实现一个个基本功能后再将其拼装、搭建起来的过程。在上一节中，我们介绍了基本功能的实现，即组态的相关情况，本节将重点讨论应用组态进行拼装、搭建的过程。

承载了功能的组态必须按照一定的逻辑流程来进行拼装，该流程是由物联网系统要实现的总体功能来决定的，这个流程也称为业务逻辑。业务逻辑来自物联网系统自身的需求分析，一方面包含各个功能之间的逻辑关系（并列、因果、递进、时序等）；另一方面，包含了由业务本身决定的流程，这部分流程根据工作场景的不同有较大区别。例如，在加工玻璃制品时，一般先经过高温烧制定型（即高温控制组态，用于维持稳定温度以保证良品率），然后经过水冷降温（即视觉计数组态，用于清点因降温过于剧烈而导致炸裂的产品数量）。但有的玻璃制品生产线在质检环节，要先经过视觉计数组态清点数量，然后经过高温控制组态进行最后出厂前的质量检测。可见，同样是高温控制组态和视觉计数组态的组合，同样应用于玻璃制品的生产线中，但由于所处的生产环节不同，业务流程下的组态组合次序就可能有完全相反。

业务逻辑的设计是系统设计中十分重要的一环，它往往基于需求分析，其准确性依赖于系统设计人员的产品规划能力。在物联网系统的开发和实施中，业务逻辑的实现则是物联网中间件平台的重要功能。利用物联网中间件平台强大的开发集成功能，可以方便、快捷地实现业务逻辑。当前主流的物联网中间件平台，例如 Niagara 平台等，都支持图形化的业务逻辑实现功能，即通过所见即所得的开发方式进行组态之间的关联，即实现功能之间流程排布。

物联网中间件平台还提供了验证业务逻辑的另一项重要功能——数据仿真。物联网系统规模越大，越难以确定调试过程的时间周期。一方面，由于物联网大型系统的业务逻辑纷繁复杂，很容易出现错误；另一方面，由于涉及众多异构设备，导致系统中的设备连接困难（该问题将在下一节讨论，更多细节在第 5 章中介绍），而数据仿真是验证业务逻辑准确性的重要手段之一。物联网中间件平台允许测试者使用数据文件或者直接操作的方式模拟系统真实运行过程中可能接受的各种输入，经过系统处理后，再将输入以数据文件或交互控制的方式进行输出，以供测试者进行观测，验证业务逻辑实现的正确性。一旦发现错误，可以通过排查进行问题定位，从而确定问题是来自业务逻辑设计本身还是业务逻辑的实现过程。目前，有一些自动化工具能够支持脱离实现的业务逻辑验证，即仅仅处理抽象的逻辑而不生产实现代码，这方面的内容会在软件测试、系统工程等相关主题的书籍中有更详细的介绍。

物联网系统中的异构情况极其普遍，即使利用通用对象模型也难以保证兼容每一种异构设备，这时就需要该设备厂商提供的组态（类似操作系统中的驱动程序）。另一方面，许多专业性较强的工作（例如，复杂的机器视觉测温方法等特殊的数据分析工作）都会交由专业公司完成，因此，物联网中间件平台为了更好地解决上述问题，体现集成性和兼容性，会支持第三方的组态和组件。这些组件被导入物联网中间件平台后，就可以像本地组态和组件一样进行管理和供用户调用。

如图 2-2 所示，组态库会给用户提供多种组态，既包括系统自带的系统组态，也包括用户曾经设计实现的成熟组态，甚至包括第三方提供的组态。当它们都不能满足需求的时候，用户也可以通过自定义来创建新的组态。业务逻辑的实现就是将这些组态进行组合的过程。

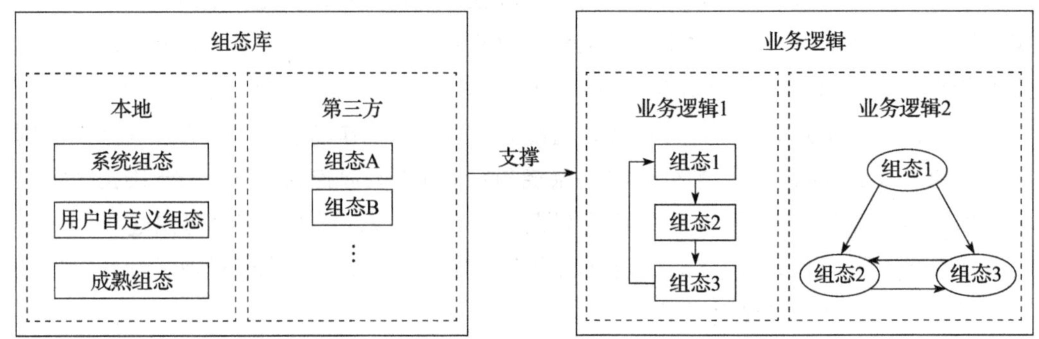

图 2-2 组态与业务逻辑关系图

2.3 协议转换与设备连接

物联网中间件最大的价值在于能够对各种异构设备进行兼容性管理，这也是大多数物联网系统的关键性问题。常用的兼容管理方法是在抽象数据共性的同时，保持对于各种协议的转换连接。

无论何种物联网系统，其底层都是进行数据采集的感知层，即对外部物理世界的状态和变化进行量化、采集的过程。大多数情况下，是从各种物理角度进行感知，例如感知压力、位置、液位、速度与加速度、辐射、能耗、振动、湿度、磁场、光线、温度等；也可以从化学的角度进行感知，例如感知浓度、成分等。显而易见的是，不可能有一种传感器能够完成外部世界的全部感知过程，也不可能有一个厂商能提供所有类型的传感器。根据有关研究机构的数据，从 2020 开始的 5 年内，全球传感器市场将保持 8% 左右的增长速度，到 2024 年，市场规模将达到 3284 亿美元。这也从另一个角度证明了传感设备的多样性和异构性，更遑论整个物联网系统涉及的其他设备。

实际上，异构问题普遍存在于各种软硬件系统中。例如，计算机系统中存在多种架构，既有 x86、MIPS、ARM 等主流架构，也有 SPARC、PowerPC 等传统架构。这些不同架构的计算机采用不同指令集，连程序都难以通用（利用虚拟机来实现跨平台的 Java 语言另当别论）。计算机的操作系统上存在着 Windows、MacOS、Linux 和 UNIX 等各种发行版本，这些操作系统对于文件系统的管理方式大相径庭。但是，使用 x86 的服务器可以为基于 ARM 架构的手机提供通信服务，就是因为存在网络通信协议的缘故。协议是各种异构设备进行连接和通信的重要甚至是唯一的手段，换言之，设计各种通信协议的目的就是解决异构设备和系统间的通信问题。

物联网系统延续了上述基本方法，各种物联网设备可以通过协议彼此连接。除了常见的 TCP/IP 等与互联网兼容的协议外，常用的物联网协议有：用于短距离消费级产品通信的蓝牙协议，工业环境中的低功耗通信协议 ZigBee，对 IC 卡进行安全扩展的近场通信协议 NFC，低带宽不可靠场景下基于 TCP 的通信协议 MQTT，用于智能建筑场景控制应用的协议 BACnet，工业电子设备间连接的串行通信协议 Modbus，用于智能仪器仪表等现场设备连接的 LonWorks 现场总线类协议（USB、CAN、Modbus 等实际上属于现场总线）。

各种协议的出现似乎有效地解决了异构设备间的连接问题，但又导致了另一个问题——协议的异构（有时也称为异构网络问题）。物联网系统中不仅有多种异构设备，还有多种多样的协议，不同的协议管理着不同的设备。对于物联网系统而言，面对多种协议本质上与面对异构设备没有区别。

物联网中间件平台的出现解决了这一令人困扰的难题。一般而言，物联网中间件平台会支持数种甚至数十种物联网协议，并往往将协议的实现过程简化为各种屏蔽了底层细节的配置过程，仅将关键的业务逻辑流程搭建和数据处理工作保留给开发者进行控制，极大地提高了工作效率，大幅降低了对异构设备和多种协议进行兼容性开发的工作量。另外，协议的安全性也是一个重要的话题，我们将在 2.5 节和第 7 章中详细介绍。

综上，如图 2-3 所示，各种异构设备在底层交错连接，而物联网中间件平台通过抽

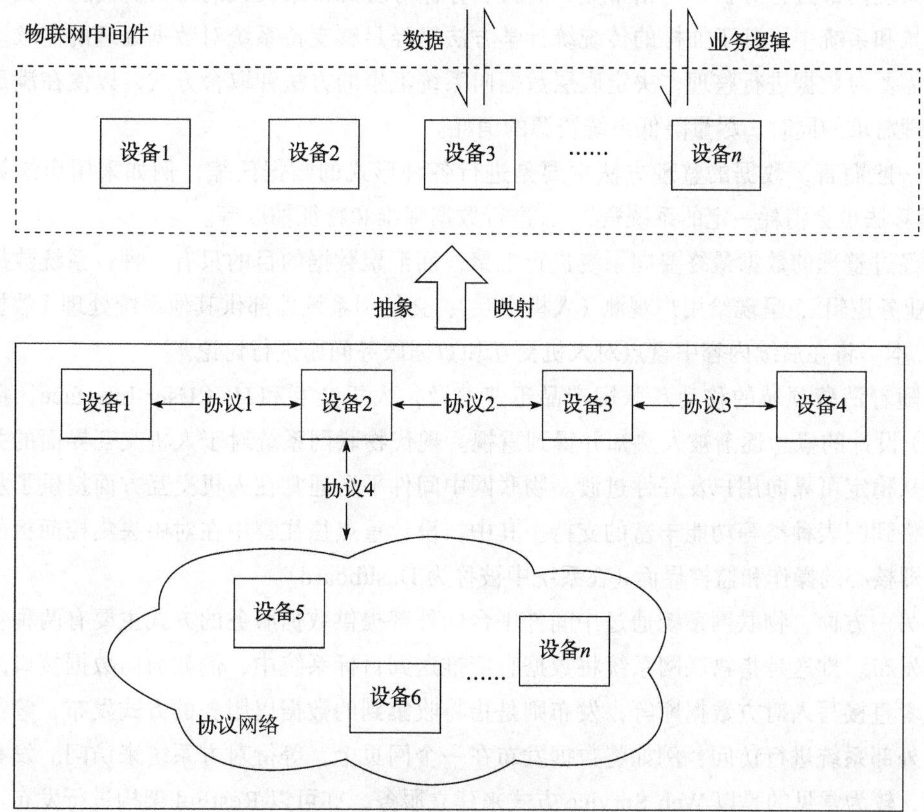

图 2-3　物联网中间件管理异构设备与协议示意图

象和映射，将其组织成简单有序的直观连接方式供用户使用，即进行数据交换和业务逻辑实现。

2.4 数据整理与人机交互

物联网系统层获取的数据包含直接观测数据（如农作物的生长趋势）和间接观测数据（如电磁场的变化）。尽管通过感知设备的量化和转化，已经把各种连续的状态转变为离散的数值，例如连续变化的温度被保存为以摄氏度或者华氏度为单位的数值、连续变化的磁通量被保存为以 Φ 为单位的数字，甚至农作物的生长状态也可以转变为农作物的高度或者种植密度之类的数字。

由于感知设备采集的数据极易受到环境和设备精度的影响，这些数据本身的可靠性、准确性和有效性在一定程度上由底层的感知设备来保证，但经由物联网中间件送交系统进行处理时仍然需要一定的数据处理工作，其中最重要的一个部分是数据的整理。

数据整理问题源于物联网感知层带来的大数据问题。众所周知，大数据中的数据来源规模最大的就是物联网数据。如果将全部原始数据（Raw Data）经由物联网中间件汇聚到系统内部进行分析，将给带宽、算力、存储等资源带来极大的压力。而且，在大多数场景和系统中，基于抽样的传统统计学方法已经足够支持系统对数据处理的需求。因此，需要对数据进行整理，决定底层数据向系统汇聚的方法和取舍方式，以便在满足数据处理需求的同时，尽量降低系统资源的消耗。

一般而言，数据的整理方法主要是进行各种形式的数据压缩，例如采用压缩算法（压缩算法也会消耗一定的系统资源）、进行数据降维和特征抽取等。

经过整理的数据最终要向系统进行汇聚，而汇聚数据的目的只有三种：系统数据分析（业务逻辑）、呈现给用户观测（人机交互）、交付到系统外部供其他系统处理（数据服务）。本书将在后续内容中重点对人机交互和数据服务问题进行讨论。

随着消费领域的移动互联网产品迅速普及，人机交互和 UI（User Interface，用户界面）设计的概念逐渐被人熟知并得到重视。现代物联网系统对于人机交互界面的关注点也从稳定可靠向用户友好性过渡。物联网中间件平台通常在人机交互方面提供了从配色风格到图表种类等功能丰富的支持。其中，设计重点往往集中在对中央集控面板的设计，即核心的操作和监控界面（在系统中被称为 Dashboard）。

另一方面，物联网系统通过中间件平台向外部提供数据服务的方式主要有两种：推送和发布。推送是指物联网系统将数据直接推送到目标系统中，例如面向数据接口的写入或者直接写入对方数据库等；发布则是指将收集到的数据以服务的方式发布，等待需要的外部系统进行访问，例如将数据发布在一个网页上，等待对方系统来访问。发布方式下，较为常见的是以 Web Service 方式来建立服务，亦可以 RestFul 架构进行发布。本书将在第 6 章详细介绍 Web Service 服务。

2.5　用户体系与安全机制

随着网络空间成为人类世界的第五空域，网络空间安全问题也逐渐成为焦点问题，作为构建网络空间基石的物联网系统更是成为各种新兴安全问题涌现的热点领域。究其原因，主要是传统物联网系统大多工作在独立、封闭的环境中，例如工厂厂房、加工车间等，系统中大多是各种资源和功耗受到严格限制的小型嵌入式系统（甚至没有操作系统，仅仅是运行在微控制器上的一段代码）。因此，在传统物联网系统中鲜有涉及信息安全相关机制的研究和设计，考虑更多的是数据的存储安全和可靠性问题。随着物联网技术的全面发展和大规模应用，一方面，物联网与互联网正在进行前所未有的融合，万物互联更是将系统原本封闭的大门彻底打开；另一方面，物联网系统已经进入了社会的各个行业和领域，安全问题的商业价值开始凸显。尤其是近年来能源、交通等基础领域出现的大规模的物联网应用更是将物联网安全问题推向了风口。

对于各种物联网系统而言，保障安全的第一道防线是用户体系的建立，即将系统划分为多种角色，每个角色授予一定的权限，以此来进行基本的权限控制和访问隔离。大多数物联网中间件平台对此都提供了支持，例如 Niagara 平台可以对站点的组件资源进行分组、划分不同类别，并可以把这些类别的访问权限分配给不同角色，如图 2-4 所示。这样，当为系统创建用户时，只要给用户分配相应的角色，那么该角色访问站点组件资源的权限也被赋予该用户，同一个用户还可以根据需求分配到多个角色。

图 2-4　Niagara 管理下的角色权限示意图

目前，物联网常见的安全问题被分为三类：设备安全连接、数据安全机制和隐私安全机制。设备安全连接涉及各种异构设备的接入问题，主要关注底层设备是否安全或者经过认证（设备自身是否安全）以及连接过程是否安全可靠。数据安全机制关注数据在传输过程中的安全问题，重点在于各种通信协议的安全性、数据是否经过加密保护等问题。隐私安全机制侧重物联网大数据的应用分析，关注在大数据汇聚的场景下对于用户隐私保护的问题，例如通过某人每天在早晚交通高峰的移动轨迹，可以快速推断其工作场所、居所等隐私信息，甚至可以根据工作场所和居所的位置估算出其收入和工作职位等信息。

物联网中间件平台对于物联网安全的支撑集中在数据通信安全、用户权限与访问控制问题，但区块链安全、工业控制安全、工业芯片安全等新兴的安全问题也必将得到物联网中间件的支持。基于这些考虑，本书在第 7 章中安排了与这些安全问题相关的讨论，供读者进行前瞻性的研究和参考。

2.6 分布式架构与边缘计算

前面说过，传统物联网系统大多工作在一个固定的封闭区域，以类似局域网的方式组织而成。随着云计算和大数据的兴起，物联网系统覆盖的范围变得越来越大。例如，传统的智能楼宇系统只需管理一两栋建筑物、几百个房间，而现代智能楼宇系统需要管理几十栋建筑物、上万个房间，甚至需要升级为管理多区域楼宇的智能园区。同时，物联网底层传感设备和装置的组成结构也变得越发庞大，各种传感网络覆盖的范围远远超出预期，从无线传感器网络到车联网，犹如局域网向广域网扩展般迅速膨胀起来。

随着类似场景不断涌现，分布式架构在大型物联网系统中变得越来越普遍。分布式物联网系统就是由分布在相互连接网络上的各种物联网部件和子系统通过传递消息进行通信和动作协调而构成的系统。构造分布式物联网系统的设备可以分布在不同地区（不同省份，甚至不同国家），其空间上的距离没有严格限制。分布式架构在物联网系统中的应用可以被视为在异构系统和设备更高层次上的一次聚合和连接。

在物联网中间件平台上进行物联网系统的分布式架构设计，可以使得属于不同种类、不同提供商、不同区域的物联网设备像一个中心式系统那样有机结合、互相合作，从而提供更多、更丰富的物联网服务。

随着大数据分析与物联网系统的融合，对于算力的要求呈指数级别迅猛增长，云化的集中算力架构与传统物联网系统迅速融合，形成以云为中心的新一代物联网系统架构。

但算力和带宽是永恒的矛盾，计算机学科多年来的一个重要研究方向就是如何将分布在不同设备上的算力联合起来，但其中一个关键性问题就是带宽的制约。换言之，各个具备算力的设备可以比喻为家中的空调、灯具、冰箱、微波炉等，而通信带宽是楼宇内供电系统中线缆的横截面积，过于纤细的线缆无法同时支持所有家电的供电。虽然通信技术在不停进步，但需要聚合的算力也在不断地增长，因此所有算力组合方法在运用时都会受到系统整体通信宽带的限制。

带宽的限制并不仅仅存在于集中的云中心内，而是遍布物联网系统涉及的各个具体场景之中，例如，南极科考站进行各种极地数据采集的物联网系统，遍布长江流域的物联网水文数据采集系统等。在这些环境中，底层物联网终端与云中心的通信带宽更加难以保障，终端采集的大量原始数据也难以进行上传。

解决上述问题的有效方法是采用基于边缘计算的云边协同架构。边缘计算，顾名思义，是指计算节点位于云的边缘，其工作原理是将原本处于云中的全部计算进行拆分，然后根据终端设备的计算能力为其分配相应的计算工作。边缘计算充分利用了各种终端设备的计算能力，也间接提高了功率的使用效率（设备消耗功率与计算负载不是线性比例关系，运算负载越高，功率使用效率越高）。

边缘计算的关键是计算的拆分、数据的分级处理等问题，详细内容将在第 8 章中介绍。目前的物联网中间件中鲜有提供与边缘计算直接相关的服务，但在云边协同物联网系统的架构实施中，会通过物联网中间件平台进行系统底层硬件架构和系统基本框架的建设，而将边缘计算问题作为数据处理中的一部分向上层业务转移。

总之，物联网系统逐渐成为信息时代的基础性支撑系统，其应用已遍布人类工作、生活的各个领域，感知到的海量数据也必须通过大规模的算力进行处理。这就导致越来越多的物联网系统使用分布式框架来进行搭建，并利用云边协同的边缘计算方式来进行算力的分配。

2.7　物联网中间件与人工智能

自从达特茅斯会议之后，人工智能走上了信息时代的舞台，经过几次沉浮，终于在云计算、大数据和物联网的共同支撑下迎来爆发式增长。人工智能的各种应用都离不开大量数据的采集，从目前实际的工程领域来看，人工智能爆发性崛起的领域均涉及各种实时的大规模数据吞吐问题，例如部署在机场等公共环境的人脸识别装置。

人工智能截至目前尚未形成严格和统一的定义。例如，有的定义将人工智能作为机器智能定义，即区别于生物智能的智能形式；有的则将其定义为可以感知环境变化，具有自主调节措施来实现目标最优的设备。但无论从何种角度定义，其中的共性是两点："感知"和"决策"。

人工智能无论以设备作为载体进行工作还是以算法作为功能的实现，其感知过程都需要依赖物理网设备实现，其决策过程则有多种实现方式，或者通过类似查表的方式利用有限状态机等框架来构建，或者通过复杂的神经网络进行实时推定。前者在物联网中间件平台上可以通过组态或者组件的方式实现，后者则需要较大规模的算力进行支持。尤其在现代采用浅层学习或者深度学习训练出来的网络，对于硬件环境有额外的要求。通常而言，训练环境的架构应与应用环境的架构保持一致，即在 CPU 密集型平台上训练出来的网络也需要在 CPU 密集型框架下运行，在 GPU 密集型平台上训练的网络也需要运行于 GPU 密集型环境下。这基本决定了大多数通过学习得到的人工智能网络都需要运行在云平台之上。因此，人工智能与物联网系统的结合主要依赖于云。

具体而言，物联网与人工智能主要以两种形式进行结合：物联网系统收集数据，提供给人工智能进行处理，以及将人工智能算法以芯片或者硬件程序的方式直接整合到物联网底层设备。对于前者而言，物联网系统作为数据采集者进行工作，使用物联网中间件平台对系统进行构建的过程中并不需要额外的设计，只需注意将数据通过服务的方式向外部进行交付即可。而对于具备了智能化功能的物联网设备（例如支持入侵检测的摄像头、支持动态捕捉火情的灭火喷淋装置等），则需要在物联网中间件平台上进行额外的处理。一般可以通过自定义组态或者第三方组态导入的方式，将其作为一种新型的设备接入系统，并根据业务逻辑构建上层相关的调用。随着边缘计算的兴起，目前也有将传统的复杂人工智能算法进行拆分，把部分神经网络前置到边缘计算节点的趋势。

总之，物联网中间件平台目前尚未对人工智能提供特殊的支持，但是大多数具备人工智能属性的物联网仍然选用中间件平台进行开发和承载。因此，本书在第 10 章安排了与人工智能相关的物联网应用内容，以供读者选学和参考。

2.8 Niagara 平台简介

如前所述，本书进行讲解和示范的物联网中间件平台是 Tridium 公司的开放式软件框架平台——Niagara Framework。该平台提供了完整的设备到企业级应用的统一开放平台，可用于开发、集成、连接和管理多种协议、多种网络以及分散在不同区域的智能设备与系统，目前在智能建筑、基础设施管理、工业控制，连锁商业、安防、智能电网、能源、制冷、暖通空调等领域已经得到了广泛应用。

本节将介绍使用 Niagara 平台的一些基础知识，为后续通过 Niagara 平台进行实践做好准备。

2.8.1 Niagara 软件安装和授权

本书的案例和实验均基于 Niagara 4 平台，其基本运行环境要求为：

- CPU：2GB
- 内存：1GB 以上
- 硬盘：5GB 以上
- 网络：100M 以上以太网口和网络连接

Niagara 4 平台同时支持 Linux 和 Windows 操作系统，本节选择 Windows 平台进行讲解。Niagara 4 平台上的 Windows 操作系统（非 Windows Home 版）要求具有 Windows 的管理员权限，且密码不为空。

在首次安装时，需要设置 Niagara 站点文件保护的 Passphrase，并按照要求设定密码。安装完成后，启动 Niagara 4，系统会弹出授权申请窗口，按要求填写信息获取相应的授权文件。如果授权申请窗口没有自动弹出，将会弹出一个带有安装软件生成的唯一标识 HostID 的窗口，这时可以在浏览器中打开网址 https://axlicensing.tridium.com/license/request，填写信息完成授权申请。获得授权文件后，可将其放入 Niagara 的系统安装路径，如 C:\Niagara\Niagara-4.X.XX.XX\security\licenses。

重新启动 Niagara 4 完成软件的安装。启动窗口如图 2-5 所示。

图 2-5　启动窗口

2.8.2　Niagara 站点的创建

Niagara 4 Platform Deamon 是一个独立于 Niagara 核心运行的可执行程序，是一个服务器进程，会随着 Windows 服务的启动而启动。

Niagara 站点（station）是运行在 Niagara 平台上的应用。Workbench 通过连接 Niagara 平台可以对平台和站点进行配置管理。常用的平台工具如下：

1）Application Director（应用管理工具）：Application Director 是一种平台视图，可以在其中启动或停止站点。Application 指的是安装的站点。除了启动或停止站点，还可以用 Application Director 来检查站点的输出，从而达到故障排除和调试目的。

2）Platform Administration（平台管理）：Platform Administration 提供了对 Platform Daemon 的设置和概况信息的访问功能。

3）TCP/IP Configuration：用于配置远程控制器的 TCP/IP。如果连接的是基于 Windows 的 Platform，这个视图里面的所有设置都是只读的。

在 Niagara 平台中通常包含两个 User Home 位置：

1）Workbench User Home（对用户）：Workbench User Home 中可以找到新建的 Workbench 站点，以及远程站点的备份、模板和其他配置文件。每个用户的 Workbench User Home 的实际位置在 Windows 用户账户下 Niagara 4.x 文件夹中。

2）Platform Daemon User Home（对 Daemon 服务进程）：包括特定的配置信息。它的实际位置是 C:\ProgramData\Niagara4.x\<brand>，Platform Daemon 就安装在这个目录中。新建站点需要拷贝到 Platform Daemon User Home 中才能运行。

在 Workbench 中的 Tools 菜单下，有新建站点（New Station）选项，如图 2-6 所示，按照新建站点向导提示即可完成站点的创建。

在创建站点的过程中需要对站点设置用户密码。推荐使用强密码规则来进行密码设定，如图 2-7 所示，Niagara 4 的默认规则是密码至少应当由 10 个字符组成，其中必须有 1 位数字、1 位小写字母和 1 位大写字母。

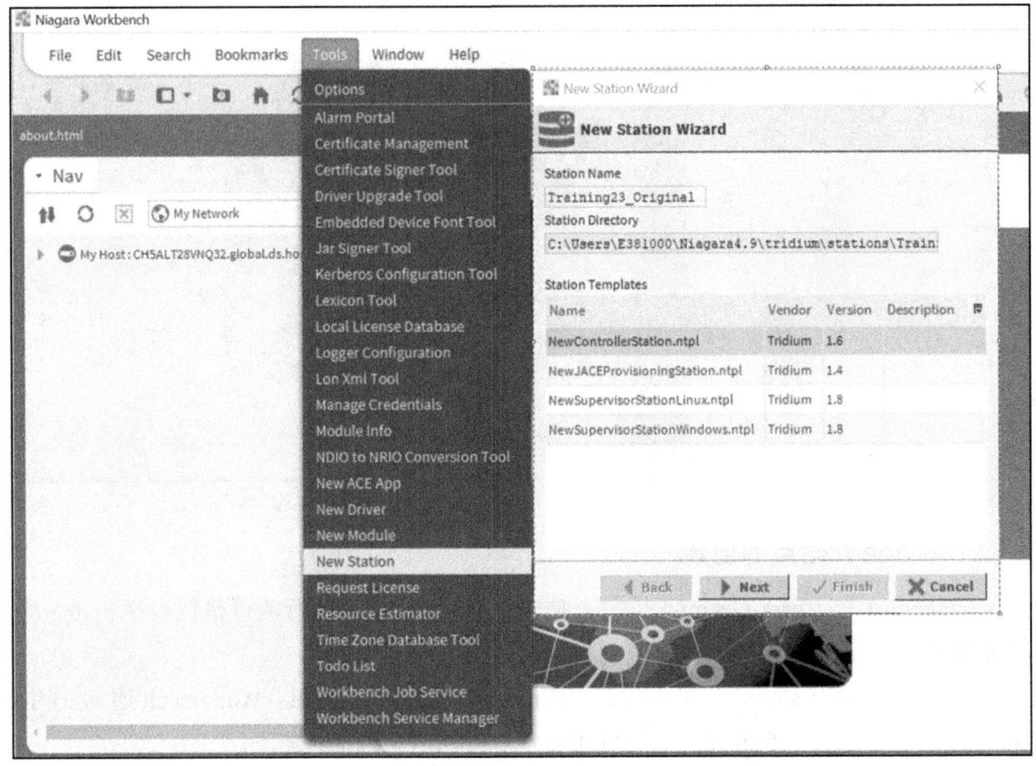

图 2-6 新建站点窗口

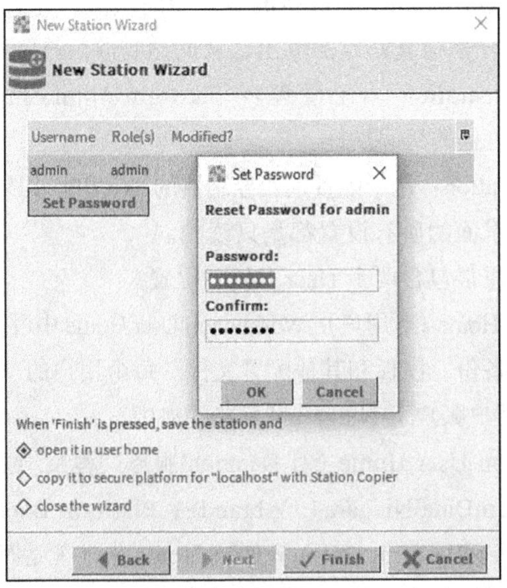

图 2-7 密码设置窗口

创建好的站点文件将会被自动存放到 Workbench User Home 目录中，该目录对于 PC 上所定义的每个 Windows 用户都是独有的。但为了在 PC 上启动运行站点，还必须将站点拷贝到 Platform Daemon User Home 目录下。具体操作如下：

1）选择 OpenPlatform 菜单，输入登录 PC 的管理员账户的用户名和密码进入 Niagara Platform。连接到在 PC 上运行的 Platform，如图 2-8 所示。

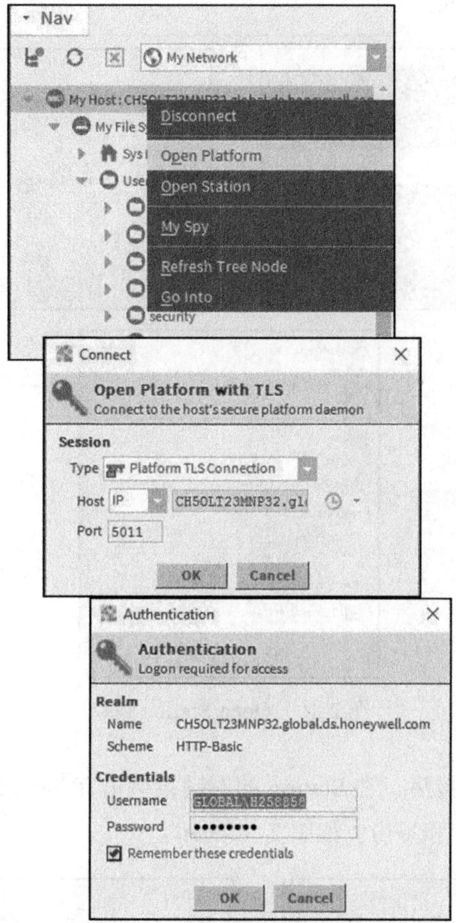

图 2-8　Open Platform 窗口

2）选择 Station Copier 工具，如图 2-9 所示。将新建站点拷贝到右侧 Daemon User Home 目录下。

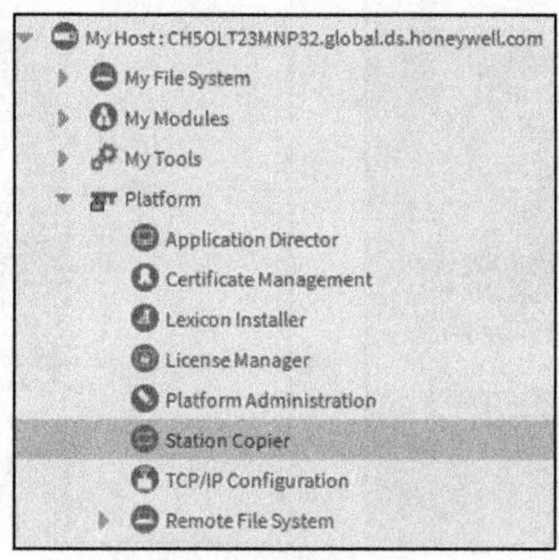

图 2-9　站点拷贝

3）站点拷贝完成后可进入平台的 Application Director 工具，启动站点，当站点的状态变成运行（Running）时，可通过选择 Open Station 菜单，输入站点的用户名和密码进入站点，如图 2-10 所示。

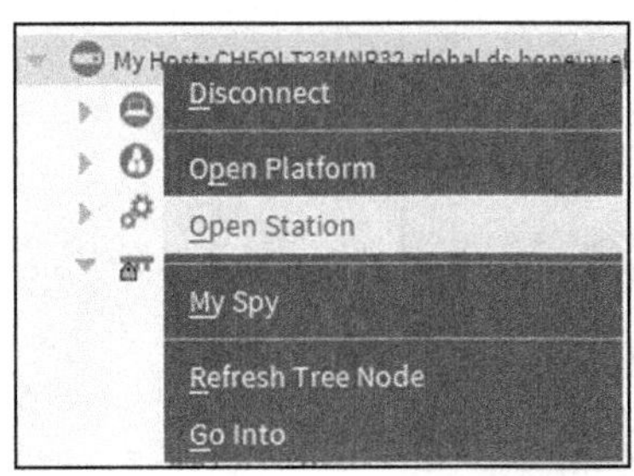

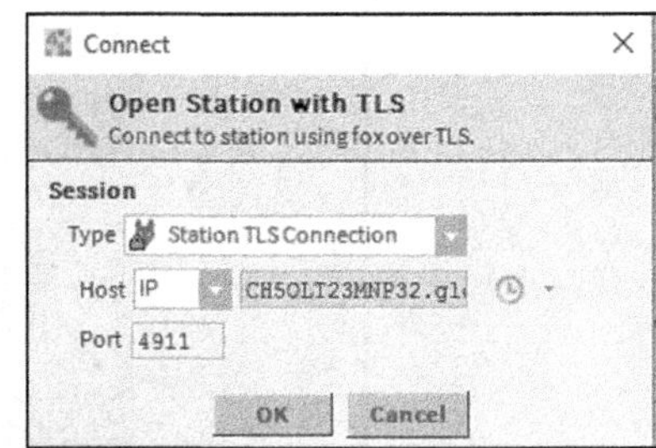

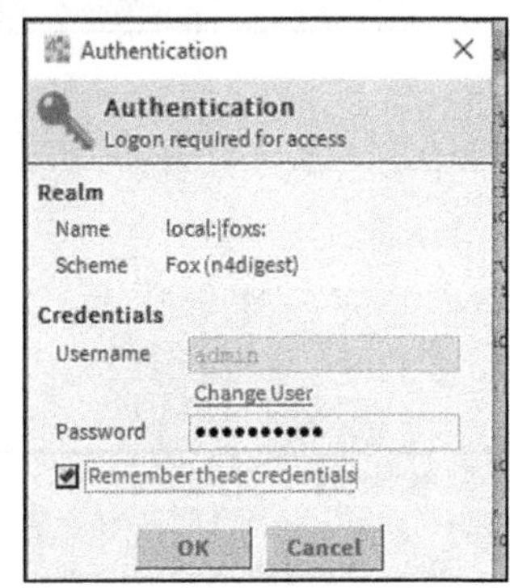

图 2-10 Open Station 窗口

4）建立与站点的连接后，在 Station 的右键菜单里有 Save Station 和 Backup Station 选项，可对站点进行保存和备份。如图 2-11 所示。

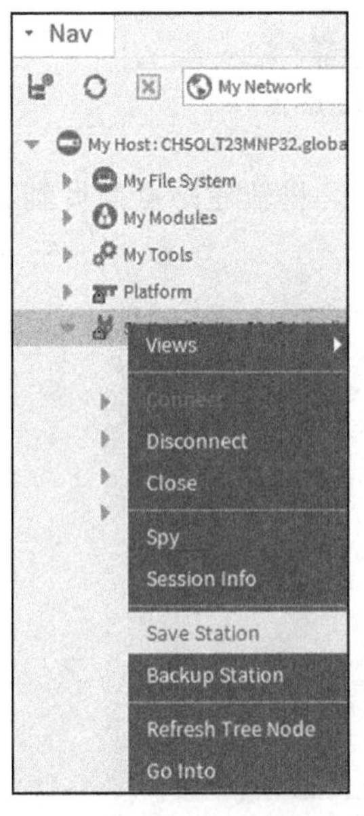

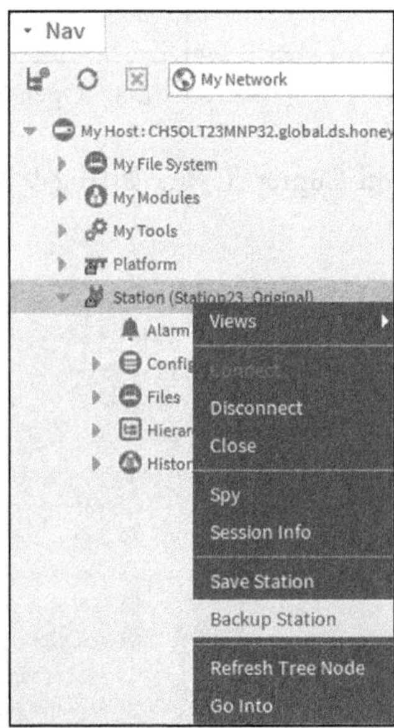

图 2-11 保存站点与备份站点

至此，我们完成了基于 Niagara 4 平台来搭建基本站点的工作，后续就可以在此站点中展开各种应用配置操作。

本章小结

本章是对全书各章内容的概述。在本章基础之上，我们将会展开介绍通用对象模型与组态设计的关系，以及如何进行组态基本功能的实现和具体的搭建过程。同时，对于物联网系统的许多关键问题，例如异构设备的兼容性管理问题、物联网感知系统带来的数据压力、网络空间安全问题等，也会进行说明与讨论。在本章最后，通过 Niagara 平台的基本介绍，读者应该能够使用工具建立与实现特定功能的物联网系统平台。

习　题

1. 学完本章内容，结合你的理解说明什么是通用对象模型。
2. 简要说明业务逻辑在物联网系统中的作用。
3. 在物联网中间件的平台中如何验证业务逻辑，请举例说明你所了解的验证工具。
4. 在什么情况下物联网中间件平台会使用第三方提供的组态？
5. 就异构设备的兼容性管理而言，物联网系统是如何解决这一问题的？
6. 请列举出常见的为解决各种异构设备连接和通信问题的协议，并选取其一说明其功能和作用。
7. 物联网的传感设备带来的数据压力如何解决？
8. 物联网中常见的安全问题有哪些？它们分别是通过什么手段进行解决的？
9. 随着物联网系统覆盖范围的扩大，传统智能楼宇系统已经无法满足需求，如何解决现代大型智能楼宇的通信问题？
10. 有哪些方式能够解决底层物联网终端与云中心数据通信的带宽问题？
11. 物联网与人工智能有哪些结合方式？

第3章　通用对象模型与组态

从物联网中间件的角度来看，所有的系统都是由功能模块搭建而成的，在这些功能模块中流动的是各种数据，数据和功能一起构成了系统。从本章开始，将重点介绍功能模块的设计和实现。所谓功能就是根据不同条件对不同的数据进行不同的处理，即按照一定的逻辑来处理数据。换言之，功能就是逻辑的实现，所以功能之间也有其通用性或者说共性。

在本章中，我们将主要介绍为实现某种功能，如何设计合理的业务逻辑，并以模块化的组态方式展现出来。

3.1　基本概念

在本节中，我们先介绍几个常用的概念，之后再具体说明并运用这些概念来进行实践。

3.1.1　通用对象模型

无论何种功能，都可以将其总结为数据的输入、数据的输出和数据的处理。因此，应该可以用一种描述方法或者描述方式来代表各种功能，这就是通用对象模型。当我们希望在物联网中间件平台上实现某种功能的时候，只需要按照这种描述方式将功能的作用叙述清楚，就可以形成能实现该功能的代码和可以被使用的软件模块了。

通用对象模型属于逻辑上的概念描述，它的作用是抽象出对于设备、模块甚至功能的逻辑描述。它主要面向功能上的数据流，因此更关心输入、输出的数据（供计算的数值或者控制信号），不涉及由何种设备来完成这项功能。通用对象模型是一种抽象的思考和设计方法，是保证多设备交互通信的基础，也是物联网中间件平台上最基本的描述元素。简言之，通用对象模型可以视为物联网中间件平台上的万能模板，套用它可以便捷地搭建出各种功

能。当然，通用对象模型也有其分类，我们将在 3.2 节中详细讨论。

运用模型描述来抽象、说明系统的层次、结构或者组成是现代工程中常用的方法。我们以 Niagara 平台的系统模型为例来说明模型描述的运用方式。在系统模型的描述下，Niagara 平台系统整体自底向上被分成三层。

1）**设备接入层**：负责解决设备基本接入问题。处理对象是各种现场设备，即感知层设备（感知器、现场控制器）。这一层的作用是确保接入的各种异构设备能将其感知到的数据收集起来。当前物联网感知设备的多样性导致在真实的工作场景中，很难保证系统只采用某种或者某个厂商的产品。在大多数场景中都会集成来自多个厂商的多种设备，如图 3-1 所示。例如，既可以接入 MEMS 微机电传感器，也可以接入海康威视的物联网摄像头（如图 3-2 所示）。

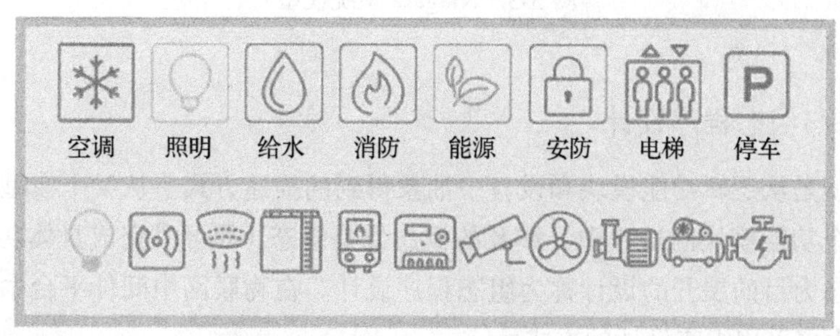

图 3-1　子系统接入设备

2）**设备交互层**：多种异构设备的兼容带来的优势显而易见，但其导致的问题也十分明显，即各种异构设备之间的数据交互问题。不同厂商、不同标准、不用功能的感知设备犹如来自世界各地的人，很难互相理解彼此之间的对话，最好的解决办法就是用统一的语言来交流，例如中文。这就是设备交互层的工作——将各种异构设备的数据都转换成一种标准化的格式，进而彼此进行沟通。在这一层，系统内各种感知信息可以进行交互。

3）**人机交互层**：大多数系统不是完全封闭的，必然会与系统外部进行数据交换。这些交换可能发生在人和系统之间，如通过各种可视化的图表、仪表盘、数据分析报告、实时状态监控等方式；也可能发生在系统和系统之间，例如本地系统将数据分析报告发布到云平台进行分析等。为了处理这种系统与外部进行数据交换的问题，设置了人机交互层。

图 3-2　海康威视物联网摄像头

如上所述，对于 Niagara 这样功能全面、复杂的物联网中间件平台，采用了系统模型的描述方式之后，虽然没有涉及任何平台的技术细节，但仍然可以将其层次结构用一种易于理解的方式进行说明，如图 3-3 所示。

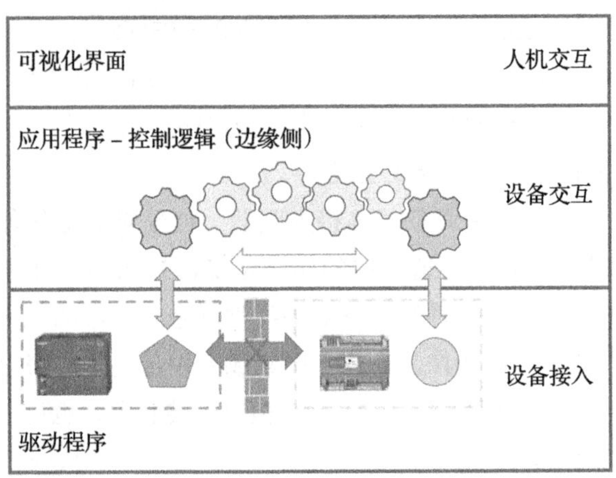

图 3-3 Niagara 系统模型

3.1.2 组态与组态程序设计

对象模型是从逻辑功能模块和设备中抽象得到的描述方式。从某个模型出发，将它具体化为一个功能模块的过程中，涉及的概念便是组态（即可以完成具体功能的模块），而以获得组态为目的展开的设计称为组态程序设计。在物联网中间件平台中，对于功能模块的设计大多采用组态设计的方式。

1. 组态的概念

在很多领域中都会提及组态这个概念，但不同领域对组态的定义不尽相同。例如，在工控领域，组态（Configuration）是指应用软件中提供的工具、方法来完成工程中某一具体任务的过程，可分为硬件组态和软件组态。就其形式而言，类似乐高这样的拼接积木，每一种基本功能都可以做成一个基本组态（类似一个独立的积木块），设计复杂功能的过程就如同搭积木，将一个个基本组态按照顺序组合起来即可。

在本书中，组态被定义为实现某种功能的代码化部件。组态程序设计就是基于组态进行的设计和开发，既可以是某个组态本身的开发，亦可以是基于某个组态进行的开发。组态的概念的核心在于将通用对象模型代码化为可以被具体调用和执行的模块。

2. 组态程序设计

一般的程序设计过程都应当包括分析、设计、编制、测试、排错等不同阶段，组态程序设计也是如此。

在进行组态设计之前，首先应了解所要设计的目标组态应具备的功能，或者了解当前可以被调用的组态所支持的功能。一般用于进行组态设计的软件由图形界面系统、控制功能组件、实时数据库系统以及 I/O 驱动程序组件组成。组态软件的基本结构如图 3-4 所示，主要功能包括：

- 支持设备间的数据交换。

- 支持设备数据与图形界面上的元素关联。
- 支持处理数据过程中的报警和系统级的报警。
- 支持历史数据管理（以数据库方式进行）。
- 支持多种类型的统计报表的生成和打印输出。
- 支持第三方程序或者设备进行数据共享和通信的接口。

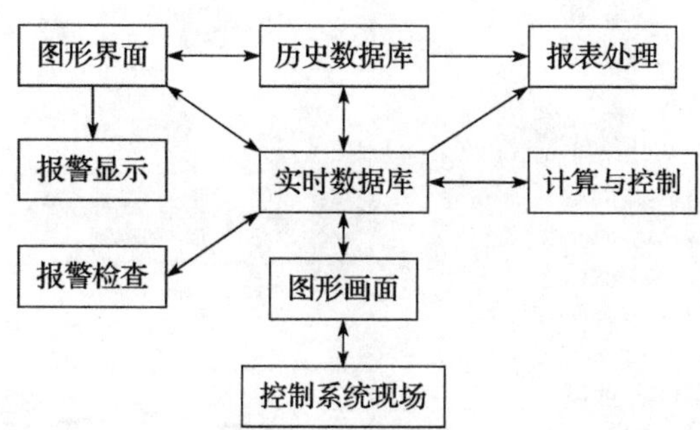

图 3-4　组态开发软件的基本结构图

进行组态设计时，必须要思考目标组态的基本功能，继而确定被控对象 / 输入量 / 环境变量进行何种控制，并对控制参数进行分析。换言之，要参考和确定目标组件的工作流程，思考如何控制输入以达到目标输出结果，再进行控制系统的逻辑设计，以实现输入、控制、输出各个部分的功能。组态程序设计完成后，要对产生的数据进行结果检测及分析，保证设计结果的正确性。

3.2　通用对象模型的应用

在上一节中，我们对通用对象模型和组态的概念进行了初步介绍，本节将对这两个重要部分的应用进行详细介绍。

3.2.1　Niagara 通用对象模型描述

Niagara 将面向对象概念中的“方法”（method）划分为两个概念：Action 和 Topic。其中，Action 是“被执行”的方法；Topic 是“调用其他对象方法”的方法，且 Topic 可以传递一个类型为 BValue 的参数。例如，VAV（变风量空调）系统中 AHU（空气处理单元）的控制器向空调末端执行器下达指令：把温度调到 25℃，系统就可以在 AHU 侧定义一个 Topic（用于发起行为），在末端定义一个 Action（用于接受指令并计算输出），在 Niagara 中直接连线组态即可。Topic 中还要定义一个温度变量作为消息传递。

如前文所述，设计之初需要对具体的事物进行抽象，提取共同的特征，得到基本的通用对象模型。如图 3-5 所示，假设现在有一个苹果，再获取一个苹果，应该得到两个苹果。在具体场景中，如果以苹果的颜色为特征，结果则是一种苹果组合；若以苹果的数量为特征，忽略苹果的种类和形态，得到是苹果的数量“2”。若我们只关注苹果的数量而不关心其颜色、大小，则可以将其抽象为数值型的“点”；若我们只关注苹果的颜色而不关心其大小、数量，可以将其抽象为布尔型的“点”。

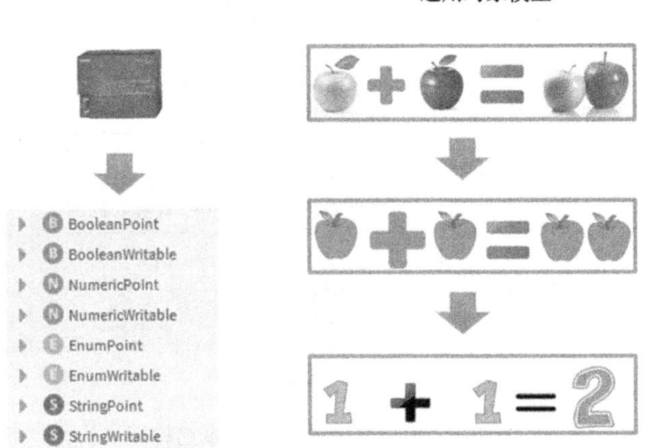

图 3-5　抽象通用对象模型

3.1 节中强调过，通用对象模型存在的目的是设计和抽象处理数据的功能，故而在一般的物联网中间件平台中，会以基本的数据类型作为划分模型种类的依据。

常见的通用对象模型有以下 4 类：布尔型（Boolean）、数值型（Numeric）、枚举型（Enum）、字符串型（String）。每种类型根据被抽象事物的需要分为只读型（又称单点型，Point）和读写型（Writable）两类。例如，在控制逻辑中，需要采用一个温度传感器。考虑到温度传感器只是提供温度数据的上传或者读取，所以应该将其设置为只读型（Point）。同时，考虑到温度数据是连续的数值，所以其通用对象模型应该选取数值只读型（NumericPoint）。相应地，如果要映射空调的遥控装置，则应该选择数值读写型（NumericWritable），即一方面可以通过遥控器获取当前的控制温度，也可以通过修改数值来模拟设定空调温度。抽象通用对象模型示例如图 3-6 所示。

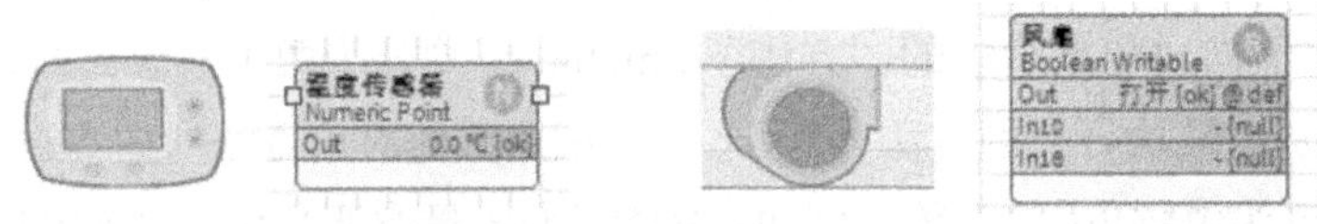

图 3-6　抽象通用对象模型示例

3.2.2　通用对象模型的数据类型

具体而言，通用对象模型的数据类型主要有表 3-1 所示的 8 种：BooleanPoint、BooleanWritable、NumericPoint、NumericWritable、EnumPoint、EnumWritable、StringPoint、StringWritable。这 8 种类型的通用对象模型对驱动架构而言是不可或缺的，

所有的设备集成都位于这个架构基础之上。

表 3-1　常见通用对象模型类别

Boolean 类型	Numeric 类型	Enum 类型	String 类型
BooleanPoint	NumericPoint	EnumPoint	StringPoint
BooleanWritable	NumericWritable	EnumWritable	StringWritable

1）Boolean（布尔类型）：代表仅具有两种状态的二进制量，常用于进行各种开关功能的表征，其值一般用于两种状态的切换，例如 Off 或 On。

2）Numeric（数值类型）：代表连续的模拟量表征，例如温度、电平、速率。数值类型既可以作为浮点量使用，也可以作为整数的计数使用，与常见编程语言中的单精度（32bit）或者双精度（64bit）兼容。本书实验平台支持的是双精度（64bit）表示。关于精度的更多描述可以参考 IEEE754 相关标准。

3）Enum（枚举类型）：代表枚举状态（超过两种状态），即多种状态间的切换，常用于多状态或者多功能切换的控制部件中，例如具有低速（slow）、中速（medium）和高速（fast）状态的可变速风扇。从数值的角度而言，枚举类型属于离散变量的描述，使用过程中要求所有的状态都是已知、可预测的。

4）String（字符串类型）：代表各种字符的描述，常用于提示信息或者人机交互中的数据使用，主要使用 ASCII 字符集。在运用字符串型（String）对象的过程中，需要关注系统所支持的字符集，例如 ASCII 字符集、Latin-1 字符集或是 Unicode 字符集等。

除了上述以数据类型为标准进行的分类，还可以按照数据流向（操作方式）分类为只读型（Point）和读写型（Writable）。

1）Point 类型：也称为 read-only 类型，代表一种只提供信息但是不能修改的数据类型。不同于 Writable 类型，这种类型的对象模型是不允许进行数据输入类操作的。它与上述数据类型组合可得到四种类型的对象：BooleanPoint、NumericPoint、EnumPoint 以及 StringPoint

2）Writable 类型：代表既可以被修改又可读的数据项，基于它可以得到以下四种类型的对象：BooleanWritable、NumericWritable、EnumWritable 以及 StringWritable。这些类型的对象都可以在物联网中间件平台中进行输入的管理。当遇到多种输入同时存在的情况，往往会支持进行各种输入间的优先级（override）设定。

图 3-7 和图 3-8 是 NumericWritable 类型的模型在本书实验平台中的呈现形式。

NumericWritable 将 NumericPoint 扩展为具有 16 个命令优先级控制级别的组件。最高优先级的活动命令反映在 out 输出属性中，紧急和手动级别（1 和 8）命令被持久存储。NumericWritable 对象是可读写的，有输入和输出接口，可以通过 Pin Slots 命令打开接口插槽。

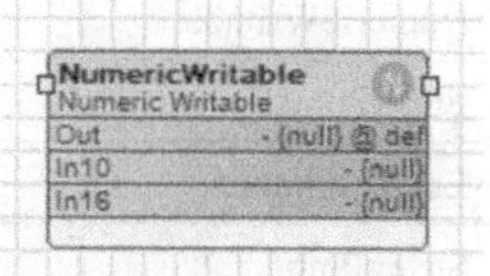

图 3-7　NumericWritable 对象

通用对象模型除了进行数据处理外，还要考虑到各种状态的描述。常见的状态有 fault（故障）、overridden（覆盖）、alarm（报警）以及默认的正常状态等。这些状态应当是可以用多种方式来触发和修改的。不同于模型中需要处理和流转的数据，状态可以被理解为是描述模型自身的数据。

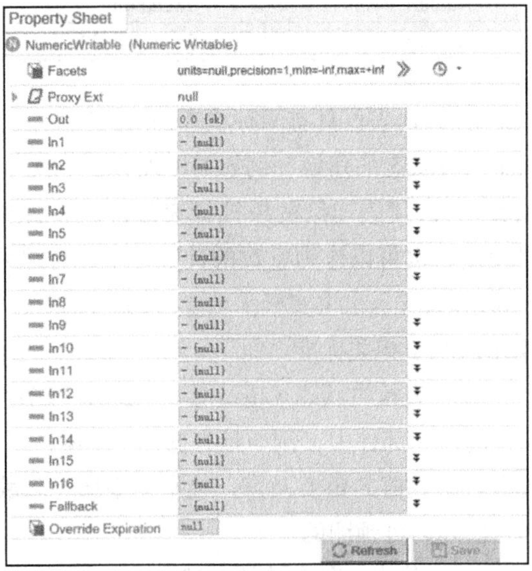

图 3-8　NumericWritable 对象的 Property Sheet

通用对象之间可以直接进行连接来传递数据，即使数据类型不同也可以进行连接。同时，数据之间的转换过程是可以配置的。如果系统直接进行转换，则难以满足设计的要求，例如，希望将 Boolean 型的开关数据 On 转换为一个高电平数据 +15V，那么需要设计自定义控件逻辑。

建立通用对象模型时往往涉及一些细节问题。例如，可显示浮点数中小数点的位置、工程单位以及为状态添加的文本描述等。这取决于用户所选择的物联网中间件平台自身功能的丰富程度。

在表 3-2 中列举了本节中介绍的通用对象模型。

表 3-2　通用对象类型对比

通用对象类型	描述	数据类型	可读写性
BooleanPoint	只进行只读操作的布尔类型对象	布尔型	只读
BooleanWritable	可编程的布尔类型对象	布尔型	可读写
NumericPoint	只进行只读操作的数值类型对象	数值型	只读
NumericWritable	可编程的数值类型对象	数值型	可读写
EnumPoint	只进行只读操作的枚举类型对象	枚举型	只读
EnumWritable	可编程的枚举类型对象	枚举型	可读写
StringPoint	只进行只读操作的字符串类型对象	字符串型	只读
StringWritable	可编程的字符串类型对象	字符串型	可读写

3.2.3　通用对象模型向组态转换

在本书中，组态被定义为具体化的通用对象模型。换言之，当确定了一个通用对象模型的类型，设定了输入 / 输出数据的范围和处理、控制方法，即确定了各种细节后，它就成为一个组态。

下面以前文所述的温度传感器和空调设定温度为例来说明通用对象模型和组态的转化问题。

首先，在系统实验平台 Niagara 中，建立通用对象模型 NumericPoint（作为温度传感器）、NumericWritable（作为空调的温度控制），并分别命名为“温度传感器”和“空调温度设定”，如图 3-9 和图 3-10 所示，此时获得的仍是模型对象。

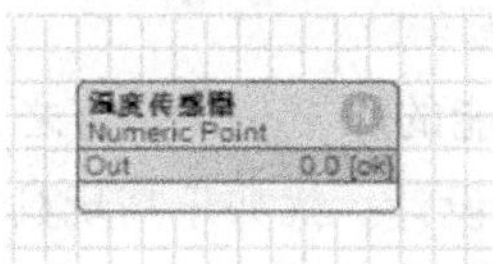

图 3-9　NumericPoint 类型对象

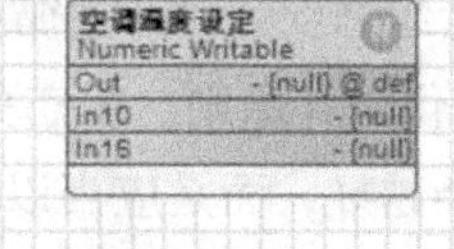

图 3-10　NumericWritable 类型对象

接下来，如图 3-11 所示为“温度传感器”和“空调温度设定”部件设定计量的工程单位：℃。

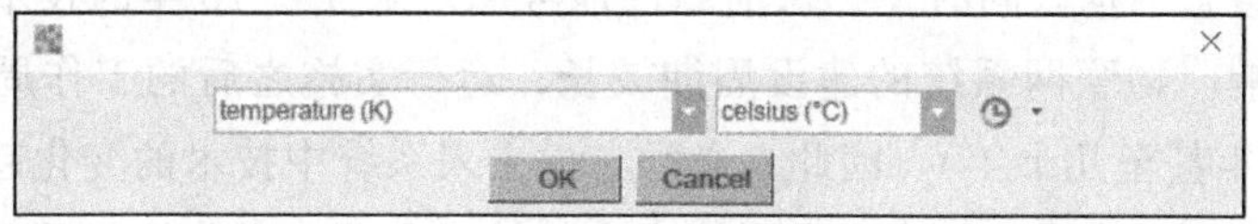

图 3-11　确定工程单位

如图 3-12 所示，映射后“温度传感器”已经可以模拟获取的外部温度为 0.0℃的情况了，此时的温度传感器就成为一个组态。

同理，如图 3-13 所示，为“空调温度设定”部件设定温度。

如图 3-14 所示，映射后“模拟空调设定”部件持续输出温度设定为 25.0℃，从而完成了从对象模型向组态的转化。

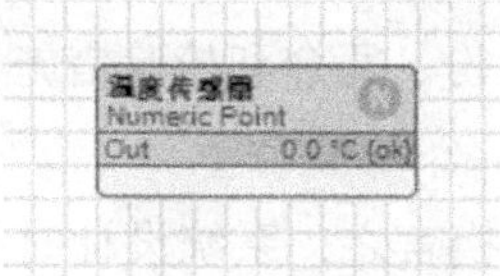

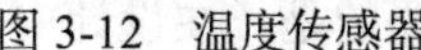

图 3-12　温度传感器

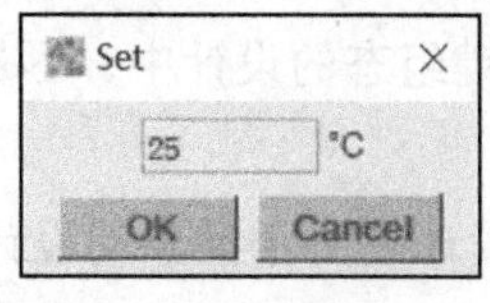

图 3-13　温度设定

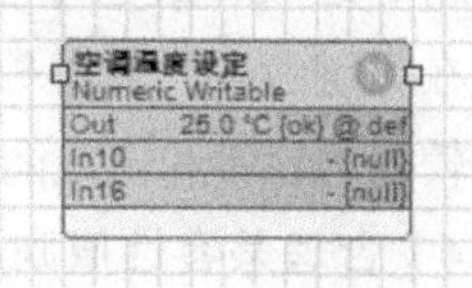

图 3-14　空调设定温度

3.3　组态设计与开发

在实际工作中，通用对象模型是组态设计的出发点。但在系统设计过程中，优先考虑的设计对象是组态。这就像进行雕塑设计的时候，在确定雕塑的主题和要表达的情感后，要先设计雕塑最终的样子，再选择能表现主题和情感的材质。在这个例子中，组态就是雕塑，通用对象模型是材质。类似于高级语言程序设计中会将实现各种功能的代码封装为函数，组态可以视为物联网中间件平台中的函数。

本节将介绍组态设计的基本流程和需要注意的问题。

3.3.1 组态设计的原则

组态设计中首先的考虑的问题是确定组态的功能，即需要如何完成对于输入的处理，继而形成输出。这个过程取决于组态支撑的业务到底是什么（关于业务设计的部分将在下一部分中讨论）。同时，为了确保组态系统开发平稳、基于其建设的系统整体鲁棒性，在进行组态设计时应遵循如下通用的系统设计原则。

1）**原子化设计原则**。组态的设计必须考虑组态功能的原子化，换言之，组态的功能不是越复杂越好，而是应当以概率为前提进行原子化设计。犹如乐高玩具中的基本插块，复杂的系统应当用简单的组态进行组合搭建而成，而不是设计一个功能复杂的组态。这样设计的优势主要有两点：原子化设计能保证分步调试的便利性并保证松耦合模式下的快速开发。

2）**前瞻扩展性原则**。在设计过程中要充分考虑国内外通用的规范和标准，借鉴目前成熟系统的组态结构。同时，必须前瞻性地考虑未来 5 ～ 10 年的技术发展趋势及其可能带来的影响。物联网系统的建设周期较长，运行实施之后的工作周期也相对较长（可能达到十数年甚至几十年）。因此，必须考虑未来系统中技术的变化趋势，并在设计中加以体现。同时，前瞻性还体现在系统未来的扩展方面。现代物联网系统的构建大多处于逐渐增长的模式，例如在工厂中，首先是采集某一条生产线的物联网数据，之后随着系统的成熟应用或工厂产能的增加，会在系统中接入更多数量和更多种类的生产线，此时组态自身的扩展性就成为一个重要问题。

3）**安全性原则**。网络空间安全已经成为关系国计民生的基础性问题，在传统信息安全的基础上，物联网安全及其典型问题工控安全已成为关注的焦点（为此本书单独用一章进行论述）。在组态设计中，需要尽可能地考虑如何进行安全性设计，一方面要考虑雷击、过载、断电等异常情况的组态的处理逻辑，另一方面要兼顾对人为破坏因素。尤其在关键设备、关键数据、关键组态的设计中，尽量考虑备份、冗余和校验措施，保证有较强的容错和恢复能力。

4）**合理兼容性原则**。组态设计是一个抽象的设计过程，换言之，系统设计时并不能确定组态对应的设备或者传感器的具体型号或者厂商。更重要的是，在设计中不应当确定与组态唯一对应的设备，这样才能保证未来整体系统实施时有更好的兼容性，在系统建设过程中涉及设备选型和采购时也能获得更好的性价比，在系统运行后的维护过程中保证更合理的维护成本。

5）**规范标准化原则**。组件中涉及各种与协议、标准、格式相关处理时，要充分考虑优先选用国家标准、国际标准，或者行业内形成共识的主流方案进行设计。过于新兴的方案由于缺乏时间和市场的沉淀，很容易昙花一现。在设计中，如果采用了类似的非主流方案，会给后期维护和兼容扩展带来极大的风险。

3.3.2　组态的功能需求确定

组态的根本任务就是根据功能需求结合实际场景来实现输入到输出的变换处理，因此功能设计是组态的出发点，也是最重要的环节。确定组态功能的重点在于根据构想或者预计的场景确定输入、输出后，根据输入和输出反向推算组态要进行的处理。从这个角度而言，功能确定就是一个逻辑流程确认的过程。

除此之外，进行功能确定时还要考虑工程管理方面的需求，这与常规的软件设计需求有很多相似之处，主要包括 3 个不同的层次——业务需求、用户需求和功能需求，以及额外的规则限制问题。

1）业务需求：来自宏观的设计过程，主要描述系统整体的使用前景和业务范围。业务需求一般会描述为设计系统的目的是配合企业生产改造、加强库存管理、辅助数据决策，或是其他目标。这个过程对于具体而微观的组态设计往往没有直接的指导意义，但组态的设计者是必须了然于胸的。

2）用户需求：描述侧重于中观目标，即从使用者或者用户的角度观察系统和组件必须能完成的任务。常见的用例、场景描述和事件响应表等文档都是记录这些问题的。用户需求往往会产生一些基本功能之外的要求，大多数情况与可视化息息相关。例如，对采集一个工厂热力系统的温度进行自动控制的组态，在用户的需求下，组态不仅应当采集温度，还需要用不同的颜色将温度分区间进行标识出来。

3）功能需求：描述的是对组态设计有直接引导的微观目标，也是设计人员必须在组态中加以实现的部分。这样用户才能通过组态搭建的系统来完成既定任务、满足业务需求。基于功能需求进行的设计，往往需要反向对输入、输出做出要求。

4）规则限制：主要考虑一些对组态设计产生限制的情况，最主要的因素就是业务规则。业务规则一般包括相关政策、企业规定、行业标准、会计准则和计算方法等。基于这些规则，常常会对运行条件、采集的来源、逻辑计算的方法、输出的格式进行一定的规约。这也是在组态设计中必须严肃对待的问题，一旦出现违规情况往往会造成极大的代价，甚至导致整个系统失败。

综上所述，组态功能的确定要求设计者对系统整体的目标和未来用户的诉求有较为清晰的认识，在了解和确认相应规则与限制的基础上，根据功能要求进行设计，或者根据输入和输出进行逆向的功能逻辑确定和设计。

3.3.3　组态开发流程与实例

当组态开发应用于具体工程时，开发者应保证组态系统的完整性及严密性，使组态软件能够正常工作。下面是组态开发的基本步骤。

1）确定组态的命名，以及其输入、输出情况，即收集所有涉及 I/O 的参数，并整理成表格。

2）如有确定的 I/O 设备选型，则应确定该设备的种类、型号、使用的通信接口类型，以及采用的通信协议，以便在定义 I/O 设备时做出准确的选择。

3）收集所涉及的 I/O 标识。I/O 标识是唯一地确定一个 I/O 点的关键字，组态通过向 I/O 设备发出 I/O 标识来请求其对应的数据。多数情况下，I/O 标识是地址或位号名称。

4）如有必要，根据具体组态过程绘制流程图。

5）建立实时数据库，并保证组态各种变量参数的正确性与合规性。

6）在实时数据库中建立实时数据库变量与 I/O 点的一一对应关系，即定义数据连接。

7）对于大型或者功能复杂的组态内容进行分段和总体调试，视调试情况对软件进行相应修改。通常而言，不同于对象模型的普适性，组态的通用性会受到应用领域的限制。

8）组态调试完毕后，就可以被调用和部署使用了。

下面以在 Niagara 平台上建立一个简单热水泵控制组态为例，说明进行组态开发的一般过程。热水泵的基本应用需求为通过比较设定温度和室外温度的值来控制两台热水泵的启停，具体流程如下。

1）创建 PumpControl 文件夹作为本次基础组态开发项目。明确热水泵控制组态的输入 / 输出点如表 3-3 所示。

表 3-3 应用输入 / 输出

系统变量	输入 / 输出类型	对应点类型	单位 / 描述	默认值
室外温度（Outside_Temp）	模拟量输入	NumericWritable	摄氏度（℃）	—
温度设定值（PumpEnableSetpoint）	模拟量输入	NumericWritable	摄氏度（℃）	5℃
热水泵 1（HotWaterPump_1）	数字量输出	BooleanWritable	启动 / 停止	停止
热水泵 2（HotWaterPump_2）	数字量输出	BooleanWritable	启动 / 停止	停止

2）在 PumpControl 的 Wiresheet 中，创建热水泵输出控制点。进入 kitControl 调色板（如图 3-15 所示）打开 ControlPalette 文件夹，在 ControlPalette 的 Points 文件夹内，选择 BooleanWritable 点，将其重命名为 HotWaterPump_1 用于模拟热水泵。进入该点的 Property Sheet 中，将该点的 Facets 设置为 trueText=Pump_On，false Text=Pump_Off。Facets 的设置可以使组件更接近设计实物本身状态属性。设置方式如图 3-16 所示。在该点点击右键菜单打开 HotWaterPump_1 点的 Pin Slots 窗口，使能 Auto 和 In5。可以通过 Pin Slots 打开或者关闭组件的接口来设置组件的输入 / 输出。

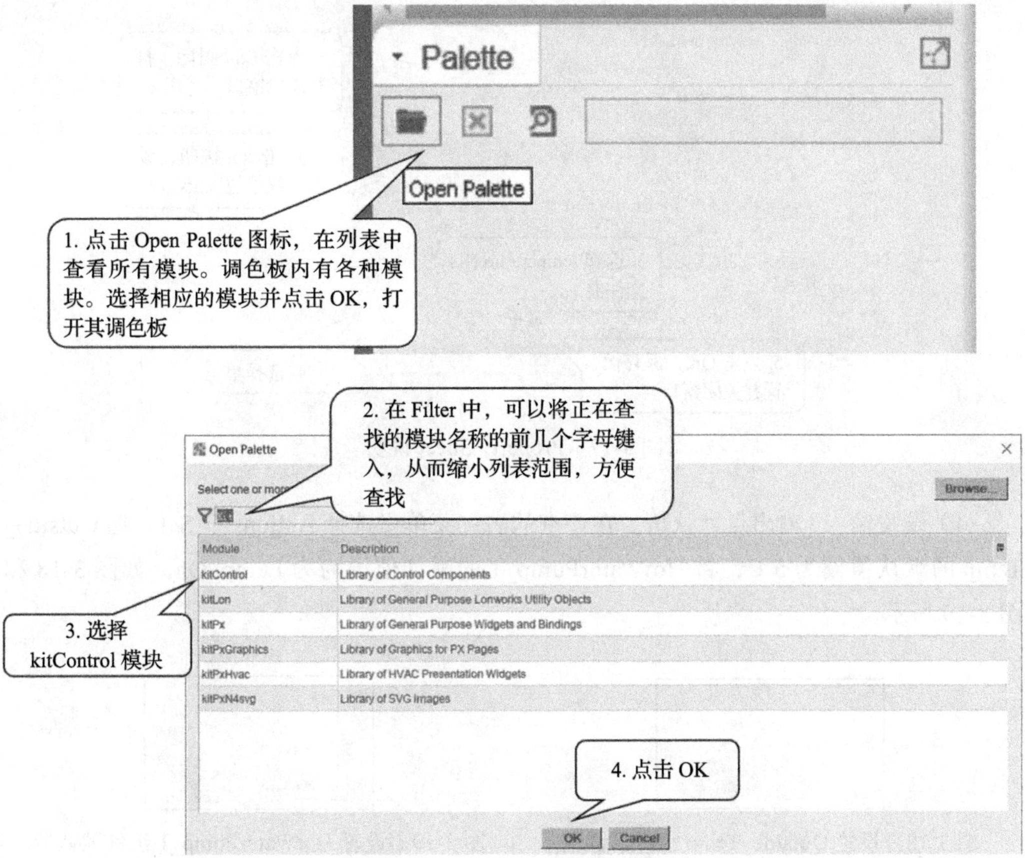

图 3-15　选择 kitControl 调色板

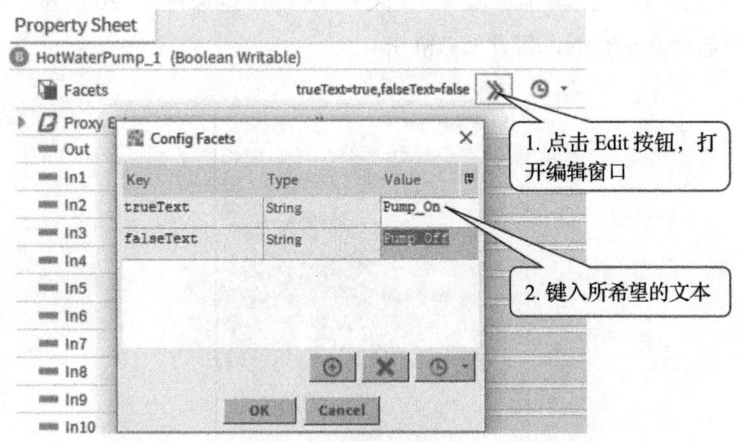

图 3-16　组件 Facets 设置

3）通过将 NumericWritable 点重命名为 Outside_Temp 来模拟外部温度，并按图 3-17 所示进入该点的 Property Sheet 视图，将该点的 Facets（工程单位）设为℃。

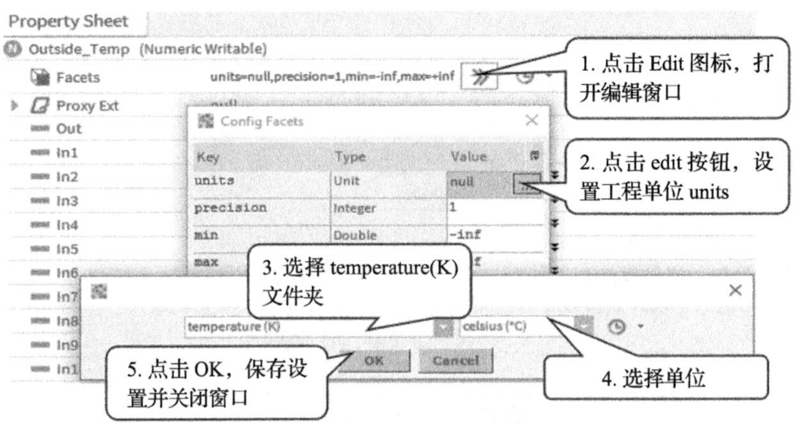

图 3-17　Property Sheet 说明

4）设置输入 / 输出点默认值。在该点的右键菜单里选择 Actions → Set，将 Outside_Temp 的默认值设为 5℃，将 HotWaterPump_1 的默认值设为为 Pump_On。如图 3-18 和图 3-19 所示。

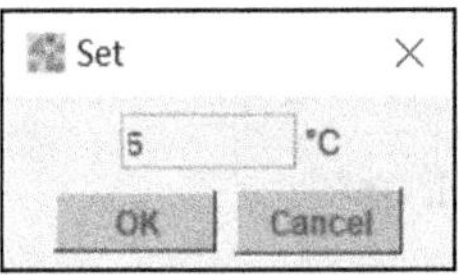

图 3-18　设置 Outside_Temp 组件默认值

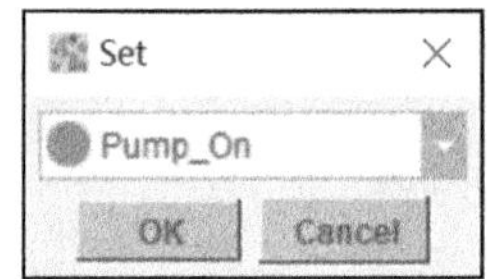

图 3-19　设置 HotWaterPump_1 组件默认值

5）添加基本温度控制组件。在 kitControl 调色板的 HVAC 文件夹下，选择添加一个 Tstat 对象。此组件提供基本恒温（开 / 关）控制功能。如图 3-20 所示。在 Tstat 对象的右键菜单中选择 Pin Slots，打开 Cv 和 Sp。

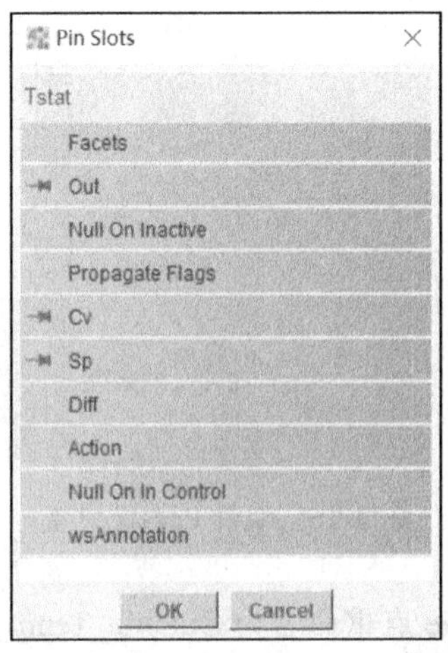

图 3-20　Tstat 组件打开 Cv、Sp 插槽

进入 Tstat 对象的 Property Sheet 页面进行下列配置，参考图 3-21。

- 将 Action 设为 Reverse。
- 将 Diff 设为 4。
- 将 Null on In Control 设为 False。
- 将 Null on Inactive 设为 False。
- 将 Facets 设为 trueText=On/falseText=Off。

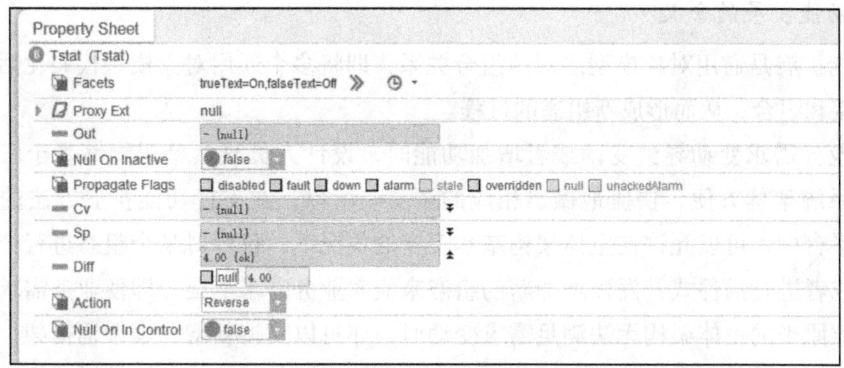

图 3-21　Tstat 组件配置

6）通过复制 HotWaterPump_1 创建 HotWaterPump_2。复制 Outside_Temp，重命名为 PumpEnableSetpoint。

7）如图 3-22 所示，完成组态模块之间的连线。

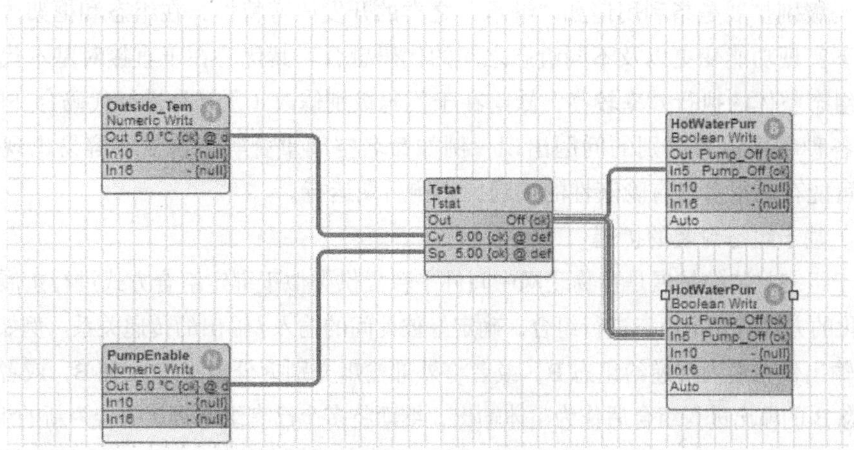

图 3-22　热水泵控制组件设计连线

8）测试组态逻辑是否正确。通过 Outside_Temp 点的右键菜单，调用 Actions → Set 方法修改数值，使之高于或低于 PumpEnableSetpoint 的值，观察对热水泵的影响变化，完成组态逻辑的验证。

3.4 功能扩展方法与应用

一个设计完成的组态必须同其他组态或者部件配合才能正常工作，但这种配合频率很高时，无论使用者还是设计者都希望这些组态可以绑定在一起形成一种新的组态，从而被整体调用。本节将讨论对组态进行扩展和组合的问题。

3.4.1 功能扩展简介

1. 功能扩展的含义

功能扩展是通用对象模型之间的组合关系，即将多个通用对象模型代码化后的组态进行连接和组合，从而形成新组态的过程。

因业务需求变动导致变动或者增加功能时，设计人员显然希望能够基于已有的组态或者系统架构方便、快捷地做出相应的调整。所以，在支持功能扩展方法的物联网中间件平台中，可以允许在主体架构基本不变的情况下，仅针对某个组态进行个性化的处理，或者进行插件式开发以增加新的组态来应对业务需求变更。即使业务需求变动过大，导致原来的主体架构无法满足需求变动时，亦可以支持新增一套架构框架，从而在兼容多个框架的基础上，针对不同的业务需求调用不同的架构。功能扩展能力的强弱也是对于物联网中间件平台扩展性优劣的一种表征。

2. 功能扩展方法

目前，常见的功能扩展主要有以下三种方法。

（1）代码级别扩展

代码级别扩展是指利用诸如“继承”之类的开发语言特性，在组态和框架改动最小的前提下实现功能变更以及不同组态之间的代码融合。其优势在于直接对基本代码进行修改，组态整体的执行效率较高；缺陷在于代码级别修改（尤其是进行代码合并的过程）会导致各种程序语言级别的问题出现，例如命名空间重叠等。调试时容易出现各种问题，且可能存在很多具有隐蔽性的问题，影响后期运行。

（2）基于组态封装的扩展

基于组态封装的扩展是指物联网中间件平台提供类似于绑定组合方式进行扩展，直接用可视化的方式将多个组态进行组合，确定好彼此间的输入 / 输出的传递关系。例如，将组态 A 的输出作为输入传递给组态 B，或者将外部输出分别拆分给组态 A 和 B，或者将组态 A 和组态 B 的输出进行组合后作为整体输出，继而将多个已有组态直接组合为新的组态。

这种扩展的优势在于新功能的实现非常便捷，即使需要新组态与已有组态结合，在调试过程中也会节省大量时间，系统整体的稳定性能够得到保障和延续；其缺陷在于系统的执行效率比较低，会存在一定的冗余组态或功能。但在系统硬件能力飞速发展的今天，基于组态封装的扩展方法仍然是瑕不掩瑜。

（3）基于中间语言的扩展

基于中间语言的组态功能扩展在物联网中间件平台上并不多见，这种方法主要在较高逻辑层次的扩展中出现，例如架构间的扩展、计算节点间的扩展等。其主要方法是采用一种约定好的中间语言描述方式进行组态间的通信，从而实现扩展。在此过程中，不需要将组态进行封装，仅仅通过中间语言的描述进行通信连接即可。基于中间语言扩展的优势在于被连接的各个组态具有一定的复用性，可以同时被多个功能调用；缺陷在于额外的通信开销不但导致功能效率下降，还可能因通信时序控制不当引起各种冲突和问题。

3.4.2　系统功能扩展——报警功能

功能扩展的目的是快速进行各种全新功能的实现，即利用现有资源建设新的组态，这与程序设计中建立各种函数来实现功能的过程相似。在程序设计中经常会用到各种系统提供的库函数，在物联网中间件平台中也有类似的支持，即系统提供的各种常用功能扩展。本节中主要介绍常见的报警功能扩展问题。

与报警相关的扩展是物联网中常见的场景，因为发出警报一方面是物联网系统的人机交互的基本需求之一，另一方面警报经常被用来作为触发信号使用，继而驱动其他功能联动。

警报用于指示某些值不在适当或预期的范围内，通常来自系统内部和各种外部来源，例如，外部的电子邮件、系统内的打印机甚至平台内的控制台应用程序。警报通常由平台核心部件发出，然后被路由到系统内部作为一种服务提供，最后通过多种方式将报警路由到一个或多个收件人。

1. 报警功能扩展简介

Alarm（报警）是指某个已定义事件已经发生的通知，或者某些数值不在合适或预期范围内的指示。例如，一次安全违规、超出温度限值，或者设备故障都可能启动一次报警通知。物联网平台往往为警报提供可以进行分级的表示方式，例如可以使用文本和图标来辨识报警的严重性等。

报警信息按信息内容的性质可分为操作命令信息、设备信息通报、设备变位报警、定值越限报警、设备自检报警和保护动作报警六种常见类型，具体内容见表 3-4。

表 3-4　报警信息的种类

报警信息类型	报警界定	结果与性质	严重性
操作命令信息	运维人员下达的操作命令的指令和反馈信息	指令信息表示操作人下令成功，反馈信息表示监控系统命令传达到设备	告知类
设备信息通报	设备的正常状态和动作的记录	信息告知，用于故障处理和状态检修时查询信息	
设备变位报警	设备位置变化的报警信息	符合预期的报警是正常信息记录，不符合预期的报警是设备故障	告警类
定值越限报警	设备的参数超过规定值	属于设备异常，需加强监控	
设备自检报警	设备自动检测状态不符合设置值	属于设备故障，需要处理	
保护动作报警	设备相关保护、自动装置等动作	属于设备事故，需立即处理	

从表 3-4 可以看出，报警信息的分类可以帮助我们简单地了解其重要性，知道不同类型报警信息的性质和特点有利于对报警信息分类查询和分析、帮助设备故障和事故处理。

以 Niagara 平台的报警扩展类型为例，形成的报警信息主要有以下几类。

- Out of Range Alarm：超限报警，应用于一个数值点上，当该点数值超过指定范围时产生报警。
- String Change of Value Alarm：字符串变化报警，应用于一个字符串类型的点上，当该点的字符串发生满足某种条件的变化时，产生报警。这些变化包括字符串包含或者不包含指定字符串，字符串满足了指定的正则表达式。
- Boolean Change of State Alarm：开关报警，应用于一个布尔类型点上，当该点的值的变化满足指定条件时（真或假）产生报警。
- Boolean Command Failure Alarm：开关命令报警，应用于一个布尔类型点上，当该点的值与反馈值不同时产生报警。
- Enum Change of State Alarm：枚举变化报警，应用于一个枚举类型点上，当该点的值变为指定的枚举项时产生报警。
- Enum Command Failure Alarm：枚举命令报警，应用于一个枚举类型点上，当该点的值与反馈值不同时产生报警。
- Status Alarm：状态报警，应用于任何类型的点上，当该点的状态变为指定的状态（或状态的组合）时产生报警。这些状态包括 disabled、fault、down、alarm、state、overridden、null、unackedalarm。
- Loop Alarm：反馈控制报警，应用于反馈控制（PID）组件上，当该组件的控制变量与设定值的差异超过指定限制时产生报警。
- Elapsed Active Time Alarm：累计运行时间报警，应用于一个布尔类型点上，当该点值为“真”的累计时间大于指定时长时产生报警。
- Change of State Count Alarm：状态变化次数报警，应用于一个布尔类型点上，当该点的值变化次数大于指定次数时产生报警。

报警功能在大多数物联网平台中都属于核心功能之一。报警的扩展一般会被整合在系统内部，作为可以被直接整合调用的组态。为了方便设计者使用，物联网平台会将其直接作为可视化操作的组态属性或者部件属性供设计者使用。

报警功能可以提供的扩展列表包括以下几种。

- 离散型数据的统计：例如，基于 Bool 型对象模型输出的统计。Bool 在物联网领域常作为开关，如水泵、电灯、门禁，此功能扩展往往用于开关的使用统计。例如，对于启动次数、关闭次数或总开闭次数等进行统计。
- 数值型数据的统计（带精度型数据的统计）：例如电表、水表、温度等，此类对象模型需要数值型的记录模式。
- 报警源对象：原则上，在任何对象模型上均可以建立报警机制，这就需要标记报警对象源。例如，报警源对象为逃生门，若打开则产生报警。当然，可以将其建立为面向 Bool 型对象的离散型数据统计来使用，若打开次数大于 0 则产生报警。

- 历史扩展：用于记录数据变化趋势的扩展方法，当需要记录某个组态或者部件连续变化情况时使用，一般的记录形式是时间戳和采样值的组合。在此基础上，有历史变更扩展的方式，此种方式属于报警的范畴，其仅在数值波动超过阈值时才进行记录且仅记录超过阈值部分的数据。

在 Niagara 平台上使用警报扩展时，设计者首先需要在希望进行扩展的组态中添加警报扩展。警报扩展的类型必须和组态的类型匹配（即通用对象模型的数值类型一致）。警报扩展会出现在 Alarm 控制板（即警报面板）中。每个警报都具有相应的指示，在创建警报时，警报指示和警报通知会同时进行提示，警报指示的内容往往由设计者编辑，类似于高级语言程序设计中的各种异常返回信息或错误代码。

2. 报警功能扩展运行流程

报警功能扩展在物联网中间件平台上的运行流程主要涉及 3 个步骤：

1）创建报警：根据前文所述的报警功能类型，选择合适的报警扩展进行设定。

2）转发报警：一旦发生报警，其产生的警报将由警报服务处理，向用户指定的转发目的地进行转发。

3）管理报警：所有报警都会被物联网中间件平台存档为记录，可以使用报警数据库管理接口进行管理。

上述过程可以被细化为以下操作：

1）定义被监控组态的参数范围，或者指定异常参数或错误参数范围。

2）当参数变化异常或者出现错误时发送警报。

3）将警报发送给指定的接受者。

4）记录发生警报时的情况。根据错误程度可以对于警报进行以下的分级设定：异常（offNormal）、建议（advisory）、警示（alert）和错误（fault）。

当有新警报产生时，其流程如下（参见图 3-23）：

- 报警监控源会产生异常报警（或故障报警）。
- 将产生的警报发送到报警服务（即在系统中常驻运行的服务进程）。
- 报警服务将其路由到报警分类器。
- 报警分类器根据前期设定来指定报警的优先级，并补充相关信息（报警提示等）。
- 警报被路由到设计者前期指定的所有接收者。
- 接收者对于警报的确认不经过报警分类器，直接经由报警服务返回报警监控源。

3.4.3　第三方功能扩展

如前所述，功能扩展的过程是为了快速进行各种全新功能的实现，即利用现有资源建设出新的组态。若是系统扩展，则库函数的获取来自本系统提供的库函数；若是采用第三方功能扩展，则使用各类开源平台提供的外部库函数。

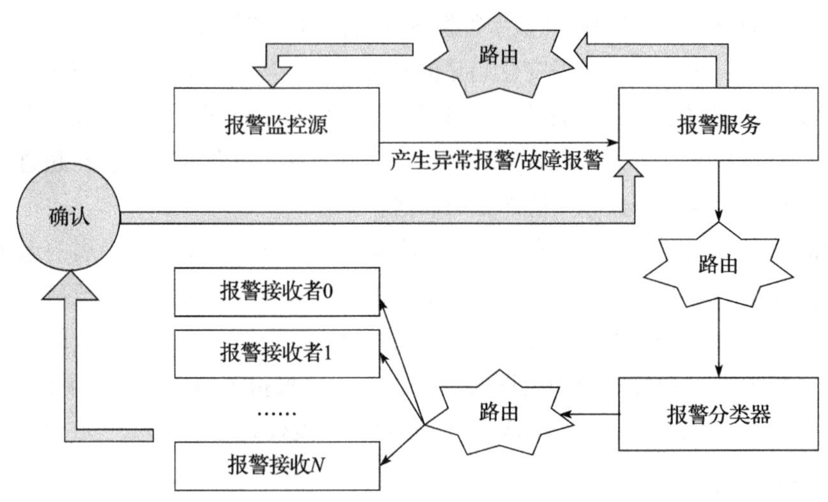

图 3-23 报警过程及处理过程

一方面，随着计算机领域开源思想的盛行，软硬件领域涌现出大量第三方开源模块和组态；另一方面，在物联网系统中，由于整个产业的快速增长和细分领域的繁荣，具有兼容要求的集成性设计开发成为主流模式，这使得许多设备和模块厂商都对其产品的软件驱动和功能调用方式进行了第三方功能扩展的改造，形成了各种可以供物联网中间件平台进行调用的组态。

建设物联网系统本质上而言是复杂的系统工程，需要从前端数据采集和传感、中间数据的汇聚、后台数据的分析到前台人机交互的控制等各个环节的互相配合与协调实施。同时，物联网系统又是一个实施和运行周期可能长达十余年的基础性支撑系统，这就要求物联网系统必须具备广泛的兼容和长期的可扩展性。面对未来的各种可能，在现有平台上支持第三方功能扩展，能弥补平台建立初期的不足之处。因此，作为物联网系统建设核心的物联网中间件平台对于第三方功能扩展的支持就变得尤为重要。而利用中间件平台的不同行业、不同领域、不同专业的开发设计人员都可以在第三方扩展的支持下充分发挥自己专业知识进行便捷的组态开发。

下面仍以 Niagara 平台为例说明第三方功能扩展。如图 3-24 所示，在顶部的可视化图例层中，左侧为 Niagara 平台已有的“风扇”这一基础组态，仅由两个开关控制。根据实际业务需求，需要增加定时等功能，此时可以通过功能扩展方式丰富现有功能。系统的定时器可以作为系统扩展的辅助组态加载到基本风扇组态上。但是由于用户需求的差异化，风扇需要进行智能变速的分级调控，其中涉及物联网中间平台无法确定的专业算法问题，于是引入第三方功能扩展来解决这个问题。如图中所示的风扇图标，在添加新功能后，原图标得到了复用，新增定时与换气功能的小图标。这样，基本 Bool 模型在扩展及图形呈现方面都得到了复用。

通常，物联网中间平台支持第三方功能扩展的方式十分简便，仅需要将封装好的第三方组态直接导入甚至直接放置在特定目录下，就可以在系统中进行调用了。

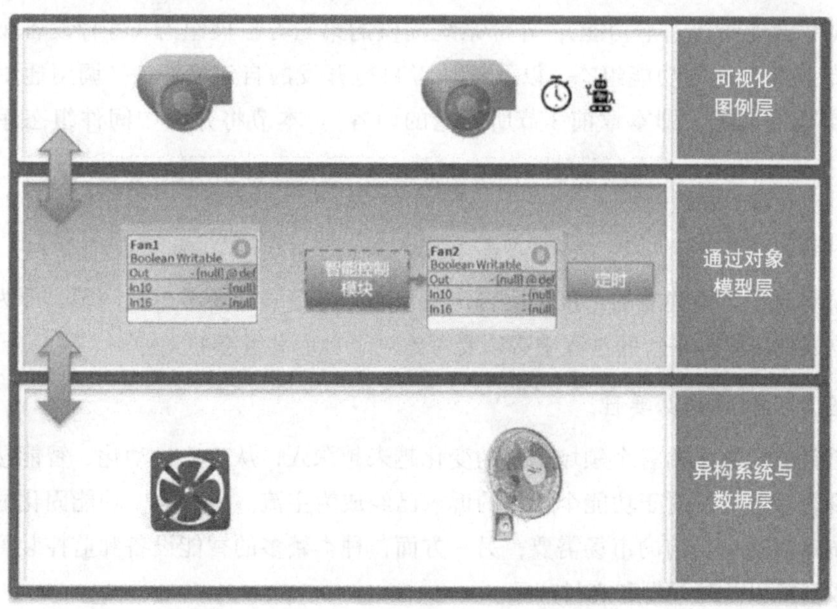

图 3-24　通用对象模型的功能扩展

以 Niagara 平台为例，希望被 Niagara 平台支持的第三方组态直接以 Java 包的形式部署到平台上，即将 Java 包放在 Niagara 安装目录的 modules 文件夹下（例如 C:\Niagara\Niagara-4.8.0.110\modules）。需要说明的是，第三方 Java 包的开发规范要遵从 Niagara 平台的接口规范（如图 3-25 所示）。

aaphp-rt.jar	2019/8/28 13:00	Executable Jar File	188 KB
aaphp-wb.jar	2019/8/28 13:00	Executable Jar File	82 KB
aapup-rt.jar	2019/8/28 13:00	Executable Jar File	183 KB
aapup-wb.jar	2019/8/28 13:00	Executable Jar File	46 KB
abstractMqttDriver-rt.jar	2019/8/28 13:00	Executable Jar File	264 KB
abstractMqttDriver-wb.jar	2019/8/28 13:00	Executable Jar File	33 KB
aceEdge-rt.jar	2019/8/28 12:36	Executable Jar File	229 KB
ace-rt.jar	2019/8/28 12:36	Executable Jar File	282 KB
ace-ux.jar	2019/8/28 12:36	Executable Jar File	13 KB
ace-wb.jar	2019/8/28 12:36	Executable Jar File	74 KB
alarmOrion-rt.jar	2019/8/28 12:34	Executable Jar File	94 KB
alarm-rt.jar	2019/8/28 12:34	Executable Jar File	339 KB
alarm-se.jar	2019/8/28 12:34	Executable Jar File	29 KB
alarm-ux.jar	2019/8/28 12:35	Executable Jar File	181 KB
alarm-wb.jar	2019/8/28 12:34	Executable Jar File	490 KB
analytics-lib-ux.jar	2019/8/28 12:36	Executable Jar File	42 KB
analytics-rt.jar	2019/8/28 12:36	Executable Jar File	667 KB
analytics-ux.jar	2019/8/28 12:36	Executable Jar File	772 KB
analytics-wb.jar	2019/8/28 12:36	Executable Jar File	211 KB
andoverAC256-rt.jar	2019/8/28 13:00	Executable Jar File	118 KB
andoverAC256-wb.jar	2019/8/28 13:00	Executable Jar File	42 KB

图 3-25　modules 文件夹下的 Java 包

3.5　中间件组态库与设计实例

在物联网中间件平台上，可供使用的组态主要有三种来源：平台提供的系统组态（高频率出现或者基本功能），外部系统提供的第三方扩展组态（各种设备驱动功能组态和专业性较强的功能组态）以及设计者自行开发的自定义组态（调用通用对象模型设计实现的功能，即本章前3节所讨论的内容）。本节将介绍中间件组态库与设计实例。

3.5.1 自定义组态

本节将从组态库建立的角度说明自定义组态的特征和需要考虑的问题，即为何在建立一个物联网中间件平台的过程中必须要考虑对于自定义组态的支持。

1. 自定义组态的必要性

随着计算机技术给各个领域带来的变化越来越深入，从工业自动化、智能楼宇、智能园区到智慧农场，对于功能个性化的诉求已经成为主流。一方面，功能固化的传统设备和系统难以适应当前的市场需要；另一方面，种类繁多的智能设备和监控装置也使得系统集成商难以及时开发和交付产品。

与此同时，在传统的物联网系统中，一旦管理对象（数据采集对象、过程监控对象等）发生变化，如通信协议、参数格式、设备发生变化，必须且只能修改系统中的源程序，并重新进行编译、调试、测试、质检等流程，导致其开发和维护周期冗长。对于已经部署实施的各种传统物联网系统，由于其服务对象和功能的差异，导致其复用率极低、价格昂贵、难以普及。

因此，支持各种既有组态快速复用的自定义组态设计方法，作为上述问题的解决方案便成为当前物联网系统设计的主流趋势和必然选择。

2. 自定义组态的可行性和灵活性

从设计上而言，要实现某个满足需求的功能就需要进行相应的开发。尽管系统组态和第三方组态的出现大大降低了这部分工作的难度，设计者还是需要实现一部分自定义功能，而这些功能的实现最终还是会体现在代码或者电路的搭建上。换言之，系统组态和第三方组态都是通过在物联网中间件平台上进行代码编制和电路搭建实现的，所以平台支持设计者自行进行自定义组态开发显然是可行的。物联网中间平台对自定义组态的支持，只是将过去仅仅开放给厂商和平台方内部使用的开发和编译工具经过改造开放给平台的使用者。

为增加自定义组态开发的灵活性，同时保证数据格式的标准化，物联网中间平台大多会设定通用对象模型作为基本组态对象的内部规则。在此基础上，最大化地给自定义组态开发过程和应用实施赋予灵活性。

3.5.2 中间件组态库的组成

物联网中间件平台的组态库针对不同的应用需求包含多种各具特色的组态库。基于不同的角度或不同的层次，对组态库的分类也有所不同。

较为常见的组态库有基础组态库、驱动组态库、企业组态库、UI 用户界面库和平台服务组态，分别用来完成能源管理、设备监控、设备失效探测、能耗分析、财务优化、设备管理、资产管理等功能。

- 基础组态库：主要包含定时、警报等各种基本的功能组态。基于基础组态库，可以在物联网中间件平台上搭建各种基本的物联网系统。
- 驱动组态库：主要面向各种采集数据的感知设备和过程控制设备提供驱动组态。驱动组态库是物联网中间件平台中更新较为频繁的组态库，除了系统支持的各种标准化设备驱动组态，经常会包含各种用户导入的第三方厂商提供的非标准化设备驱动组态。
- 企业组态库：主要面向各种企业内部应用要求的组态，例如与企业的信息管理系统（MIS）相关组态、与 ERP 类系统进行关联的组态、与进销存等供应链系统进行关联的组态、与 CIMS 集成制造系统进行关联的组态、与 FMS 柔性制造系统进行关联的组态、与 SCADA 采集与监控系统进行关联的组态，以及与 OA 类业务相关的组态等。
- UI 用户界面库：主要面向人机交互过程提供的各种组态，例如绘制各种类型图表的组态、支持控制面板的组态等。这个部分正在从重视系统稳定性和实时性向兼顾人机体验和友好性方向发展。
- 平台服务组态：主要提供了物联网中间件平台内部可供调用各种服务组态，例如消息队列、过程调用、代理请求、事务监控等。

3.5.3　组态库的调用与实例

Niagara 软件本身包含丰富的组态模块，可基本支持应用系统的组态开发。本节以一个简单的锅炉控制系统的例子来说明 Niagara 部分中间件组态库的使用。

1. 系统要求概述

1）控制要求：热源热水由锅炉房内的锅炉提供，锅炉供水温度需要稳定在一个设定值上。为了保证锅炉的供水温度，采用 PID 算法来计算达到设定温度的热负荷值，再根据热负荷值决定热源侧两台供热锅炉的启停。当实时采集到的热水温度与设定值偏差较小时，所需的热负荷值低，仅有一台锅炉运行；当偏差较大，达到满负荷时，两台锅炉同时工作。

2）数据记录要求：将每台锅炉的启停状态记录到数据库中，将热水温度的变化状态记录到数据库中。

3）设备监控报警要求：为热水温度添加一个超限报警，当热水温度超过一定范围时，向用户发出提示。

2. 系统应用分析

根据系统功能要求，分析系统的输入 / 输出情况如表 3-5 所示。

表 3-5 系统输入 / 输出

系统变量	输入 / 输出类型	对应点类型	单位 / 描述	默认值
热水温度（HotWaterTemp）	模拟量输入	NumericWritable	摄氏度℃	—
温度设定值（HWT_Setpoint）	模拟量输入	NumericWritable	摄氏度℃	74℃
锅炉 1（Boiler_1）	数字量输出	BooleanWritable	启动 / 停止	停止
锅炉 2（Boiler_2）	数字量输出	BooleanWritable	启动 / 停止	停止

根据系统功能要求，采用 Niagara 自带的控制组件 LoopPoint 对锅炉水温进行 PID 控制，利用 SequenceLinear 组件对 2 台锅炉进行分级启动。为锅炉输出控制点和热水温度输入控制点添加历史数据功能扩展组件，从而实现输入 / 输出点状态数据变化的记录。同时，为热水温度输入控制点增加报警功能扩展组件，完成水温的超限报警。

3. 组态开发

（1）逻辑组件搭建

逻辑组件搭建的过程如下：

1）创建一个新的名为 BoilerControl 的文件夹，在 BoilerControl 文件夹的 Wiresheet 上创建输入 / 输出点，并设置点的描述属性。

对于 Boiler_1 和 Boiler_2，将 Facets 设为 On（true text）和 Off（false text），将 Default value（Fallback）设为 Off。

对于 HotWaterTemp 和 HWT_Setpoint，设置 Facets，其中 units 为℃、Max 为 93℃、Min 为 5℃；将 Fallback 设为 74℃。

2）添加应用逻辑模块。

从 kitControl 调色板的 HVAC 文件夹，添加一个 LoopPoint 模块。并做以下设置。

- 将 Loop Action 设置为 Reverse。
- 将 Proportional Constant 设置为 5。
- 将 Bias 设置为 50。
- 将 Ramp Time 设置为 1 分钟（在实际作业中，可以将该值设置为 1 小时甚至更长时间）。
- 在 LoopPoint 模块右键菜单中选择 Pin Slots，打开名为 Controlled Variable 和 Setpoint 的 slot。
- 从 kitControl 的 HVAC 文件夹添加一个 SequenceLinear 模块，并将其 Property Sheet 中的 Number Outputs 设置为 2。

3）对应用模块的输入 / 输出进行连线：

- HotWaterTemp 的 Out 连接到 LoopPoint 上的 Controlled Variable。
- HWT_Setpoint 的 Out 连接到 LoopPoint 上的 Setpoint。
- LoopPoint 的 Out 与 Sequence Linear 的 In 连接。

- SequenceLinear 的 Out A 连接到 Boiler_1 的 in10。
- SequenceLinear 的 Out B 连接到 Boiler_2 的 in10。

4）添加一个输入源来模拟热水温度的变化。从 kitControl 的 Util 文件夹中，将 SineWave 添加到 BoilerControl 文件夹的 WireSheet，并重命名为 HWT_SineWave，将其 Out 与 HotWaterTemp 模块的 in10 连接。

设定模拟热水温度 2 分钟内在 55 ～ 85℃范围内变动，对 HWT_SineWave 进行如下设置：

- 将 Amplitude 设置为 15。
- 将 Offset 设置为 70。
- 将 Period 设置为 2 分钟。
- 将 Facets（工程单位）设置为℃。

完整的应用逻辑图如图 3-26 所示。

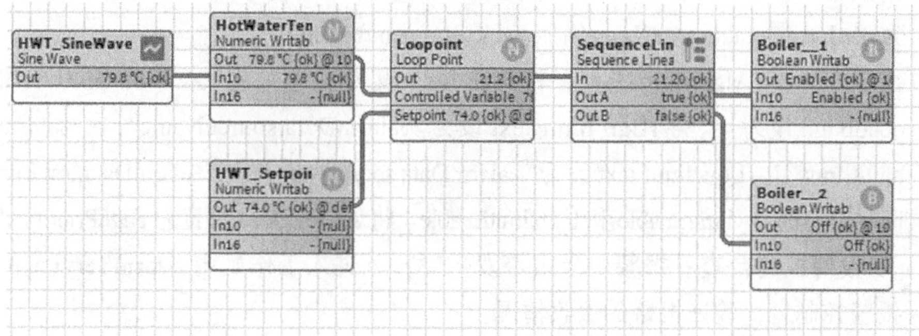

图 3-26 锅炉控制系统组件连线图

（2）应用功能扩展

应用功能扩展分为两部分，第 1 部分为报警功能扩展，第 2 部分为历史扩展。我们先来看第一部分报警功能扩展的方法。

1）创建报警类型。从 Alarm 调色板为 AlarmService 的 WireSheet 添加一个新的 AlarmClass 组件，并将其命名为 HighPriorityAlarms。进入 HighPriorityAlarms 的 Property Sheet。按图 3-27 设置该 AlarmClass 的 Priority。

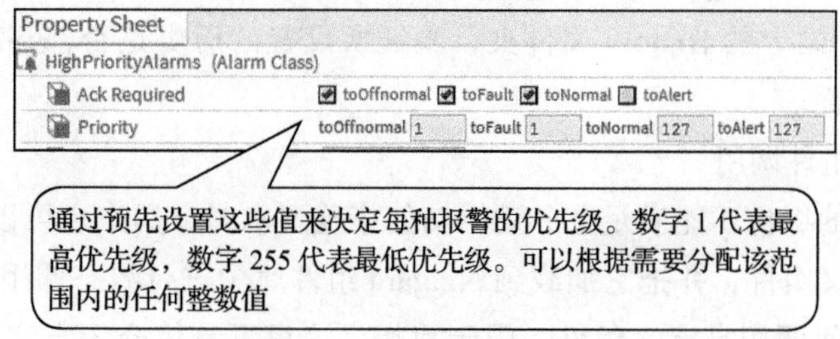

图 3-27 AlarmClass 属性页

2）添加报警控制台。从 Alarm 调色板的 Recipients 文件夹中，为 AlarmService 的 Wiresheet 添加一个 Console Recipient，将其命名为 All_Alarms，并按图 3-28 进行连接：

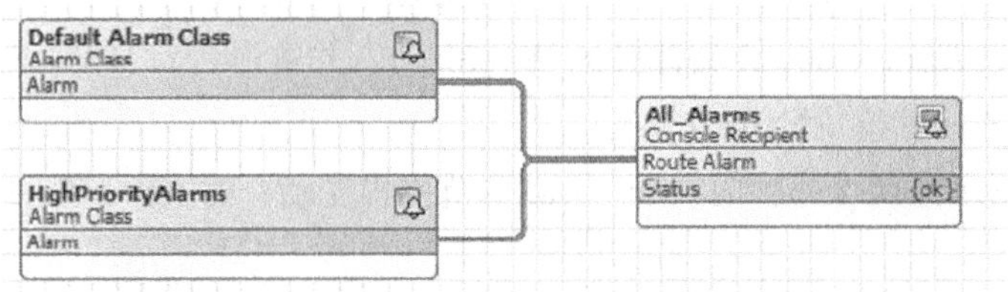

图 3-28　报警控制台连线图

3）添加报警扩展记录 HotWaterTemp 设置温度超限报警。从 Alarm 调色板的 Extensions 文件夹，添加 OutOfRangeAlarmExt 到 HotWaterTemp 点的 AX Property Sheet。可做如下配置：

- 在报警扩展里，Source Name 被设置成 %parent.displayName%，To Normal Text 为 %alarmData.sourceName% is back in normal range。
- 在 Offnormal Algorithm 里面，将 high limit 设为 81℃，将 low limit 设为 61℃，将 deadband 设为 4，将 High limit text 设为 %alarmData.sourceName% > %alarmData.highLimit%!，Low limit text 设为 %alarmData.sourceName% < %alarmData.lowLimit%!。同时，勾选 lowlimitEnable 和 highlimitEnable。将 Alarm Class 设置为 HighPriorityAlarms。

4）在报警控制台查看报警。当报警发生时，可进入工作站内 AlarmService 的 All_Alarms 报警控制台，验证报警的接收情况。

第 2 部分历史扩展的设置方法如下：

1）添加历史扩展记录 HotWaterTemp 的温度变化历史。打开 BoilerControl 文件夹里 HotWaterTemp 点的属性表。从 History 调色板的 Extensions 文件夹为 HotWaterTemp 点的属性表添加一个 NumericCov 扩展，并对其进行以下设置：

- 将 Enabled 设为 True。
- 展开 History Config 容器，将 Capacity 设为 600 条记录。
- Change Tolerance 设成 5，然后保存修改。

2）添加历史扩展记录 Boiler 开关动作的历史。从 History 调色板拖拉 BooleanCov 扩展，并将其放在 Boiler_1 和 Boiler_2 的属性表里面的点名称上，完成扩展添加。

3）打开工作站上的 History 文件夹，验证所设置的历史是否都存在于工作站上的 History 文件夹里面。

（3）自定义组件调用

当系统自带的组件不能满足业务逻辑功能搭建要求时，用户也可以基于 Niagara 软件框架开发自定义组件，并把它加载到 Niagara 组件库中进行组态调用。本书仍以锅炉系统为例介绍如何调用自定义组件。限于篇幅，这里不具体介绍自定义组件的开发方法，只给出基本调用过程的简单示例。我们可以对锅炉系统提出一些定制需求，如监测热水温度和温度设定值的偏差，如果偏差大于一定的阈值，需给用户发出提示。针对该需求，可以开发 sensorMonitor 组件，该组件将热水温度和温度设定值作为输入，两者差值与阈值进行比较来触发相应的用户提示。

自定义组件以 Jar 包形式存放于 Niagara 安装目录 modules 文件夹下（如图 3-29 所示），这样在调色板中就可以找到该组件，并用其进行组态设计（如图 3-30 所示）。最终的逻辑连线图如图 3-31 所示。

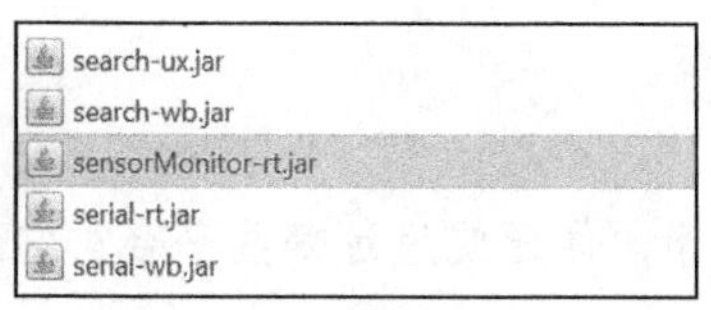

图 3-29 自定义组件存放目录

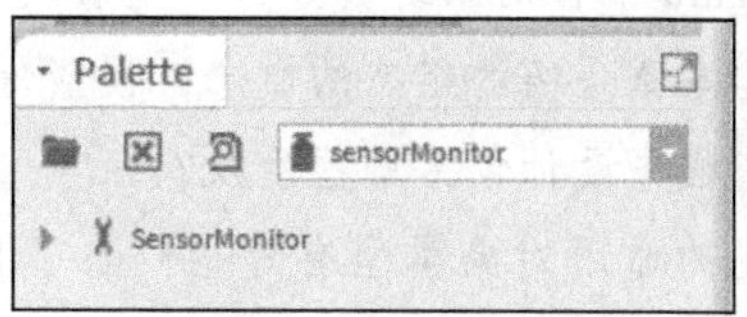

图 3-30 自定义组件调用

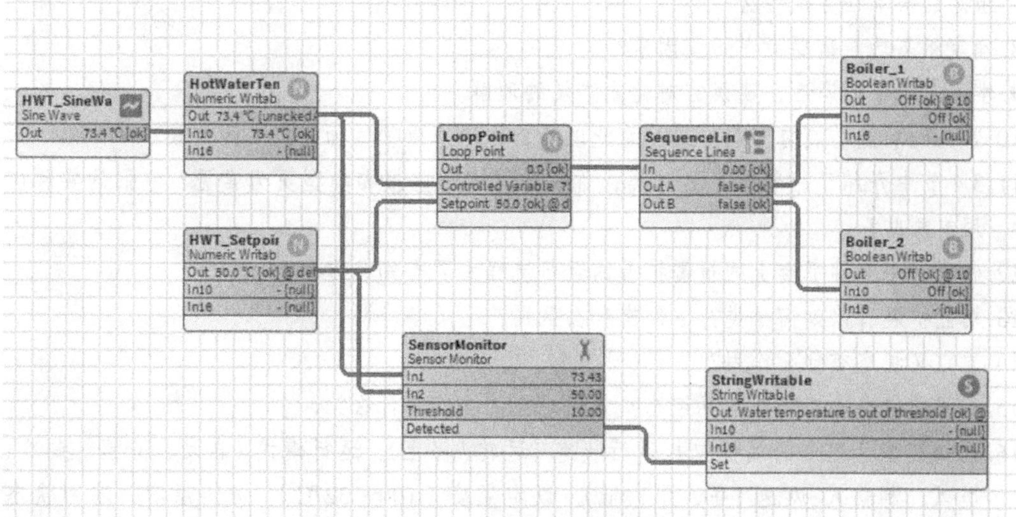

图 3-31 系统连线图示例

本章小结

在物联网中间件平台上，组态是功能的代码体现，可以将组态视为实现功能的程序。采用各种集成开发环境撰写程序时，都会基于配置选项自动生成程序基本框架，用户只需要撰写程序的主体部分即可。物联网中间件平台上的通用对象模型相当于组态的程序框架，用户在其帮助下完成各种基本的配置，仅需聚焦在数据类型的选择和内部处理的实现上即可。

组态是物联网中间件平台上的“积木”，组态之间可以进行组合形成新的组态，变成“特殊形状的积木”。所以在设计和实现系统的过程中，应该尽量利用系统中提供的组态和各种外部的成熟组态。一方面可以节省大量开发时间，另一方面可以间接保证系统的稳定性，提高成熟度，节省调试时间。

习 题

1. 通用对象模型是一种能够描述各种功能的方法，请描述通用对象模型的目的和意义。
2. Niagara 平台的系统被分为哪些层次，它们各自负责解决哪些问题？
3. 根据本章介绍的组态的概念，谈谈你对组态的理解。
4. 组态程序设计包括哪些阶段？
5. 常见的通用对象类型有哪些？除了 Niagara 平台外，你还使用过哪些平台？它们的通用对象类型有些？
6. 组态程序设计原则有哪些？
7. 组态的根本任务是什么？
8. 确定组态功能需要考虑哪些因素？
9. 学习完本章内容后，谈谈你对功能扩展的理解。
10. 常见的功能扩展有哪些方式？除此以外，你还知道哪些功能扩展的方式？
11. 3.4 节中介绍了报警信息的种类，你认为其中哪些报警类型更为常见？它们的实际应用有哪些？
12. 物联网中间件平台上的报警扩展的运行流程主要有哪些方面？
13. 功能扩展可以如何分类？它们有什么区别？
14. 自定义组态有什么作用？
15. 中间件组态库有哪些常见组态？它们对应的功能是什么？
16. 已知某型号空调的属性包括运行状态（运转 / 停止）、运行模式（自动、除湿、制冷、送风、制热）、风速（高、中、低）、设定温度（10 ～ 32℃）、房间温度、滤网状态（是否需要清理）、面板是否锁定、故障代码（E1 ～ E21），请在 Niagara 的 Wiresheet 视图中，建立并使用 8 种数据类型点，为这些点设置合适的单位、上下限范围、枚举值。
17. 在第 16 题的基础上，请抽象一个空调组态，并使用 Composite 功能将各个空调的所有属性（Property）和部分动作行为（Action）暴露在 Folder 对象上，组成该空调的组态。需要暴露的动作行为是：设定开关机、设定运行模式、设定温度、设定风速、锁定温控面板。
18. 在第 17 题的基础上，为空调的室内温度增加数值超限报警功能扩展，设定报警规则为高于 27℃或低于 18℃时均发出报警。对故障代码，增加字符串变化报警，设定报警规则为 E1 ～ E21 时均发生报警。
19. 在第 18 题的基础上，请在 Workplace 的左侧导航栏内，使用新建 Palette 功能，并将第 18 题做好的空调组态拖拽至该 Palette 下，创建自己的定制 Palette。

20. 假设有以下系统需求：在房间中存在一个空调、一个人员占位传感器、一个电表（用以计量空调电量），电费单价为1.2元/度。要求设计一个空调控制逻辑：

1）周期性地设定空调运转，即周一至周五早9点至晚5点，打开空调设定温度为25℃，周六日关闭空调。

2）周六和周日任何时候人员进入房间20分钟后，即打开空调，离开时关闭空调。

3）用户电费余额低于30元时，产生报警。

4）当用户电费余额低于0元时，关闭空调并锁定温控面板，使得人员无法打开空调，并且第一项及第二项规则失效。

第 4 章　基于组件的业务逻辑设计

通常而言，组态和组件表示的内容近似，区别在于作用范围不同。组态用于表示与硬件设备直接相关的控制软件模块，而组件一般用于表示软件系统中的各种可组装的模块。简言之，调用硬件设备的可编辑和组装的模块通常称为组态，在软件业务中的可编辑和组装的模块称为组件。但对于很多物联网中间件平台，由于恰好处于软硬件衔接的环节中，因此在组件或者组态的表述上时常出现混用或者互相替代的情形。在本书中，如果明确是对硬件的部分进行描述，则将其称为组态；如果是对软件或者硬件的部分进行描述，则称为组件。

如上一章所述，物联网中间件平台上提供了各种封装好的组态作为基本的功能模块，犹如乐高玩具中的积木块。物联网系统设计、实现的工作就转换成利用积木块来进行系统搭建的过程。显而易见，此时面临的问题就是确定物联网系统的设计目标，而设计目标中与功能搭建和实现最为密切的便是业务逻辑问题，即从数据流动和处理的角度来确定系统的运行过程。本章将重点介绍在物联网中间件平台中进行业务逻辑设计的方法。

4.1　业务逻辑的设计方法

本节将从业务逻辑的角度说明设计过程和其中出现的问题。

4.1.1　业务逻辑概述

对于不同的系统，实现的功能会有所不同，而相同的功能也可能有不同的实现，例如利用不同的感知设备、采用不同的协议或者采用不同的数据格式定义等。但从功能角度而言，描述功能运行次序和实现目标效果的要求是一致的，这就是业务逻辑。换言之，业务逻辑是对于功能抽象之后的描述，侧重于描述功能间的衔接和对于数据的处理效果，其中会忽略数据位宽、设备型号

等细节，这些细节往往会留到功能实现部分去确定。业务逻辑的设计是系统工程中的核心问题之一，在软件工程等侧重过程管理的研究中，都对于业务逻辑设计有更为详尽的描述。

例如，对于某个楼宇的中央温控系统，设计目标是让环境温度维持在26℃以下，但在实际控制过程中，空调的启停不能以26℃为界限，因为环境温度的改变是渐变的，如果将26℃设定为启动和停止的标准，就会导致空调机组连续启停、切换，进而造成电机烧毁。即使以25.5℃作为停止标准、26.5℃作为启动标准也会有同样的风险。可见，中央温控系统的启停控制部分不能以阈值为标准，而需要以业务逻辑来进行控制。

业务逻辑可以被解读为业务和逻辑两个部分，业务指从一个组态或者功能模块向另一个组态或者功能模块提供的服务，逻辑是指获得目标结果所需要的规律。因此，业务逻辑综合是指一个组态或者功能模块为了提供服务而应具备的规则与流程。

当从业务逻辑角度审视系统架构时，系统可以分为三个层次：表示层、业务逻辑层和数据访问层，如图4-1所示。

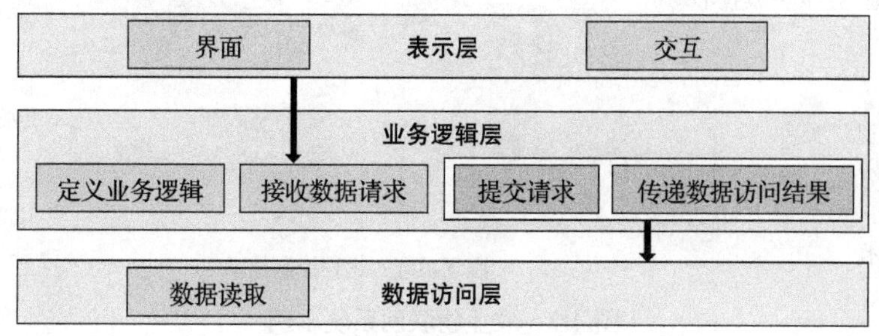

图4-1　业务逻辑角度的系统架构

按照这种分层来进行系统设计、开发，对于物联网系统的维护、部署和扩展都有较大的帮助。系统分层充分体现了"高内聚，低耦合"的设计思想，把问题分解后逐个解决，易于控制、延展和分配资源。

1）**表示层**：负责人机界面和数据交互。这里所说的人机界面是指与操作人员进行交互的可视化部分，而交互指的是与其他机器或者系统进行数据交互的部分。在有的系统中，会将呈现数据和获取控制的部分称为交互，而将展示给操作人员的界面和与其他系统进行通信的接口称为界面。无论哪种界定方式，表示层都是用来与系统外部进行交互的组成部分。

2）**业务逻辑层**：负责定义系统的业务逻辑（规则、工作流次序、数据完整性等）。它一方面接收来自表示层的各种数据请求、控制要求、逻辑裁决等；另一方面，它向数据访问层提交请求、传递和索取数据访问结果等。业务逻辑层本质上是一个承上启下的中间件。

3）**数据访问层**：负责数据获取、存储等基本管理工作。在物联网系统中，则包含数据感知、数据存储等多种基础的数据服务。

图 4-2 给出了一个农业物联网系统的示例，对其中各层的具体说明如下。

1）**表示层**：呈现了农作物的地理分布、长势分析、土壤情况等多种可视化状态，同时支持系统整体数据的实时更新、灌溉系统控制、通风系统控制、农药喷洒和病虫消杀控制等交互动作。

2）**业务逻辑层**：定义了数据组织的规则、对各种数据的采集和清洗规则、对消杀部件的状态采集和控制规则、对灌溉系统的控制流程以及对作物生长态势的研判规则等。

3）**数据访问层**：负责土壤传感器、温湿度传感器、作物图像采集、照度采集、消杀设备管理、灌溉设备管理、底层数据存储服务等工作。

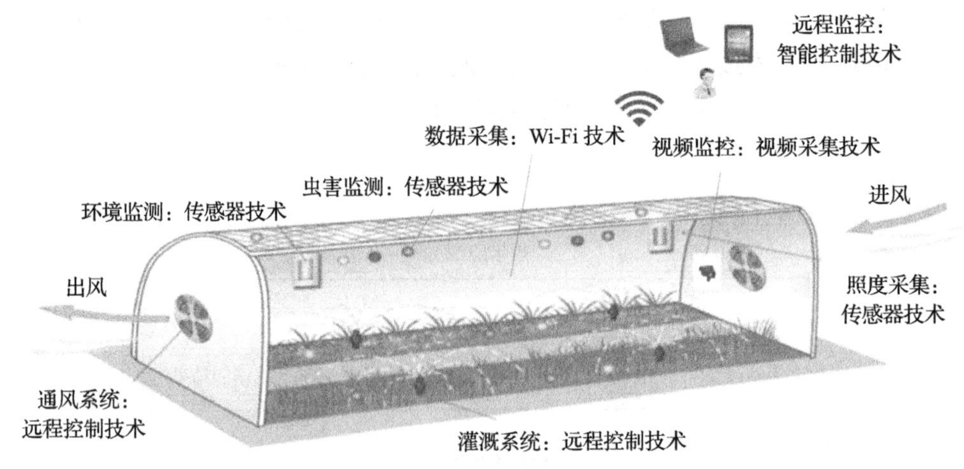

图 4-2　农业物联网系统示例

具体到某一个部分的业务逻辑设计，涉及的内容通常包括四部分：业务实体、业务规则、数据约定、工作流。具体进行物联网系统设计时，首先需要确定对应的四个部分。

1）**对象实体**：指业务中的对象，对象有属性和行为。在物联网中间件平台中，各种组态都可以对应为实体，但在业务逻辑的分析中更习惯于将满足一定条件的多个组态组成一个实体，详情将在 4.1.3 节介绍。

2）**业务规则**：定义了完成一个动作必须满足的条件。在物联网系统中，规则往往被界定为各种条件，例如约束条件、限制条件或者触发条件等。

3）**数据约定**：某些数据的约定格式和内容。有时，对于输入 / 输出要进行数据完整性校验、合规性校验，例如，在输入员工的名字时，数据应确定为汉字字符或者英文字符，不可以出现阿拉伯数字或者其他字符。

4）**工作流**：定义了领域实体之间的交互关系，即数据或者业务在实体间的流动顺序。

确定好逻辑后，一般会进行业务逻辑图的绘制，如图 4-3 所示。我们以农业大棚智慧管理平台为例展示其基本业务流，常见的各种业务流程图本质上便是业务逻辑图。

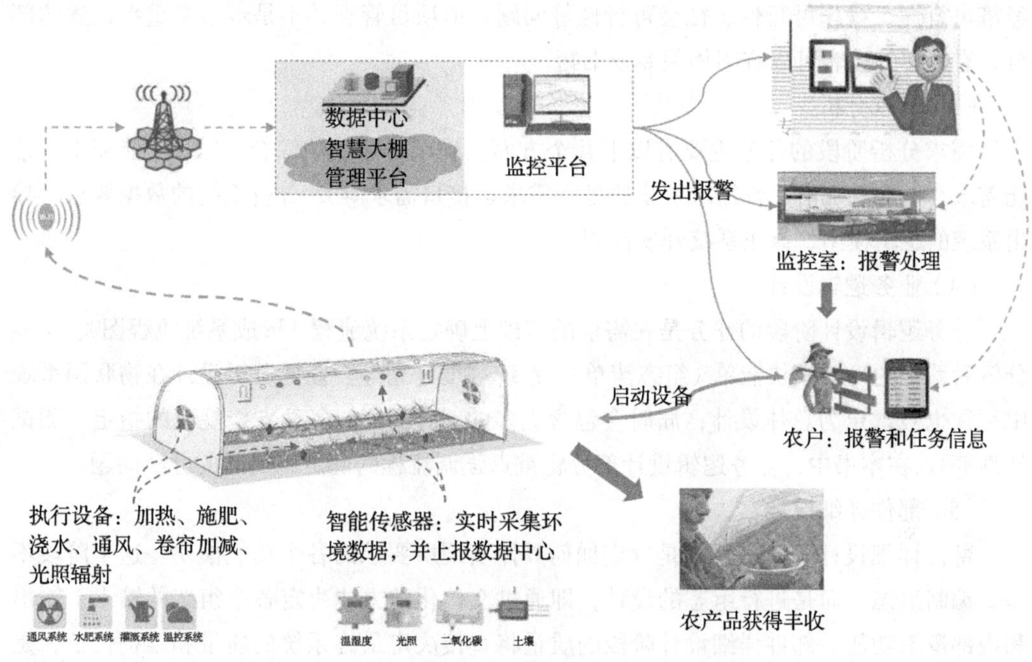

图 4-3　农业大棚智慧管理平台的简单业务流示例

4.1.2　业务逻辑设计流程

总体而言，业务逻辑的设计需要综合考虑业务需求、抽象逻辑、数据流等各个层面，并应模糊底层设备的细节差异性，重点是梳理出流程和流程中各个部分的功能。通常以数据为主线进行梳理，总结数据流动的过程，去除部分异构数据或统一异构数据。

物联网的系统设计也是一种工程设计，通常包括问题定义、可行性研究、需求分析、业务逻辑设计、部件详细设计（中小型系统往往会将这个步骤与组态编制环节融合）、组态编制与单元测试、整体测试、系统维护几个阶段。

（1）问题定义

这个阶段是从宏观上确定物联网系统的建设目标，包括系统的总体目标、建设原则、应用场景、面向用户等一系列问题，重点在于清晰诠释当前拟设计和构建的物联网系统的建设方向和服务对象。例如，某工业物联网系统的目标是服务于某条玻璃制品加工生产线，监控良品率，确定在玻璃器皿烧制过程中导致良品率降低的环节，以便将来进行改进。

（2）可行性研究

可行性研究阶段的目的是研究系统建设目标能否实现，主要沿着技术路线和系统性能的角度展开。例如，某物联网系统要求采集 32 路 1080p 的高清视频，通过家用无线路由器上传到服务器。从可行性分析的角度而言，当前单台家用无线路由器的无线协议主要是 802.11x 协议族，32 路 1080p 同时并发上传显然会发生阻塞，这时就要选择其他的技术路线了。在更大规模的物联网系统可行性研究中，除了技术可行性，还要研究经济可行性、操作可行性、社会可行性等问题。但项目管理并不是本书要重点论述的部分，有兴趣的读者可以查阅相关专业书籍。

（3）需求分析

需求分析阶段的任务主要有以下几个方面：确定对系统的综合要求（功能需求、性能需求、可靠性和可用性需求、出错处理需求、接口需求等）、分析系统的数据要求、导出系统的逻辑模型、修正系统开发计划。

（4）业务逻辑设计

业务逻辑设计阶段的任务是在需求的基础上确定系统流程（形成系统流程图）、功能分解后系统的功能模块清单（组态清单）、系统进度计划等。业务逻辑设计在物联网系统中往往也被认定为总体设计，届时会包含更多的工作（例如各种文档规范的指定、测试计划等）。在本书中，业务逻辑设计部分将重点强调流程的确定和功能的分解问题。

（5）部件详细设计

部件详细设计阶段的目标是确定如何具体实现所要求的各个功能模块。这个阶段不是要编制组态，而是进行组态的设计，即通过文档化的方式决定各个组态的输入、输出和内部逻辑功能。部件详细设计阶段的质量将直接决定最终系统的质量和维护代价，是实际开发中的关键环节之一。

（6）组态编制与单元测试

在本阶段中，应当根据上一阶段的设计文档进行组态的选择和新组态的开发。如前文所述，考虑到各种组态的复用情况，应在组态编制时尽可能地利用现有的系统组态、第三方组态等标准化组态进行系统搭建。即使在利用标准化组态的过程中会导致一些功能冗余，也能视具体情况根据系统建设的根本目标加以权衡。例如，在严格要求代码规模或者安全性的系统中，冗余功能可能导致代码规模上升或者潜在漏洞，那么就必须定制开发专有的组态。单元测试指的是沿着关键的控制路径进行独立的部件测试，以便发现模块内部的错误。常见测试重点包括接口部分、局部异构数据、重要执行路径、异常处理通路、边界极限条件等。囿于篇幅，具体内容不再赘述。

（7）整体测试

该阶段也被称为集成测试或者验收测试，会根据前期制定的测试计划展开系统整体测试，一般测试计划应包括测试的内容、进度、条件、人员、测试用例的选取原则、测试结果允许的偏差范围等。大型物联网系统的整体测试往往会邀请第三方评测机构来完成，相关测试工作完成以后，会提交测试计划执行情况的说明，对测试结果加以分析，并提出测试的结论意见。

（8）系统维护

系统维护是物联网系统生命周期中的最后一个阶段，也是历时最长的一个阶段。其工作任务是维护系统正常运行，涉及持续改进系统的性能和功能的反复迭代，以及各种硬件设备的更换和升级。系统维护由于周期漫长、所需的工作量巨大，因此一般物联网系统的维护成本都是开发总成本的数倍甚至数十倍。物联网系统的维护成本与前期设计成本呈现正比关系，即前期设计的完善程度会直接影响后期维护成本。

介绍过物联网系统整体设计开发流程后，接下来我们重点说明业务逻辑设计的实施流程。

业务逻辑设计的流程主要是根据系统整体的运行流程来进行功能分解，功能分解或者是根据部件进行，或者是根据功能内部的数据耦合程度进行。例如，在某个工厂的加工流水线上进行物联网系统集成建设，要求根据各个加工过程的检测结果进行流水线运行速度的动态调整。在此背景下，业务逻辑设计的功能分解就应该以运行在不同加工阶段为标准进行。对于同一段加工过程内的功能分解，则应根据视觉数据采集、听觉数据采集（机械部件的振动感知有时被称为机器听觉）等方面进行分解。从上面的例子不难看出，业务逻辑设计的功能分解是一个迭代的过程，最终形成的应当是一个个原子化的组态，相关的内容参见上一章的介绍。

简言之，当可以回答以下几个问题时，业务逻辑的设计便已经初步完成，可以着手进行流程图的绘制或者文档的撰写了。

- 当前业务逻辑的起点和终点分别是什么？
- 在当前的业务流程中，涉及的对象、部件、装置是什么？
- 在当前的业务逻辑中，需要进行的任务是什么？
- 在当前的业务流程中，数据的流转情况如何？每个对象和任务的输入数据、输出数据是什么？

综上所述，业务逻辑设计是一个自我迭代的过程，需要进行一次次的功能和任务分解，直至将功能划分到可以被一个原子化的组态完成。依据不同的物理部件或者不同的数据类型进行功能之间的松耦合既是划分的依据，也是设计的目标。而业务逻辑设计中最重要的就是功能分解或者功能划分问题，往往会出现某个功能应该继续分解还是应当作为原子化存在的问题，具体内容将在下一节中讨论。

4.1.3　业务逻辑的组成

业务逻辑主要由业务实体、规则约定、活动任务、业务流程四个部分组成。

1. 业务实体

简单而言，业务实体就是在系统内会出现的各种对象，例如，工业物联网中的生产线、农业物联网中的航拍无人机、能源互联网中的风电转子等。

业务实体本身也可以进行组装和分解。例如，在控制某个风力发电系统时，可以将系统中的每台风机都作为一个独立的实体。业务实体也可以按区域划分，比如将某个区域的所有风机定义映射为一个实体。具体情况根据业务逻辑的实际有所区别，如果存在共性或联系，可以对业务逻辑进行组合；如果没有，就按照区域划分。

划分实体的目的是便于进行物联网系统的业务逻辑设计，因为物联网系统中的实体往往被映射为一个或者一组设备。有些实体可以携带或者封装相关的属性和行为，例如一个可以采集数据的摄像头，同时也具备移动云台控制功能；一台空调既可以采集温度也可以进行温度的调节。但有些实体仅有属性，不存在行为。例如一个压力传感器只能通过属性的方式获取压力数值，无法提供额外的功能。

2. 规则约定

规则约定就是在系统范围内运行的规则，它构成了整个业务逻辑的基础。系统内所有的业务实体和实体间的活动、任务都需要遵从业务规则进行运作。其中可以包含各种约束、限制和边界条件，以及对于数据内容、格式甚至通信协议的约定。

例如，在某银行ATM交易系统中，“用户提取现金时，先从后台系统中对用户账户进行相关额度扣减的操作，确认无误后方可进行现金支付”就是一条规则。规则约定中既包括抽象的规则，也包括具体的协议和数据格式。

3. 活动任务

业务实体和规则约定共同构建了业务逻辑的基础，而活动任务则是业务逻辑中基于规则约定在实体间进行数据流转的关键。活动任务指的是实体所能进行的功能数据处理和交换活动。活动任务或者依托于实体进行，或者在实体之外的平台（例如物联网中间件）上进行。活动任务可以被硬件设备通过组态的方式完成，也可以运行在物联网中间件等平台作为软件工作。

例如，某物联网系统需要根据摄像头采集到的面部图像获取人脸唇部运动的情况，之后对其口述内容进行猜测。实体对象是摄像头，具备采集图像、动态调节焦距和自动缩放等功能，可以利用它自动捕捉和对唇部图像进行采集，但是对于从唇部图像还原出口述内容的任务，则需要运行在物联网中间件平台上的第三方组件来完成。

4. 业务流程

有了上述三个部分，业务逻辑还不能正常工作，因为整个系统的起始点和各个活动任务的起始点尚未确定。类似于在高级程序设计中，即使编写好了各个子程序，但是程序仍然不能运行，因为缺少了各个活动任务的触发条件。整个系统也可以被认为是最大的一个活动任务。

业务流程是启动各项活动、任务，协调业务实体完成既定规则的过程。例如，自动灌溉是一个业务流程，它包括“土壤湿度感知→作物态势分析→灌溉任务执行→土壤湿度感知→……”这一系列流程，在此流程末尾还存在迭代监控土壤湿度的流程。虽然其中涉及土壤传感器、作物摄像头、作物态势分析、灌溉系统等实体，这些实体也可以携带和完成一定的任务，但仍需一个流程将它们组织起来。

在某些物联网中间件平台中，会在设计组态的时候提供与流程直接关联的操作，即可以在设计、实现组态时直接嵌入前后的流程，而无须额外进行组态的流程连接。例如，在Niagara平台中，可以将模型和组态指定为Topic，即代表一个事件（event）的小型流程，表示包含Topic的组件或者组态是一个事件的发起者，该Topic就是这个事件的发起源。Topic的定义函数中包含一个名字及其事件类型，当该Topic被激发时，它会广播该事件，事件会被传递给链接至该 Topic 的组件的属性或者方法。链接通常是在设计组态时由人工连线确定或编程确定。事件是一个 BValue 类型的对象，所以事件发起的组件可以采用这种形式将数据传递至下个属于该事件的组件。

如前所述，在实际的物联网系统设计过程中，不可避免地会遇到业务逻辑的分解和组合问题。其中，分解是将原有的一个整体功能分解为多个部分组态来实现，而组合是将原有的多个功能合成整体，通过一个组态来实现。分解和组合的目的在于解耦和利旧，解耦是要保证每一个划分之后的结果都可以被方便地替换，利旧则是指这部分功能可以被一个组态直接实现，因此，了解中间组件库或者组态库就成为一个重要的问题。就像只有了解手中积木的形状才能快速构建想要搭建的形状，无论利用何种物联网中间件平台，都必须充分了解其涉及的组态和组件库才能更便捷地进行系统搭建。值得说明的是，业务逻辑的分解和组合过程本质上就是业务实体、规则约定、活动任务、业务流程这四个基本组成部分持续进行分解和组合的过程。

4.1.4　业务逻辑设计实例

本节以一个简单的地下室通风系统为例来说明系统的业务逻辑分析过程。通过理解业务需求，明确应用的输入和输出，将文字需求转化为应用流程，才能完成具体的应用逻辑搭建并进行最后的验证。

地下室通风系统的应用需求如下：

1）地下室的风机受时间表的控制，每天上午 9 点～ 10 点、下午 3 点～ 4 点定时打开，其余时间自动关闭。

2）地下室安装有一氧化碳传感器，当一氧化碳浓度高于一定数值时，风机运行；当一氧化碳浓度降低到阈值以下时，风机关闭。

3）系统需监测风机故障状态，如果发生故障，则产生报警，通风系统停止运行。

根据需求，可以看到系统主要包含表 4-1 所示的输入 / 输出点。

表 4-1　通风系统的输入 / 输出点

系统变量	输入 / 输出类型	对应点类型	单位 / 描述	默认值
一氧化碳浓度	模拟量输入	NumericWritable	ug/m^3	—
风机故障信号	数字量输入	BooleanWritable	故障 / 正常	正常
风机	数字量输出	BooleanWritable	启动 / 停止	停止

分析需求得到如图 4-4 所示的应用流程图。

采用 Niagara 自有的组态库，可以快速实现该业务逻辑。

1）创建 1 个表示可控开关量的对象 BooleanWritable，代表风机，设置其 Facets，true text 为启动，false text 为停止。

2）创建 1 个表示开关量的输入点 BooleanWritable，代表风机故障信号，设置其 Facets，true text 为故障，false text 为正常。

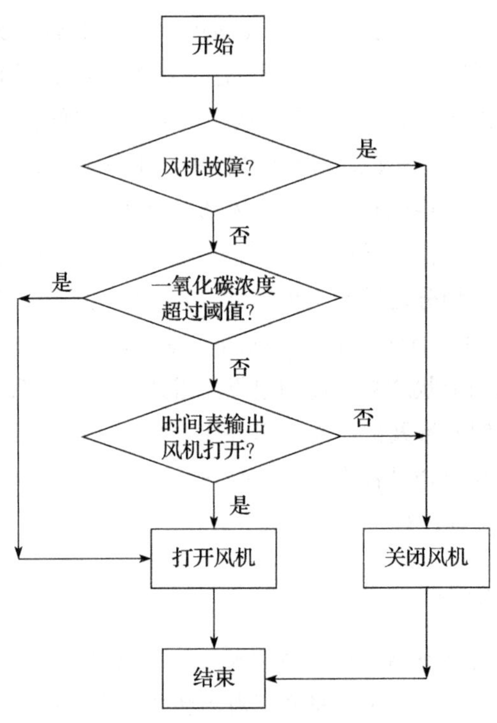

图 4-4 风机控制系统流程图

3）创建 1 个模拟量输入点 NumericWritable，代表一氧化碳浓度信号输入，设置其 Facets，单位为 ug/m3。

4）创建一个时间表 BooleanSchedule，设置其在每天上午 9 点～10 点和下午 3 点～4 点输出为 true。如图 4-5 所示。

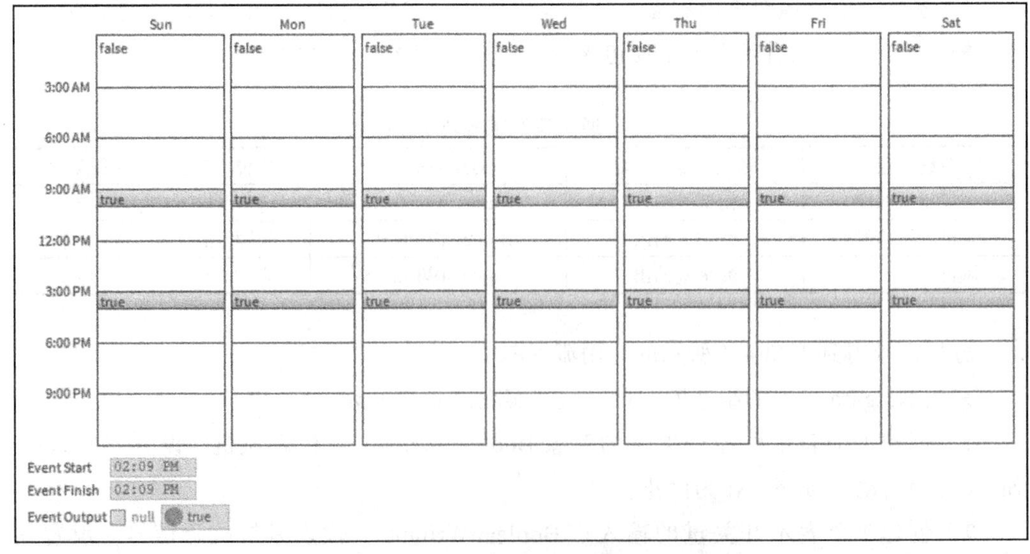

图 4-5 时间表设置

5）利用 Niagara 自带的组态库实现业务逻辑。在 Palette 中选择 kitControl 组件库，从中调用 GreaterThan、Or、Not 逻辑模块，并根据业务逻辑流程图连线，实现如图 4-6 所示控制逻辑。这里利用 Niagara Point 组件的多级输入来实现一氧化碳浓度和时间表对风机的不同优先级控制。

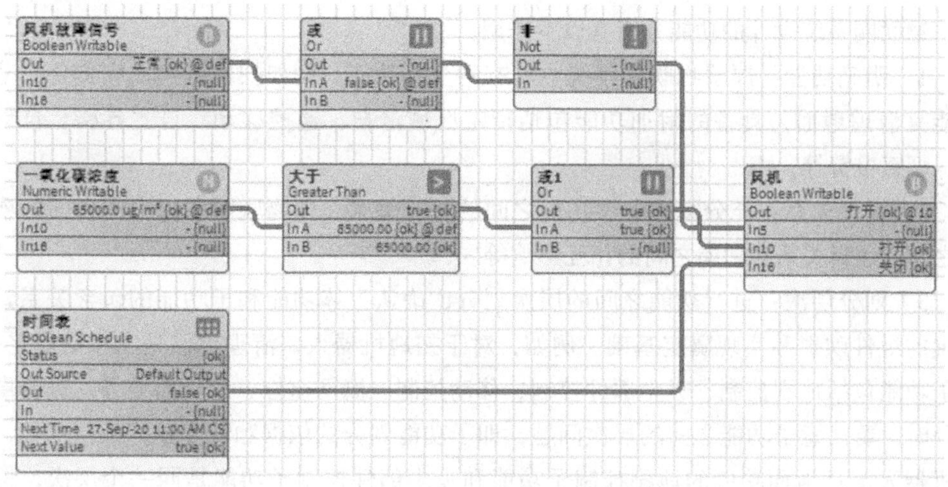

图 4-6　风机控制示例图

6）改变输入的数值或状态，验证逻辑的输出是否正确。

4.2　多功能组件设计与封装

在利用物联网中间件进行物联网系统的业务逻辑设计的过程中，经常需要将某个功能需求转换成一个具备多种功能的组件。如果功能较为复杂，往往需要针对现有的组态或者组件进行改造，甚至将多个系统提供的组件进行组合，再加以改造才能实现既定功能。本节将重点讨论这类问题。

4.2.1　功能、组件与逻辑

从设计的不同层次来看，逻辑是业务流运行时的顺序和规则，功能是从需求的角度看到的系统的组成模块，组件则是在构建系统时用来实现功能的代码模块。如前所述，基于物联网中间件平台进行物联网系统开发时，首先应根据实际需求确定物联网系统完成或实现的主要功能，然后将主要功能分解为子功能，即功能分解。如上节所述，在系统设计过程中要先进行功能划分，在此基础上结合所选择的物联网中间件平台提供的组件进行功能与组件的映射或者根据组件的情况调整功能划分。

在功能划分过程中，往往会采用功能分析系统技术（Function Analysis System Technique，FAST）图解法，即利用功能上下位之间的关系和并列关系进行功能整理。也就是说，按照“目标 – 方法”的逻辑关系将各个子功能相互连接后绘制出功能系统图。从局部功能和整体功能的相互关系上分析、研究问题，以便确定核心功能、消除冗余功能。同时，确认各个子功能之间的层次关系或者执行次序，以及目标与方法之间的关系。该方法亦可用于对现有系统进行升级改造，对于确定升级功能的影响范围、确保系统平稳升级很有帮助。

物联网系统设计的功能分析有以下作用：

1）明确功能：厘清物联网系统应具有的全部功能。例如扫地机器人应具备的基本功能是清理地面，具备的附加功能包括指定区域清扫、遥控移动、自主寻路、自动回充、烟感报警等。

2）梳理关系：充分掌握各项功能之间的相互关系，即物联网系统中内含的各项功能之间的逻辑关系和功能之间的相互影响等。

3）划分层次：进行功能之间的层次划分，确认主体功能和子功能的包含关系，为后续的组件映射和实现奠定基础。例如，对于扫地机器人，清理地面是主体功能之一，其子功能包括地刷控制、吸尘部件控制、移动控制、滤网监控、电机监控等。进行层次划分时，要注意子功能之间的层次问题，即子功能划分的依据和粒度要一致。例如，扫地机器人清理地面功能的地刷控制子功能和吸尘部件控制子功能是同一个层次，但地刷控制中的扫地刷控制子功能和擦地刷控制子功能的层级比吸尘部件控制子功能更靠近底层。

进行功能分析中的层次划分时，首先需要根据功能的级别划分主要功能、基本功能与辅助功能，然后进行子功能分解的递归过程，直至其原子化，以便与组件映射。

从映射使用的角度而言，组件执行一定的功能，可以视为整个系统的子系统。通过分析当前系统的组件（和功能）之间的作用关系，可以确定技术上的矛盾和功能上的限制。当出现组件和功能之间的矛盾时，往往要编制或者创建新的组件来优先保证功能的实施。在极特殊的情况下，例如前文所提及的规则的制约下，才可以进行功能的裁剪。由于功能的变化可能导致整个流程的调整，甚至系统整体的变更，因此功能裁剪务必要审慎地进行。

也存在一些逆向的系统功能分析和设计方法。例如，在进行系统功能分析和组件设计时，可以考虑使用系统裁剪法，即找到系统中价值最低的组件和功能，并将其裁剪掉，但保留其承载的功能，交由系统中的其他部分完成。如此迭代，即可精简组件数量、降低系统的组件成本、优化功能结构、合理布局系统架构；既能体现功能价值、提高系统实现功能的效率，又能够消除过度、有害、重复功能，提高系统的理想化程度。这种系统裁剪法主要用于原型系统或者既有系统的优化，或者经费、能耗等外部资源制约较多的场景中。

4.2.2 多功能组件设计

基于上节所述，对于物联网系统的功能进行细致划分之后，理论上已经确保划分之后每一个功能都会有一个组件与之对应。即使不存在这样的组件，也可以通过一次设计形成一个与之对应的组件。根据上一节末尾提及的系统裁剪法的要求，当出现能耗等外部限制的时候（实际上，即使不存在过多的外部限制，物联网系统也应尽量降低自身的能源和费用消耗），必须考虑组件的复用情况，即必须考虑一个组件承载多个功能的情况。尤其是需要额外设计组件时，更希望设计出的组件可以一次性完成多种功能。在其中应设计出相对独立的功能模块，以保持每个功能的独立性。

如上一章所述，组件设计的目的是将零散的单元组件化，用状态机的思维模式控制组件，即利用既有的系统组态和组件通过一定的流程来构建所需要的组件。这些组态和组件之间必然存在联系，通过合理的组件设计，给每一个部分划定合适的边界，形成相互之间的松耦合关系，可以有效降低重构某个部分时对其他部分的影响。

多功能组件设计类似于芯片的自底向上设计，也类似于高级程序设计中将多个小函数合并为一个大函数的过程。在这个过程中，需要保持交互的一致性、视觉风格的统一、降低耦合度、减少冗余、便于修改优化性能。

如图 4-7 所示，多功能组件设计思想是将需求场景领域化，以符合系统需求为标准，以稳定领域最大复用为目的，并注重组件内功能的相对独立，使其可以通过组合、拆分来构建整个系统的独立解决方案。

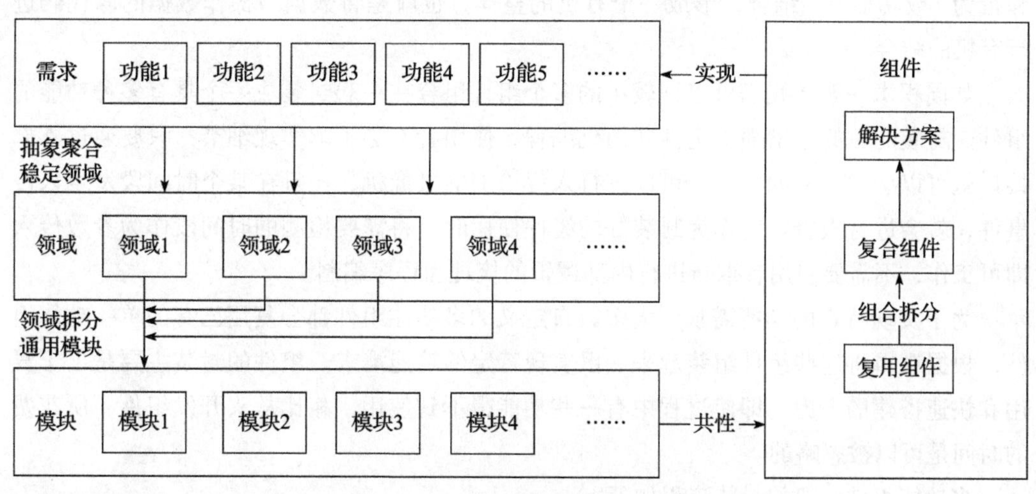

图 4-7　组件设计思想

例如，某个智能物联网园区需要利用智能无人车进行物流配送，即从仓储区域出发途经各个放置点停靠、卸货，最终回到仓储区。

1）物联网系统的主要功能是实现无人车根据地图的运动过程。

2）将其细化到领域，则可认为是三个领域活动：基于地图的移动、无人车行驶与实时避障。

3）将场景领域拆分为模块。基于地图的移动可以分为三个模块：GPS 信息的获取（GPS 采集信息往往会有一定的地图漂移，即采集的坐标和真实坐标以及地图上的坐标会有一定的偏差，类似的工程问题不在本书描述范围内，请有兴趣的读者查阅相关工程类书籍），车辆位置拟合决策（即根据车辆位置，结合地图上的路径进行行驶状况判断，并传递给无车人进行前进或者转向之类的控制），交互显示（将车辆位置和规划路径绘制到地图上呈现给外部，供用户观察及交互）。

4）概括共性和分析差异性。概括共性是指提取各个模块的共性，例如前文提及的所有模块均需要输入和输出。分析差异性是指在共性基础上分析模块间的区别，即输入、输出和处理的差异。

5）功能合并，设计产出一个多功能组件。例如，可以设计一个组件管理上述无人运输系统所有模块的输入，因为它们具备共性特征——实时性，并且会使用同样的传输信道——5G 信号。但考虑到各个模块的差异，要求这个组件可以接受视频类输入、GPS 信息类输入和控制信号输入。

4.2.3　多功能组件的封装

无论在何种物联网中间件平台上，设计生成的多功能组件在经过封装后就能在系统中被直接调用，也可以被未来的其他系统调用。封装，即隐藏对象的属性和实现细节，仅对外公开接口，以控制其属性的读取和修改的访问级别。封装就是将抽象得到的数据和行为（或功能）相结合，形成一个有机的整体，也就是将数据与操作数据的源代码进行有机的结合。

如同积木一般，我们可以把较小的多个组件组合在一起封装成一个具有多种功能的组件。封装的目的是增强安全性和简化编程，使用者不必了解实现细节，只要通过外部接口就可以访问。例如，某台可以进行入侵检测的摄像机，一旦在某个时间段发生入侵事件，就会进行报警。它作为封装好的组件使用时，将需要检测的时间段作为参数传入即可工作，不需要使用者重新进行内部逻辑的梳理和程序编制。

为了实现特定的功能需求，大多数自定义的多功能组件都会复用已有的单一功能组件，根据逻辑将这些组件组装起来，以实现特定的功能需求。组件的封装主要是出于复用和快速搭建的考虑，即使过程中有一些功能得不到使用，相比从头开发组件，所花费的时间是可以被忽略的。

多功能组件一般的封装流程如下：

1）建立组件的模板，搭建基本框架，写明样式，考虑清楚组件的基本逻辑。

2）准备好组件的数据输入，即分析逻辑，定义其中的数据、类型。

3）准备好组件的数据输出，即根据组件逻辑做好输出接口的方法。

4）封装完毕，直接调用即可。

以支持组件封装的 Niagara 平台为例，基于 4.1.4 节的设计实例，如果增加一条需求，即统计风机累计运行的时间，那么可以通过在风机的组件上添加一个统计时间的功能扩展来实现。可以按如下步骤将两个组件封装在一起实现这个功能。

1）在 Palette 里找到 kitControl 组件中的 DiscreteTotalizerExt 扩展组件，该组件包

含对布尔点使能状态累计时间的功能。

2）将 DiscreteTotalizerExt 扩展组件拖拽至风机的 Property Sheet 视图中，给风机添加统计运行时间的扩展功能。

3）右键单击风机组件，点击 Composite 功能，将 DiscreteTotalizerExt 组件的 ElapsedActiveTime 属性暴露出来，可命名为 RunTime，如图 4-8 所示。用户也可以根据需求将该属性连接至其他组件，从而完成进一步的逻辑应用设计。

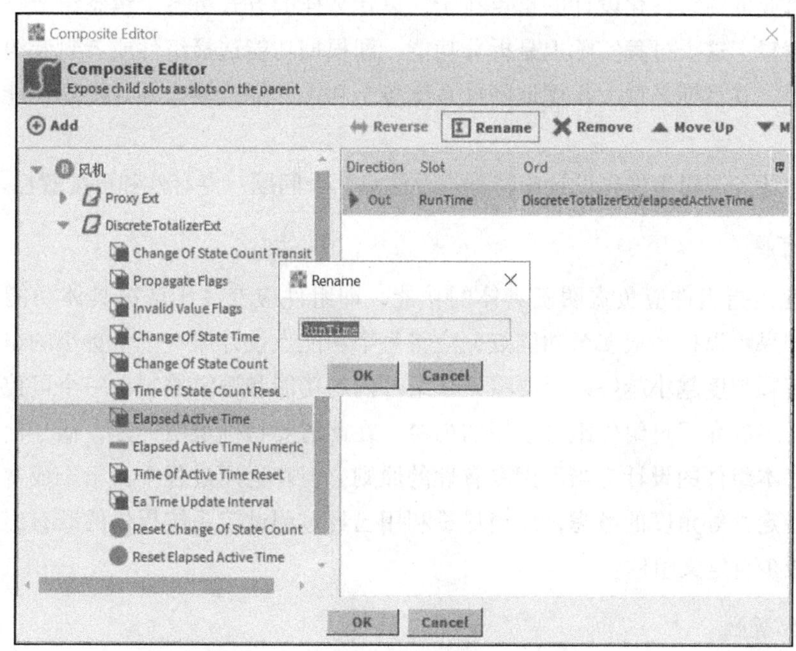

图 4-8　风机组件的 Composite 视图

至此，通过将一个统计时间的功能扩展组件和普通的开关量组件封装到一起，实现了一个可计算累计运行时间的多功能组件。封装后的组件可将其数据输出给其他组件，如图 4-9 所示。

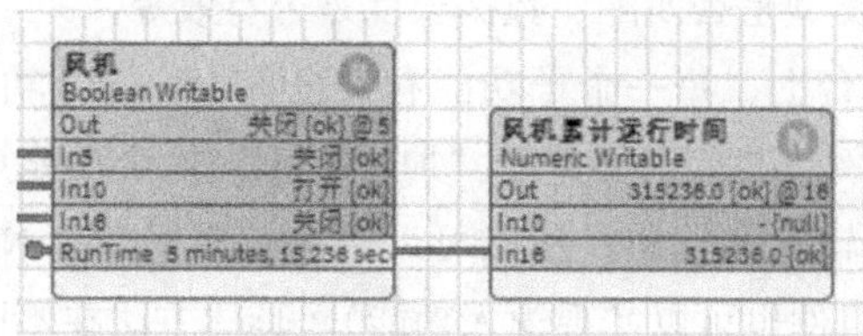

图 4-9　封装后的组件

4.3　中间件平台上的组件设计与数据仿真

本章前面的部分说明了业务逻辑向组件转化的过程，即从需求变为对业务逻辑的理解和功能的划分，再根据功能选择适当的组件或者进行自定义组件的工作。在本节中，将结合实际的物联网中间件平台来进行实现方面的讨论。

4.3.1 中间件平台上的组件化设计

业务是指一个实体单元向另一个实体单元提供的服务。逻辑是指根据已有的信息推导出合理的结论的规律。逻辑业务是具有逻辑规律的实体单元向另一实体单元提供的服务。逻辑业务的组件化设计的重点在于，以什么样的方式将各个组态组成符合业务需求的业务逻辑。这个过程实际上是拆分功能，即根据功能选择组件或者封装组件并进行维护的过程。其目标是最大程度地降低系统各个功能的耦合性，并且提高功能内部的聚合性。

此外，业务逻辑组件化设计中特别需要注意两个问题：专有性和可配置性。

1. 专有性

专有性是指组件应负责明确具体的功能，即组件应专注于解决具体功能。一个组件的功能如果可以拆封成多个功能点，应将每个功能点设计成一个个更小的组件。但这并不意味着颗粒度越小越好，只要将一个组件内的功能和逻辑控制在一个可控的范围内即可。前文多次介绍过组件组合使用的内容，在此需要特别说明的是，从平台设计的角度而言，基本组件的设计应当考虑专有性的原则。但在运用过程中，出于成本、开发周期、系统稳定性等角度的考虑，应当尽量利用已经过测试或系统提供的既有组件进行系统构建，减少自定义组件。

2. 可配置性

组件要明确其输入和输出。组件除了可以处理默认数据外，应提供动态的适配能力。支持可配置性最基本的方式便是通过属性向组件传递配置的值，而在组件初始化时，通过读取属性的值做出对应的显示修改。在某些物联网中间件平台上，也会支持通过调用组件开放出来的函数进行传参，或者向组件传递特定事件等方式来实现。值得注意的是，在设计组件支持可配置性的过程中，要增加输入数据有效性的相关校验。例如，传入的参数的数据类型是否匹配、数据长度是否有效等。

在物联网中间件平台上，每一个子功能有时也称为一个“功能点”，即作为一个基本单元。以实现求和为例，我们需要基于“加（Add)”这个功能点进行求和运算，但这个功能点同时需要定义输入和输出，所以可以链接“数据类型 Numeric Const”的“功能点”作为输入（其他组件也可以实现输入功能)。具体方法在不同种类的物联网中间件平台上有较大的差异，本书重点以 Niagara 平台为例讨论后续内容。

Niagara 平台的组件库提供了众多基本单元，用户可以通过基本的拼装搭建复杂的组件，在其基础上组合成更复杂的组件，从而扩展组件功能。在平台安装路径下的 modules 文件夹中，包含众多 Java 包（如图 4-10 所示)，这些 Java 包是按其实现的功能模块来组织的，例如 alarm-rt.jar 用于实现报警功能。

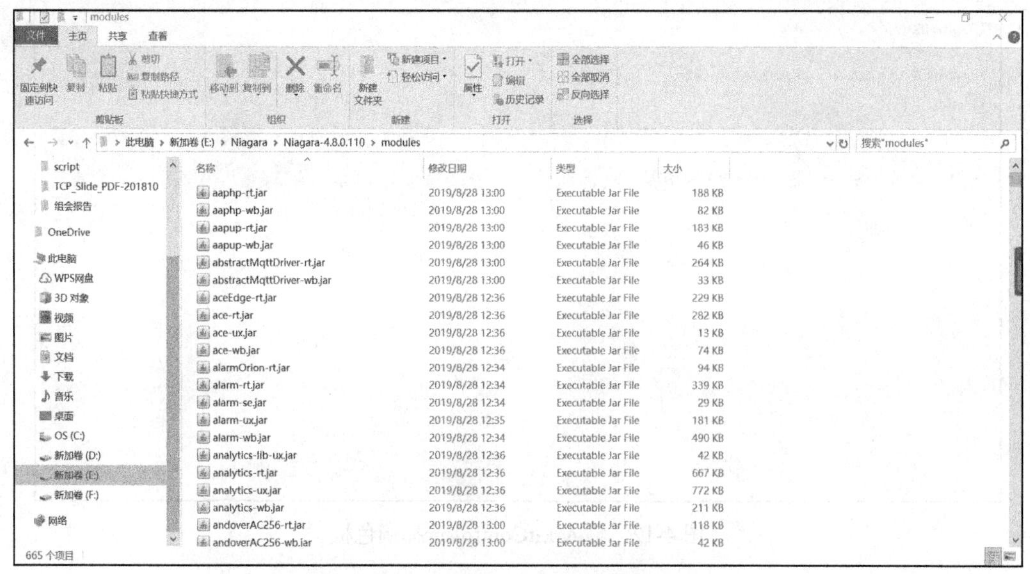

图 4-10　Niagara 中 modules 的 jar 包

通过 Workbench 中的 Palette（如图 4-11 和图 4-12 所示），可以调用具体的 Java 模块，并可以呈现它包含的更加细化的小功能，如 Alarm 文件夹下的 LoopAlarmExt、ElapsedActiveTimeAlarmExt、ChangeOfStateCountAlarmExt 等。图 4-13 和图 4-14 显示了 kitControl 这个模块中的具体组成。

Open Palette

Select one or more palettes to open, or just start typing:

Browse...

Module	Description
aaphp	American AutoMatrix Public Host Protocol Version 8.10 From August 2000
aapup	American AutoMatrix PUP Driver
abstractMqttDriver	This is a driver for the MQTT client
aceEdge	Driver for ACE on Tridium Edge devices
alarm	Niagara Alarm Module
alarmOrion	Niagara Alarm Orion Module
analytics	Niagara Analytics Framework
analytics-lib	Niagara Analytics Library
andoverAC256	AndoverAC256 Driver
andoverInfinity	Andover Infinity Driver

OK　Cancel

图 4-11　打开 Workbench 中的 Palette

调色板内的 Component 是最基本的单位，不能再拆分，使用时直接拖拽即可。开发者根据功能需求查找到需要的组件后，按照具体业务逻辑进行组装。图 4-15 给出了锅炉控制组态的例子。

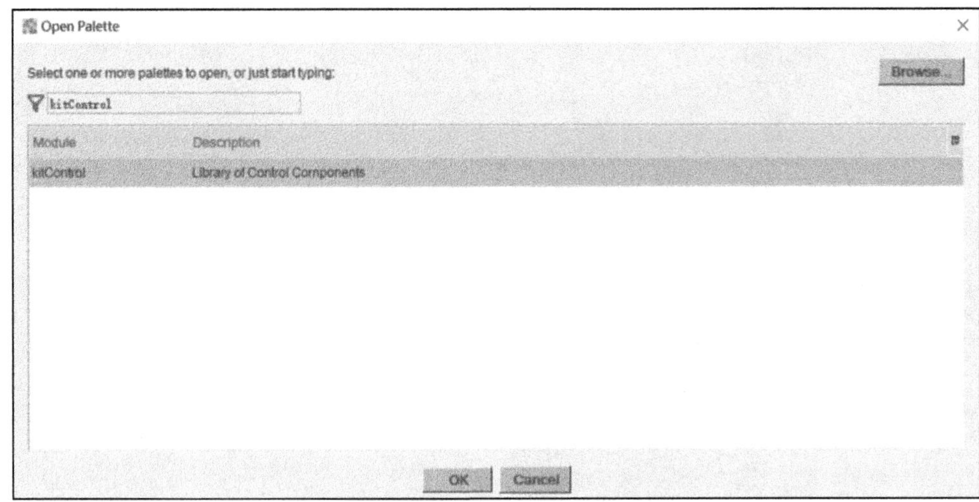

图 4-12　输入 kitControl 选择调色板

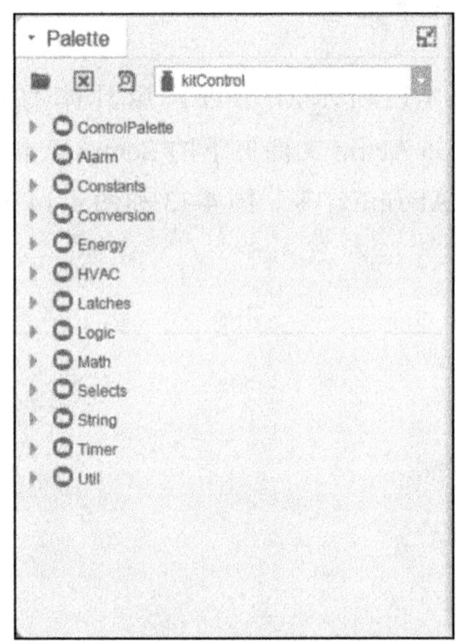

图 4-13　kitControl 调色板目录

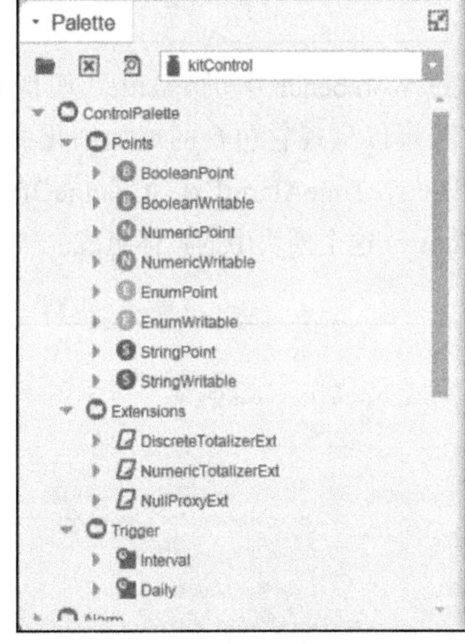

图 4-14　kitControl 调色板 Points 文件夹下的组件构成

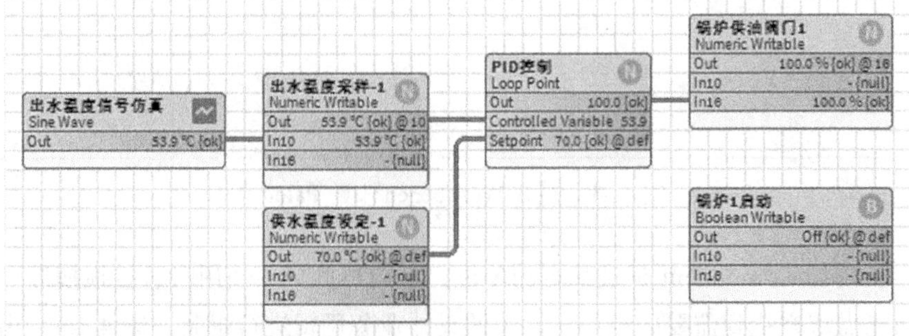

图 4-15　锅炉控制组态

4.3.2　仿真流程与数据准备

在物联网中间件平台上，根据逻辑业务利用各种组件构建一个完整的物联网系统后，必须验证整个系统的有效性。验证内容既包含功能处理是否正确、数据流转是否符合预期，也包含系统在面临异常情况时是否有足够的容错能力等。尽管在物联网开发和设计过程中会采用多种方式进行项目管理，从而保证尽可能减小错误可能出现的概率，但在系统建设完成的初期往往会存在一定的问题，而如果将系统中的各种硬件设备配置到位再进行测试，不但成本过于高昂，还可能出现一些难以预料的后果，例如核电设施系统的异常。因此，对系统进行数据仿真测试就成为系统初步完成后的首选方式。

数据仿真既是一种描述性技术，也是一种定量分析方法。它通过建立某一过程或某一系统的模式来描述该过程或该系统，然后用一系列有目的、有条件的计算机仿真实验来刻画系统的特征，从而得出数量指标，为决策者提供关于这一过程或系统的定量分析结果，作为决策的理论依据。近年来，面向硬件系统的仿真技术已广泛应用于国防、工业及人类生产 / 生活的各个方面，如航空、航天、兵器、国防电子、船舶、电力、石化等行业，特别是常常应用于现代高科技装备的论证、研制、生产、使用和维护过程。

物联网中间件平台对于数据仿真有着非常良好的先天优势，可以方便地利用输入 / 输出数据的方式完成全部（或部分）系统乃至组件级别的仿真和测试。数据仿真过程主要分为四步：计算任务需求分析、数据准备、仿真系统运行、后处理。通常而言，数据仿真测试不会只进行一次，而是一个不断修复错误、多次迭代的过程。

1）在计算任务的需求分析阶段，必须解决以下问题：仿真分析的目的是什么？需要开展哪些部分的仿真测试？达到目的的数据运行路径是什么？主要参数的获取是否准确？运行条件和边界条件是什么？在这个阶段，应当设置出边界值和初始条件，并制定仿真策略。仿真策略要确定的内容主要包括：设定计算控制参数和输入参数、参数灵敏度、模型常数，计算步长、输出参数等。

2）在数据准备阶段，首先对整个系统内各个组件分别建立基本的数据模型，再根据整体设计对整个系统进行输入和输出数据的推算。换言之，要根据计算量与业务需求推算被监控部分的数据输入和输出情况，进行收敛性检查、合理性检查（压力、温度、速度、流场等）以及科学性检查（参数设定是否合理、结果输出是否冗余 / 缺少）。同时，也应当设置一部分异常数据来检测系统面对异常时的稳定性。

在数据准备阶段收集的数据是针对实际问题，经过系统分析，以系统的特征为目标而收集到的反映特征的相关资料、数据、信息等。准备数据的收集是数据仿真过程中最为重要和困难的问题。即使系统本身正确，但若收集的输入数据不正确，或这些数据不能代表实际情况，都会导致输出错误，造成误判以及成本和时间的浪费。

3）仿真系统运行阶段，要输入设计好的数据，配合相应控制操作，记录输出情况。大多数物联网中间件平台都会支持以文件的方式模拟从不同的通道、在不同的时间进行数据输入，也支持将各种输出和监控数据作为文件导入以便进行分析。

4）在后处理阶段，要提取所需数据，进行参数灵敏度分析（边界条件、初始条件、模型、控制参数等）和结果比较（与解析解 / 实验数据进行分析比较，对仿真计算结果进行验证）。

下面基于 4.1.4 节地下室通风控制系统的实例，简要说明仿真流程。

首先对通风控制任务进行需求分析。楼宇地下室通常处于密闭环境，自然通风条件较差，一般要求安装通风控制系统来满足地下室的空气质量要求。本例的系统控制逻辑以上述应用场景为基准进行搭建。

1）地下室的风机受时间表的控制，每天上午 9 点～ 10 点、下午 3 点～ 4 点定时打开，其余时间自动关闭。

2）地下室安装有一氧化碳传感器，当一氧化碳浓度高于一定数值时，要求风机运行，当浓度降低到阈值以下时可关闭风机。

3）系统需监测风机故障状态，如果发生故障，则产生报警，通风系统停止运行。

接下来根据需求建立模型。先根据功能需求对基础功能进行建模，再根据需求逐步实现扩展功能，最后根据需求对整个系统进行修改。具体步骤可参考 4.1.4 节。

1）对风机基础控制部分建模，如图 4-16 所示。

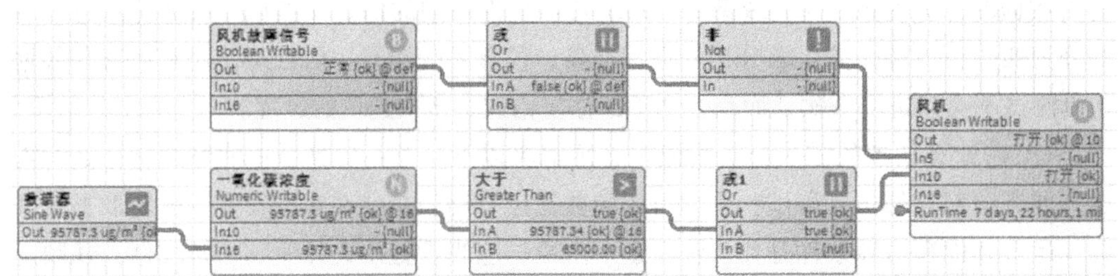

图 4-16　风机基础控制模型

2）通过预设的时间表自动控制风机建模，如图 4-17 所示。

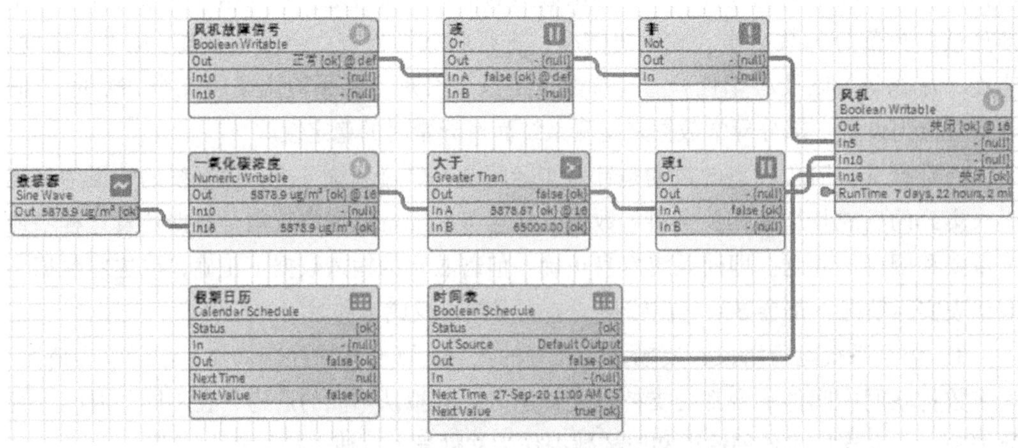

图 4-17　通过预设的时间表自动控制风机

3）对建立的模型进行仿真运行，记录风机的启停状态和一氧化碳浓度的变化状态。

4）进行后处理工作，将实际数据与实验数据进行分析和比较，对仿真计算结果进行验证。

将仿真模型的输出数据与真实系统中的实际数据进行比较是模型验证中的关键步骤。该系统主要有三个业务输入，那么需要对三个输入分别建立仿真输入数据。

1）风机故障信号。利用 Niagara 可写点的 Action 功能，设置风机故障信号的故障状态或正常状态，以便查看风机故障信号对业务逻辑的影响。在“风机故障信号”点右键选择 Action → Set 可对其进行设置。如图 4-18 所示。

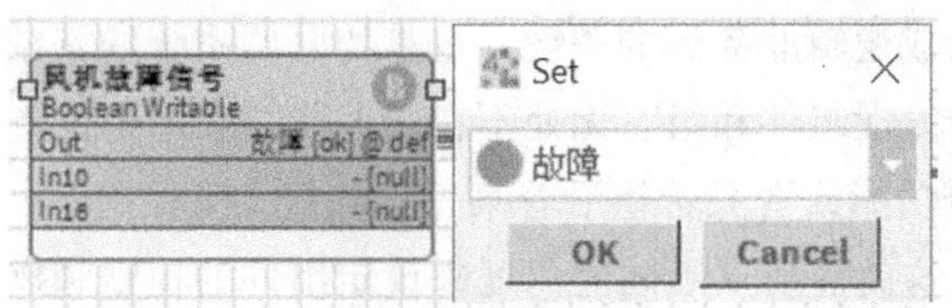

图 4-18　点击右键设置 Action 的界面

2）一氧化碳浓度。采用 kitControl 组件库中 Util 文件夹下的 SineWave 组件，根据实际使用一氧化碳浓度传感器的输出范围配置组件属性，产生周期性变化的数据输出，配置如图 4-19 和 4-20 所示，由此构建一个模拟的一氧化碳数据源。

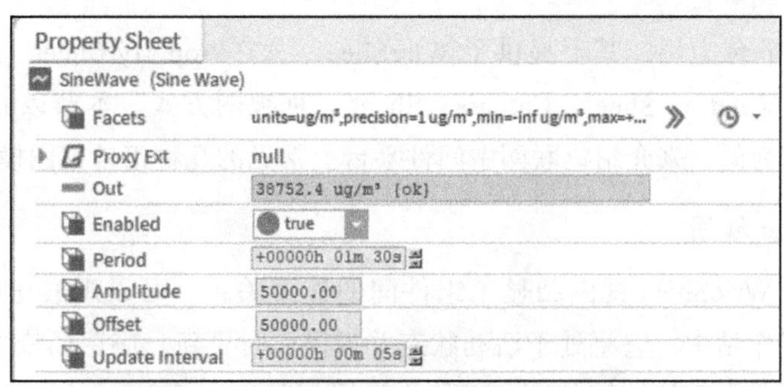

图 4-19　SineWave 组件属性配置视图

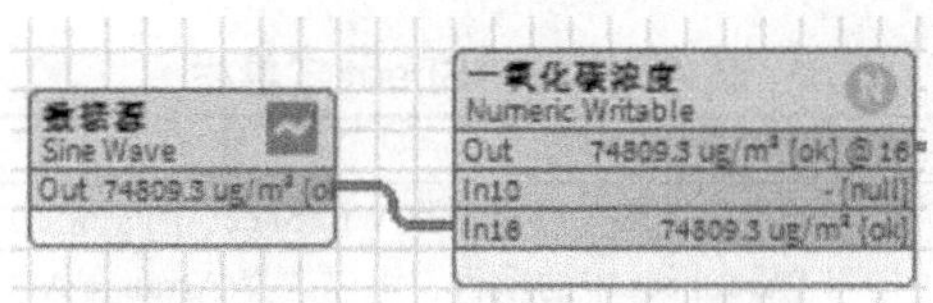

图 4-20　SineWave 组件连接视图

3）时间表。进入时间表，通过修改相应时间段来调整时间表的控制输出。

基于 3 种数据输入，可按表 4-2 所示的步骤比较实际的输出和期望的输出，从而验证业务逻辑。

表 4-2 业务逻辑验证步骤

步骤	期望的输出	实际的输出
1）设置故障输入信号为故障	风机：关闭	
2）设置故障输入信号为正常，设置当前时间表控制输出为 false，观察一氧化碳浓度信号输入，当其大于阈值时观察输出情况	风机：打开	
3）观察一氧化碳浓度信号输入，当其小于阈值时观察输出情况	风机：关闭	
4）设置当前时间表控制输出为 true，观察一氧化碳浓度信号输入，当其小于阈值时观察输出情况	风机：打开	
5）观察一氧化碳浓度信号输入，当其大于阈值时观察输出情况	风机：打开	

4.3.3 逻辑组件的多视图关系

组件和组态是组成逻辑业务流的关键，也是物联网系统的基础支撑单元。从物联网系统整体来审视，会发现组件和组态无处不在，但往往在某一任务或者某一种操作中只需要访问组件的部分功能或者只希望沿着某一条路径（流程顺序、时间顺序）检索与之关联的其他组件等，这就需要从不同的角度来设定组件的检索和操作。如果将物联网系统比喻成一间屋子，组件便是一块块砖石，有时候希望将某一面墙壁的砖石全部涂刷上某种颜色，有时候希望将某种材质的砖石替换为另一种材料。

物联网中间件平台是物联网系统进行设计聚合的关键，在许多物联网系统的设计开发过程中甚至会直接采用中间件平台作为开发的基础平台和 IDE，类似于 Visual Studio 的集成开发环境。在物联网中间件平台中，大多会提供多视图的模式对组件进行多种方式的观察、检索和设置。

以 Niagara 平台为例，其上提供了 WireSheet、AX Property Sheet、Property Sheet、AX Slot Sheet、Relation Sheet、Category Sheet 六种视图方式。本节以 BoilerControl 锅炉控制逻辑组态为例，来介绍物联网中间件平台上常见的几种组件视图模式。

1. WireSheet 视图

顾名思义，WrieSheet 视图凸显了组件间的连接关系，可以观察正在运行的组件。在正在运行的工作站中，它将处于活动状态并提供实时更新。应用场景主要是在线进行系统维护和监测，在系统调试仿真中也较为常用，通常包括表 4-3 所示的功能，从中不难看出其主要服务与系统运行状态的概览。

表 4-3 WireSheet 工具栏

菜单	描述
Delete	删除选定的链接（只能删除 WireSheet 中的链接）
Arrange	排列 WireSheet 中的项目，可以选择 Arrange All 或 Arrange Selection
Select All	选择 WireSheet 中的所有项目
Show Thumbnail	在 WireSheet 的右上角显示缩略图
Show Grid	启用后，网格将显示在 WireSheet 的背景中，这有助于在移动组件时对齐它们
Show Status Colors	显示状态颜色
Show Relations	显示组件的关系
Show Links	显示链接

图 4-21 给出了 WireSheet 视图的一个实例。

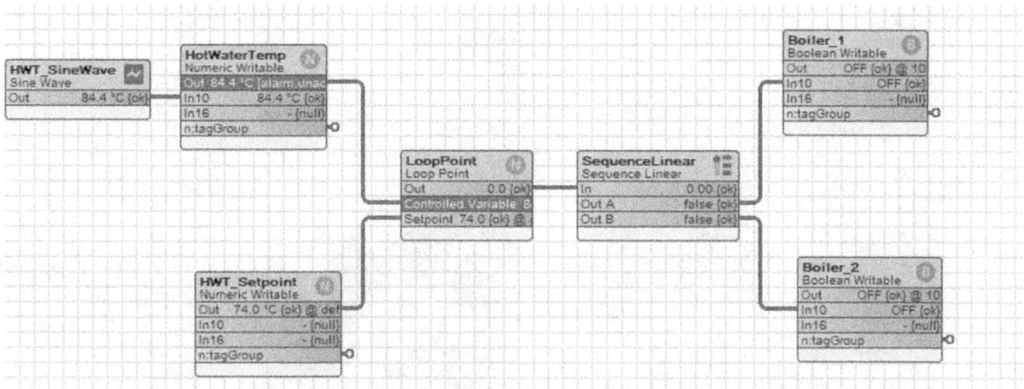

图 4-21　BoilerControl 锅炉控制逻辑组态 WireSheet 视图

2. AX Property Sheet 视图

AX Property Sheet 视图显示选定组件的所有用户可见属性。简言之，该视图允许宏观地观察多个运行中组件的各种属性状态，并且能够更改那些已经被设定的属性。图 4-22 给出了 AX Property Sheet 视图的一个例子。

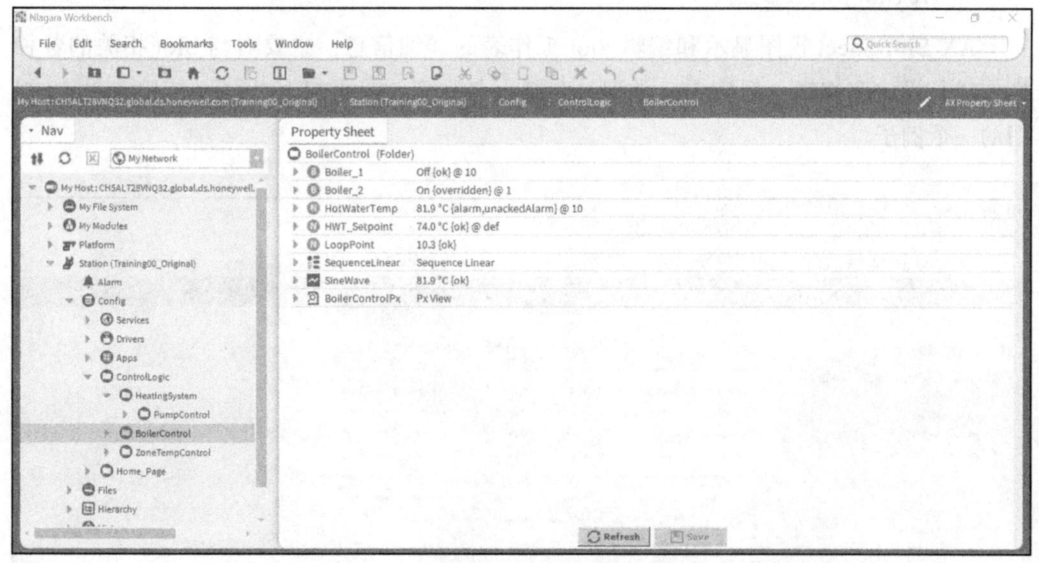

图 4-22　BoilerControl 锅炉控制逻辑组态 AX Property Sheet 视图

3. Property Sheet 视图

Property Sheet 视图与 AX Property Sheet 视图的功能相同，它是基于 HTML5 技术进行显示的，而 AX Property Sheet 则是上一代 Niagara 的界面风格。Property Sheet 视图的例子如图 4-23 所示。

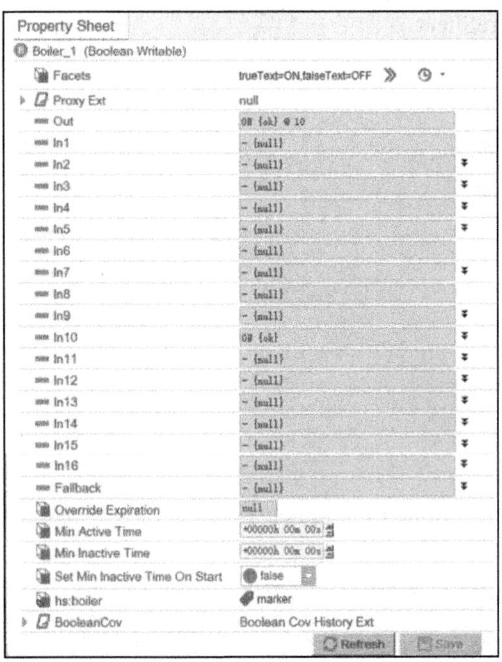

图 4-23　BoilerControl 锅炉控制逻辑组态中 Boiler_1 组件 Property Sheet 视图

4. AX Slot Sheet 视图

AX Slot Sheet 视图显示和编辑 Slot 工作表的详细信息，主要对与 Slot 相关的各种操作进行设定和编辑，例如 Slot 类型、归属、名称等。图 4-24 给出了 AX Slot Sheet 视图的一个例子。

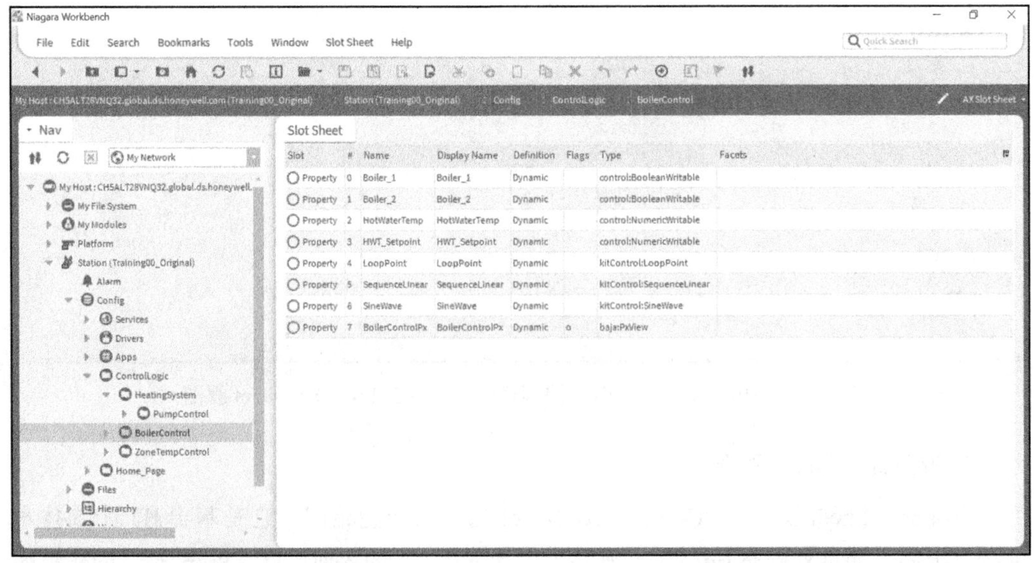

图 4-24　BoilerControl 锅炉控制逻辑组态 AX Slot Sheet 视图

5. Relation Sheet

Relation Sheet 是管理组件之间关系的主要视图，其作用是显示选定组件的关系以及所有链接。其描述如表 4-4 所示。

表 4-4　Relation Sheet 视图显示信息

名称	描述
Relation Id	此关系的关系 ID
Slot	此组件用于链接的连接槽，仅适用于链接
Dir	指示此关系的方向，选项可以是入站目标，也可以是出站源
Type	指示关系的类型
Other Path	指向其他相关组件的插槽路径
Other Slot	链接的另一个组件的连接槽
Enabled（hidden）	指示此链接当前是否已启用
Tags（hidden）	Tags 可以应用于关系。此处显示所有应用的 Tags

右键单击 Relation Sheet 视图中的行，将弹出具有表 4-5 所示选项的菜单。

表 4-5　Relation Sheet 视图的主要选项

选项	描述
Edit	编辑选定的关系或链接
Tags	编辑应用于选定关系或链接的标记
Delete	删除选定的关系或链接
Go To	删除所选关系或链接转到所选关系的主视图

图 4-25 给出了 Relation Sheet 视图的一个例子。

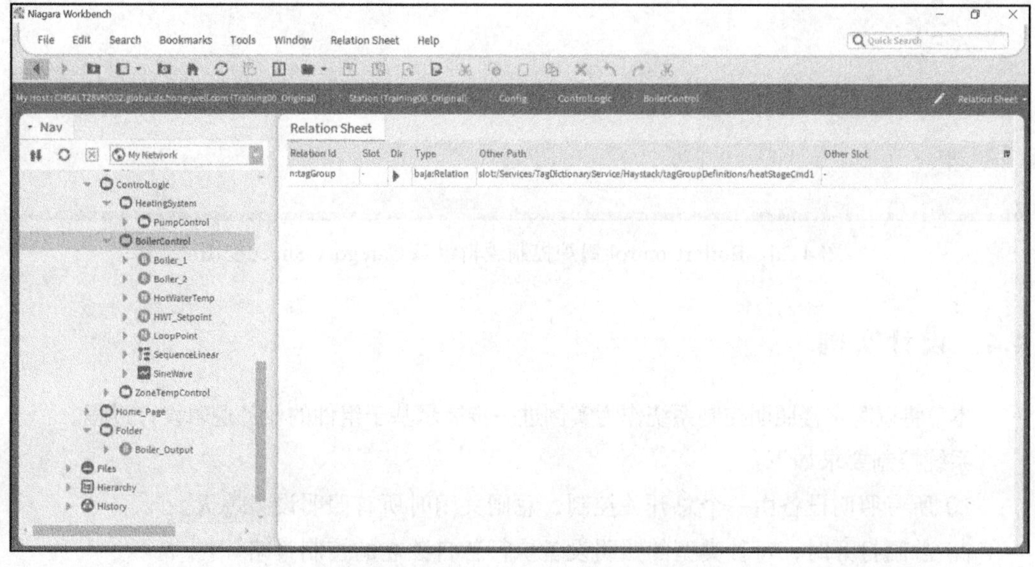

图 4-25　BoilerControl 锅炉控制逻辑组态中 Boiler_1 组件 Relation Sheet 视图

6. Category Sheet

此视图将组件分配给一个或多个类别（或将其配置为从其父级继承类别），每个组件都有一个类别表视图。该视图的操作选项如表 4-6 所示。

表 4-6 Category Sheet 操作选项

选项 / 按钮	值	描述
Categories	text	为每个类别名称提供一个表行
Inherit	toggle	复选标记表示该组件与其父组件属于同一类别。没有复选标记允许对此组件进行显式类别分配
Select All	button	如果清除“继承”则生效，单击此按钮可将此组件分配给此工作站中的所有类别
Deselect All	button	如果清除“继承”则生效，单击此按钮将从所有类别中删除此组件
CategoryService	button	打开类别浏览器
Refresh	button	重新显示分类表
Save	button	记录所做的更改

图 4-26 给出了 Category Sheet 视图的一个实例。

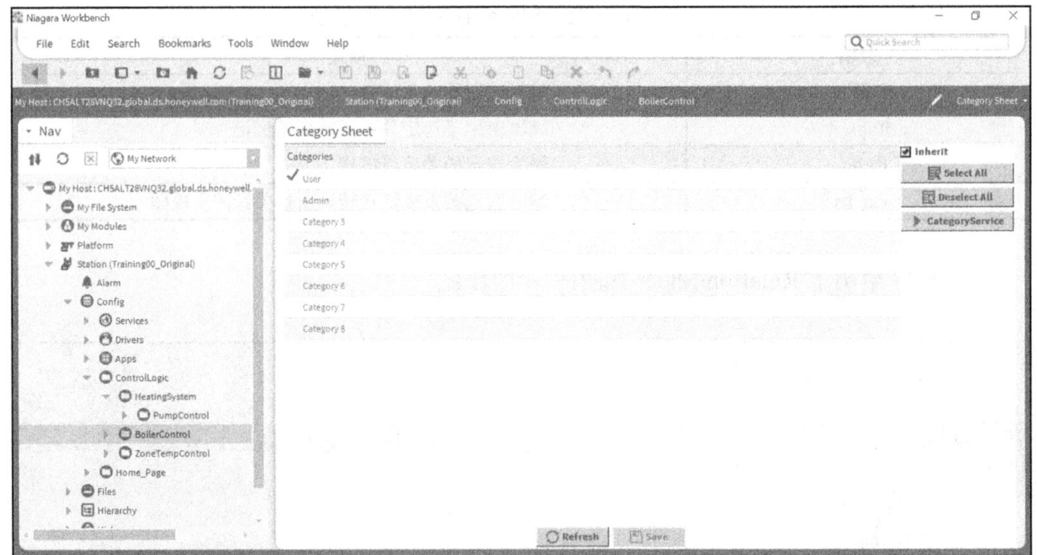

图 4-26 BoilerControl 锅炉控制逻辑组态 Category Sheet 视图

4.4 设计实例

本节将以写字楼照明控制系统作为实例进一步展示基于组件的业务逻辑设计过程。

系统控制要求如下：

1）所有照明设备由一个总开关控制，总闸关闭时所有照明设备熄灭。

2）总闸打开时，每种类型的照明设备执行各自独立的控制策略。

3）卫生间的照明控制采取红外感应的打开方式，当检测到有人进入卫生间时，该区域灯自动打开，并延迟点亮 5 分钟。

4）为便于巡检人员工作，走廊区域灯光 24 小时点亮。

5）办公区域灯光受时间表控制，周一到周五的早 8 点到晚 6 点，灯光自动打开，其余时间自动关闭。周末和法定节假日全天关闭。同时，为了方便加班员工工作，在办公区域墙面上设有触点开关，在办公区域灯光被时间表控制逻辑熄灭的时候，如果有人按下墙面的触点开关，办公区域的照明会被打开，并持续 1 小时。1 小时后，办公区的灯光仍然交由时间表控制。

6）统计所有照明设备的累积点亮时间，根据光源功率计算耗电量，并将累积运行时间和耗电量存入数据库。

分析需求，可得出系统的主要输入 / 输出点如表 4-7 所示。

表 4-7　写字楼照明控制系统主要输入 / 输出点

系统变量	输入 / 输出类型	对应点类型	单位 / 描述	默认值
卫生间照明	数字量输出	BooleanWritable	点亮 / 熄灭	熄灭
走廊照明	数字量输出	BooleanWritable	点亮 / 熄灭	点亮
工位区照明	数字量输出	BooleanWritable	点亮 / 熄灭	熄灭
红外感应	数字量输入	BooleanWritable	有人 / 无人	无人
总开关	数字量输入	BooleanWritable	打开 / 关闭	打开
强制开关	数字量输入	BooleanWritable	打开 / 关闭	关闭

梳理需求设计得到图 4-27 所示的控制流程图。

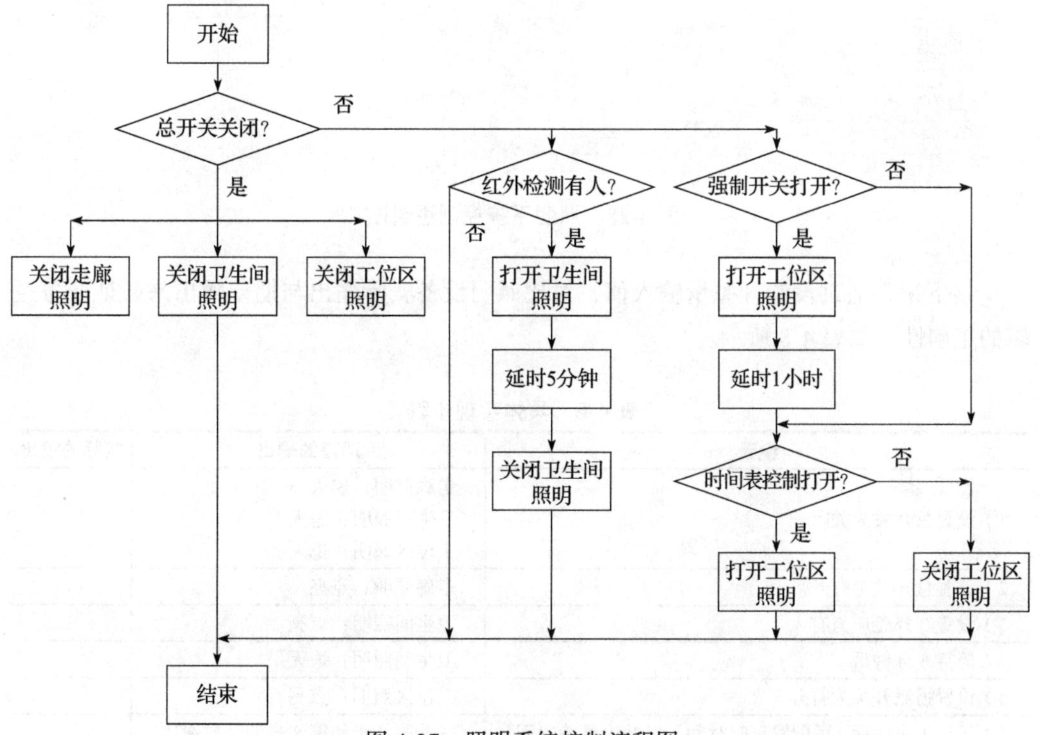

图 4-27　照明系统控制流程图

创建基于组件的业务逻辑步骤如下：

1）创建3个表示可控开关量的对象，分别代表三类照明区域：公共走廊、办公区域以及卫生间。注意设置其默认值和Facets。

2）创建3个表示开关量的输入点，分别表示电闸总开关、红外探测器以及强制开灯开关。注意设置其默认值和Facets。

3）创建周计划时间表以及节假日历表，使得办公区域照明受时间表逻辑控制。

4）添加其他控制相关组件，如触发延时组件OneShot，基于控制流程图实现图4-28所示的控制逻辑。

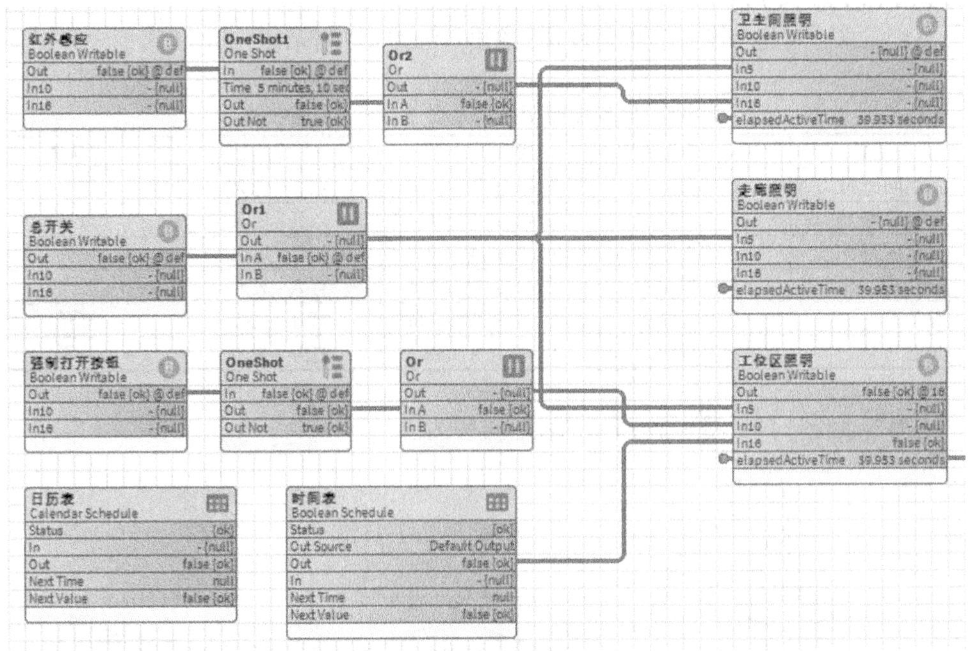

图4-28 照明系统控制逻辑图

接下来，通过设置开关量输入值，对比照明设备实际输出与期望输出来验证业务逻辑的正确性，如表4-8所示。

表4-8 具体实现步骤

步骤	期望的输出	实际的输出
1）设置总开关为关闭	走廊照明：熄灭 卫生间照明：熄灭 工位区照明：熄灭	
2）设置总开关为打开	走廊照明：点亮	
3）设置红外感应为有人	卫生间照明：点亮	
4）等待5分钟后	卫生间照明：熄灭	
5）设置强制开关为打开	工位区照明：点亮	
6）等待1小时后（可配置延时时间，以减少等待时间）	查看第7步和第8步的期望输出	

（续）

步骤	期望的输出	实际的输出
7）查看时间表控制输出，若为打开	工位区照明：点亮	
8）查看时间表控制输出，若为关闭	工位区照明：熄灭	
9）设置时间表输出为打开	工位区照明：点亮	
10）设置时间表输出为关闭	工位区照明：熄灭	

仿真验证通过后，可以将组态逻辑移植或下载至相关的硬件控制器中，实现对现场的应用场景控制。

本章小结

本章从业务逻辑设计的概念出发，介绍了其在物联网系统中的作用。通过业务逻辑设计流程的梳理，并以地下室通风系统为例进行分析，帮助读者更加顺畅地进行物联网系统平台的设计。同时，在物联网系统开发的设计阶段，需要进行合理的功能划分与设计。本章通过梳理功能、组件与逻辑的关系，帮助读者理解如何根据实际需求进行功能分析、划分与设计实现。针对验证系统的有效性问题，本章后半部分结合数据仿真实例，向读者说明了如何对实际问题进行数据仿真与应用。通过以 Niagara 平台为例，引入多视图模式，使读者能够以多种方式对组件进行观察、检索和设置。最后，通过展示写字楼照明控制系统的完整设计过程，加深读者对物联网系统的理解并提高实际的设计开发能力。

习　题

1. 请结合你的理解，说明组件和组态的区别。
2. 什么是业务逻辑？它在不同系统中扮演的角色是什么？
3. 自行提出一个业务问题，根据 4.1.2 节描述的业务逻辑设计流程进行初步系统设计。
4. 业务逻辑由哪些部分组成？
5. 如何对系统进行功能划分？
6. 为何会提出多功能组件设计的需求？
7. 功能分析系统技术能够很好地用于物联网系统开发的功能分解和设计，请简单描述功能分析系统技术及其作用。
8. 当进行实际需求的具体实现时，应进行业务逻辑组件化。在这一过程中需要注意哪些问题？请简单描述你所了解的平台是如何进行功能实现的？
9. 多视图模式在物联网系统平台中有什么作用？请列举三个常见的组件视图模式。

第 5 章　协议转换与设备连接

支撑万物互联的物联网系统面临着海量设备管理的挑战。一方面，这些设备和装置处于不同的功能层次中；另一方面，这些设备和装置来自不同的厂商、有不同的型号和类型，众多异构设备的集成问题就成为困扰物联网系统建设的难题之一。物联网中间件平台的重要价值就是从平台的角度，利用各种协议来解决异构设备的兼容和统一管理问题。本章将重点介绍物联网中间件平台中的协议转换与设备连接的内容。

5.1　中间件与异构设备连接

在实际应用环境中，往往存在大量异构设备，如何使这些设备实现互联互通、协同工作，是物联网中间件的核心任务。异构设备的差异性表现在物理结构、接口、协议、数据格式等不同，因此异构问题既有设备的异构，也有数据的异构，解决的主要方法依靠运行在各种设备之间的协议来形成共识。

以工业控制领域为例，工业控制系统正逐步从简单的点对点控制向复杂的网络控制转变。现场总线是一类工业数据总线，它是工业控制领域中常用的通信网络。国际电工委员会的 IEC61158 标准中对现场总线的定义如下：现场总线是指安装在生产区域的现场设备、仪表与控制室内的自动装置、系统之间的一种数字式、串行、双向传输、多分支结构的通信网络。现场总线的特点是互操作性，这就要求制定一个统一的国际标准。目前，现场总线的类型很多，从 1984 年美国仪表协会（ISA）下属的 ISA/SP50 开始制定标准以来，已经出现了 FF、LonWorks、Profibus、CAN、HART 等几十个总线标准。到目前为止还没有一种现场总线能覆盖所有的应用，可以肯定，多种总线并存的局面还会存在相当长的时间。

由于物联网要求实现多种类型异构设备的互联与信息交换，

因此物联网内存在大量异构数据。不仅不同类型的异构设备采集的数据可能是异构的，同类型的不同设备采集的数据也可能是异构的。除此之外，对异构设备采集的原始数据进行描述的模型也可能是不同的。这些都造成大量异构数据存在于物联网系统中。物联网系统需要具备对这些异构数据进行集成、融合及分析的能力，以实现对现实世界全面、准确的感知。

1. 异构设备的概念及特点

异构设备是指多个不同类型设备的集合，这些设备具有联网通信能力，可以实现数据的采集和传递。每个设备在加入异构设备集合之前就已经存在，且彼此之间存在着差异性。异构设备的各个组成部分具有各自的通信手段，无法通过单一方式集成所有设备。在实现设备联网的同时，每个设备仍然保持自己的应用特性、完整性控制和安全性控制。异构设备特点如下。

（1）设备多样性

设备多样性主要体现在提供制造设备的厂家及设备所应用的领域的多样性。厂家的多样性是指不同设备在购买时间、生产厂商、关键元器件等方面具有差异，这会给后续的数据采集工作增加难度。应用领域多样性是指设备所处理的对象不同，不同的应用场景所采用的控制器、控制单元也各不相同。

（2）结构复杂性

结构复杂性是指设备控制系统较为复杂，大型设备需要通过多个控制系统及控制器联合驱动。另外，实际环境中常常需要多个设备协同工作，例如生产线设备等。

（3）接口复杂性

接口复杂性是指根据用户需求及设备硬件的通信能力采用合适的网络连接技术，并且提供相应的物理上的接口规范、逻辑上的数据传送协议规范等，例如RS232、RS485、USB、CAN、网卡等接口。

（4）协议多样性

物联网的连接协议具有复杂性和多样性。因为网络中设备的种类繁多，各类设备往往由不同厂家提供，而不同的厂商出于商业竞争等目的，多采用封闭的协议和标准，造成协议的多样性和复杂性，这极大制约了物联网的互联、互操作以及服务化延伸。实际上，物联网所要求的智能化生产、网络化协同、个性化定制和服务化延伸，都需要实现数据的开放和统一。

2. 设备融合与互联

在“万网融合”的大背景下，未来“智慧产业”平台系统中将存在上千个信息系统及上万种异构设备，其数据内容、数据质量与数据格式各异，并且设备中的平台存在差异，通信协议以及数据库技术也不同，设备之间的整合连接将变得极为困难，导致信息孤岛问题的产生。特别是在工业场景下，现场设备由于需求不同，采用了不同的通信协议，因而无法直接互联，目前主要使用相应协议主站配合OPC的软件转换方式进行互联，缺乏实时性保障，而且 OPC 服务使用的 C/S 模式效率低，无法应对大规模设备互联的需求。

具有多个设备的通信系统可能采用不同的接入技术，即使技术相同，也可能属于不同的通信运营商，那么这些设备的整合连接就需要不同网络系统的融合，从而最大程度地发挥出各自的优势。这里的“融合”指的是：将这些不同类型的通信网络智能地结合在一起，利用多模终端智能化的接入手段，使不同类型的网络共同为用户提供随时随地的接入，形成异构互联网络，如图 5-1 所示。例如，在目前的工厂网络环境中存在着拓扑组织、传输控制、通信协议各异的复杂的工业网络，如果不进行融合，异构工业网络的设备之间进行信息互联互通将非常困难，从而阻碍信息流对网络协同制造的支撑作用。因此，在工厂这样的网络环境中，需要支持车间级骨干网、工业现场无线网和工业实时以太网等的多网融合，进而实现工厂多种异构设备与系统的高效互联互通。

由上述案例可以看出，在物联网系统的设计和运行中，具备整合多种协议和网络（网络本身也是一种协议）的物联网中间件是非常必要的。

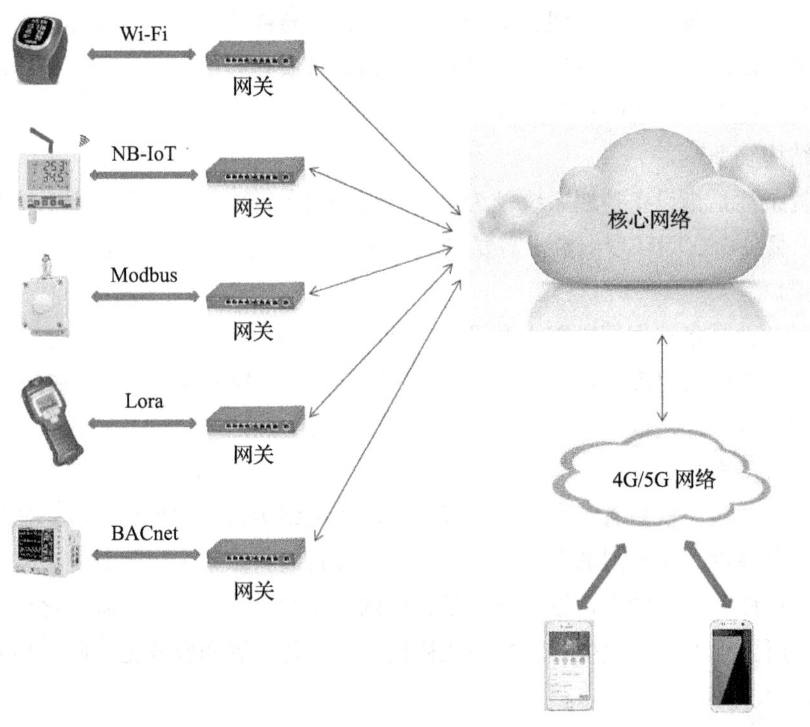

图 5-1　异构互联网络模型

3. 基于物联网中间件的异构设备连接

支持异构设备互联和协议转换的物联网中间件可以快速实现各种异构设备的连接，并统一进行不同协议的适配和数据转换。该类中间件可用于屏蔽底层硬件、设备、网络平台的差异，支持物联网应用开发、运行时的共享和开放互联互通。

基于物联网中间件的异构设备连接的总体架构如图 5-2 所示。

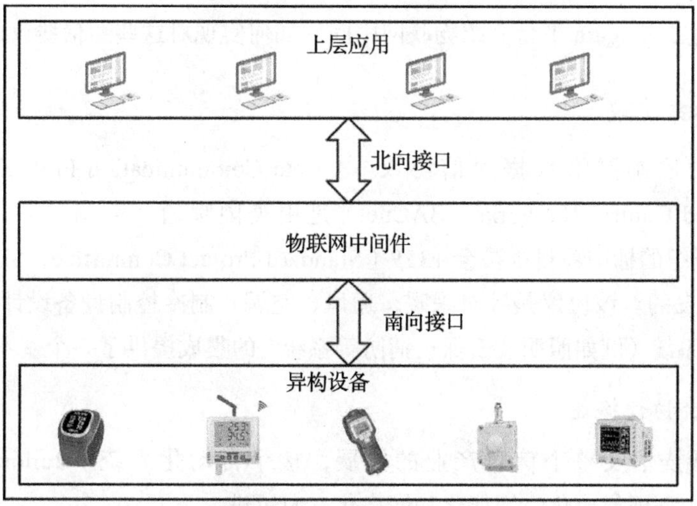

上层应用

北向接口

物联网中间件

南向接口

异构设备

图 5-2　基于中间件的异构设备互联

各种异构设备通过南向接口接入物联网中间件，物联网中间件负责处理与各种异构设备的通信及数据转换，并通过北向接口与上层应用对接。注意，此处南北向接口的描述类似于计算机中对于北桥和南桥芯片的描述习惯，与实际部署的方向和位置无关。在整个系统中，物联网中间件主要起到如下作用。

（1）屏蔽异构性

异构性表现在设备软硬件之间的异构，包括硬件、通信协议、操作系统、数据格式等。造成异构的原因多来自市场竞争、技术升级以及保护投资等。

（2）实现互操作

在物联网中，同一个信息采集设备所采集的信息可能要提供给多个应用系统，不同的应用系统之间的数据也需要共享和互通。

（3）数据的预处理

如果把物联网的大量终端设备采集的海量信息全部直接输送给应用系统，网络和应用系统将不堪重负，而且应用系统想要得到的并不是原始数据，而是综合性信息。由物联网中间件负责对数据进行分析和预处理，将经过分析和处理后的数据发送给应用系统是解决以上问题的好方式。

5.2　智能设备通信协议

物联网终端的智能设备通过各种通信协议与上层相连来实现数据交互，常用的通信协议有 BACnet、Modbus、LonWorks、SNMP、ProfiBus 和 ProfiNet 等。从宏观来看，一个通信过程或一次会话业务必须具备通信实体（或对象）、通信内容和通信方式三个不可缺少的要素。对于这三个要素，不同的通信协议有不同的定义。本节将简要介绍这些通信协议（由于篇幅所限，具体协议内容及实现可通过参考文献或相关协议规范手册详细了解），并通过 Niagara 平台介绍物联网中间件如何实现对这些通信协议的支持。

5.2.1　BACnet 协议

楼宇自动控制网络数据通信协议（A Data Communication Protocol for Building Automation and Control Networks，BACnet）是由美国暖通、空调和制冷工程师协会（ASHRAE）组织的标准项目委员会 135P（Standard Project Committee，SPC 135P）历经八年半时间开发的。该协议是针对采暖、通风、空调、制冷控制设备设计的，同时也为其他楼宇控制系统（例如照明、安保、消防等系统）的集成提供了一个基本原则。

1. BACnet 协议概述

随着信息技术及整个信息产业的发展，楼宇自动化系统（Building Automation System，BAS）正朝集成化、智能化和网络化方向迈进。

现场总线仅对楼宇自动化系统的现场控制级网络进行了定义，而楼宇自动化系统网络的标准化进程并不满足于现场控制级网络的公开化和标准化，不断追求整体通信解决方案的标准化。长期以来，众多厂家应用各自的专有协议阻碍了 BAS 系统的发展。一个不具备开放性、不能实现互操作的系统给系统的运行、维护和升级改造带来极大不便。因此，用户期望不同厂家的产品能使用同一种标准通信语言，实现互操作和开放性。

受 20 世纪 70 年代能源危机的影响，在楼宇自动化系统中，空调与冷热源系统（HVAC&R）最先意识到开放性标准的重要性。1987 年，在美国纽约召开了由楼宇自动化领域专家组成的关于“标准化能量管理系统协议”的圆桌会议，会议决定由 ASHRAE 资助制定一个标准楼宇自动化网络数据通信协议。

通过定义工作站级通信网络的标准通信协议，可以取消不同厂商工作站之间的专有网关，将不同厂商、不同功能的产品集成在一个系统中，实现各厂商设备的互操作，最终实现整个楼宇控制系统的标准化和开放化。

BACnet 协议是为计算机控制采暖、制冷、空调系统和其他建筑物设备系统定义的，BACnet 协议的应用使建筑物自动控制技术的使用更为简单。

一般的楼宇自控设备从功能上分为两部分：一部分专门处理设备的控制功能；另一部分专门处理设备的数据通信功能。为了解决异构性的问题，BACnet 提供了一种统一的数据通信协议标准，规定了设备之间通信的具体规则，使得设备可以互操作。

BACnet 网络协议具有如下特点：

1）所有的网络设备（除基于 MS/TP 协议的设备以外）都是完全对等的（peer to peer）。

2）每个设备都是一个“对象”的实体，每个对象用其“属性”描述，并提供了在网络中识别和访问设备的方法；设备相互通信是通过读 / 写某些设备对象的属性，以及利用协议提供的服务完成的。

3）设备的完善性（Sophistication），即实现服务请求或理解对象类型的能力，由设备的“一致性类别”(Conformance Class）来反映。

2. BACnet 协议的架构

BACnet 建立在包含四个层次的简化分层架构上，这四层相当于 OSI 模型中的物理层、数据链路层、网络层和应用层。BACnet 协议在应用层定义了通信实体、通信内容及其表示方式，通信规程则分别定义在其他三个层次中。BACnet 没有定义自己特有的物理层和数据链路层，而是借用已有的物理层和数据链路层标准。BACnet 协议的架构如图 5-3 所示。

<table>
<tr><th colspan="5">BACnet的协议层次</th><th>对应的OSI层次</th></tr>
<tr><td colspan="5">BACnet应用层</td><td>应用层</td></tr>
<tr><td colspan="5">BACnet网络层</td><td>网络层</td></tr>
<tr><td colspan="2">ISO 8802-2
（IEEE 802.2）类型1</td><td>MS/TP
（主从/令牌传递）</td><td>PTP
（点到点协议）</td><td rowspan="2">LonTalk</td><td>数据链路层</td></tr>
<tr><td>ISO 8802-3
（IEEE 802.3）</td><td>ARCNET</td><td>EIA-485
（RS485）</td><td>EIA-232
（RS232）</td><td>物理层</td></tr>
</table>

图 5-3　BACnet 协议的架构

（1）BACnet 应用层

BACnet 应用层主要有两个功能：BACnet 对象模型和定义面向应用的通信服务。

一个应用进程包括应用程序和应用实体，应用实体位于应用层内，属于通信协议部分，应用程序不属于协议部分。应用程序和应用实体通过 API 进行通信。

BACnet 具有 35 种服务（服务是操作对象的方法）。这 35 种服务分为 6 类：报警与事件服务、文件访问服务、对象访问服务、远程设备管理服务、虚拟终端服务和网络安全服务。

（2）BACnet 网络层

BACnet 网络层提供网络拓扑管理以及路由决策功能。一个 BACnet 设备由一个网络号码和一个 MAC 地址唯一确定。

（3）BACnet 数据链路层 / 物理层

BACnet 协议从硬 / 软件实现、数据传输速率、系统兼容和网络应用等方面考虑，目前支持五种组合类型的数据链路 / 物理层规范。其中，主从 / 令牌传递（MS/TP）协议是专门针对楼宇自控设备设计的数据链路规范。BACnet 在物理介质上支持双绞线、同轴电缆和光缆。

5.2.2 Modbus 协议

Modbus 是一种串行通信协议，由 Modicon 公司（现在的施耐德电气公司）于 1979 年为使用可编程逻辑控制器（PLC）通信而发布。Modbus 已经成为工业领域通信协议的业界标准，现在是工业电子设备之间常用的连接方式。

1. Modbus 协议概述

Modbus 是应用于电子控制的一种通用协议。通过该协议，控制器之间、控制器经由网络（例如以太网）和其他设备就可以实现通信。有了它，不同厂商生产的控制设备可以连接成工业网络，进行集中监控。该协议定义了一个控制器能够识别、使用的消息结构，不管它们是经过何种网络进行通信的。它描述了控制器请求访问其他设备的过程，如何回应来自其他设备的请求，以及怎样侦测错误并记录。Modbus 与其他现场总线和工业网络相比有以下特点。

1）标准、开放。用户可以免费、放心地使用 Modbus 协议，不需要缴纳许可费用，不会侵犯知识产权。

2）Modbus 协议产品的造价低。Modbus 是采用面向报文的协议，支持多种电气接口，如 RS232、RS422、RS485 等。该协议支持的可传送信息的物理介质包括双绞线、光缆、无线射频等。

3）Modbus 易于部署和维护，其帧格式紧凑，协议简单高效、通俗易懂，用户使用方便，易于开发。

4）Modbus 允许供应商无限制移动原始位或字。

2. Modbus 协议的架构

Modbus 协议采用主从结构，提供连接到不同类型总线或者网络设备之间的客户机 / 服务器通信。客户机使用不同的功能码请求服务器执行不同的操作；服务器执行功能码定义的操作并向客户机发送响应，或者在操作中检测到差错时发送异常响应。

（1）消息帧

Modbus 协议定义了一个与基础通信层无关的简单协议数据单元（Protocol Description Unit，PDU）。特定总线或网络上的 Modbus 协议映射能够在应用数据单元（Application Data Unit，ADU）上引入一些附加域。对于不同物理介质上实现的 Modbus 协议，其 PDU 单元是统一的，而附加地址域及差错校验域需要遵守不同总线或网络的特定要求和格式。

（2）传输方式

Modbus 协议是一种应用层报文传输协议，包括 ASCII、RTU、TCP 三种报文类型。Modbus 协议本身并没有定义物理层，只是定义了控制器能够识别和使用的消息结构，而不管它们是经过何种网络进行通信的。

Modbus 协议使用串口传输时可以选择 RTU 或 ASCII 模式，并规定了消息、数据结构、命令和应答方式并需要对数据进行校验。ASCII 模式采用 LRC（纵向冗余校验），RTU 模式采用 16 位 CRC（循环冗余校验）。通过以太网传输时使用 TCP，这种模式不使用校验，因为 TCP 协议是一个面向连接的可靠协议。

（3）功能码

简单来说，主设备（控制器）发送的功能码告诉从设备执行什么任务。不管 Modbus 采用何种方式传输，其 PDU 内容都是一样的。功能码是请求 / 应答 PDU 的元素，有效的码字范围是十进制的 1 ～ 255，其中 128 ～ 255 为异常响应保留。已定义的 Modbus 公共功能码按其功能可分为数据访问类、异常响应及诊断类两部分。数据访问类功能码实现对输入离散量、寄存器的访问以及文件记录的读写。诊断类功能码提供了读异常状态、设备标识等功能。更详细的功能码介绍可查阅 Modbus 协议标准规范。

（4）数据域

数据域是由两个十六进制数构成的，范围为 00 ～ FF。根据网络传输模式，它可以是由一对 ASCII 字符组成或由一个 RTU 字符组成。数据域包含需要从设备执行什么动作或从设备采集的返回信息。这些信息可以是数值、参考地址等。例如，功能码指出从设备读取寄存器的值，则数据域必须包含要读取寄存器的起始地址及读取长度。对于不同的从设备，地址和数据信息都不相同。

（5）错误检测域

标准的 Modbus 网络有两种错误检测方法，错误检测域的内容视所选的检测方法而定。当选用 ASCII 模式作为字符帧，则错误检测域包含两个 ASCII 字符。这是使用 LRC 方法对消息内容计算得到的，不包括开始的冒号及回车换行符。LRC 字符附加在回车换行符前面。当选用 RTU 模式作为字符帧，则错误检测域包含一个 16 位值（用两个 8 位字符来实现）。错误检测域的内容是通过对消息内容进行循环冗余校验方法得到的。CRC 域附加在消息的最后，添加时先处理低字节然后处理高字节，故 CRC 的高位字节是发送消息的最后一个字节。

Modbus 支持连接到同一网络的多个设备之间的通信，例如测量温度和湿度的系统，并将结果传送给计算机。Modbus 通常用于将监控计算机与远程终端单元（RTU）连接在监控和数据采集（SCADA）系统中。

在数据传输方面，Modbus 支持不同类型的网络传输机制：

1）在 Modbus 网络上传输。

2）在其他类型的网络上传输。具体细节见参考文献。

5.2.3　LonWorks 协议

LON 现场总线是美国埃施朗公司于 1991 年推出的局部操作网络（Local Operating Network），为全分布式测控系统提供了强大的实现手段。为了支持 LON 总线，埃施朗公司开发了 LonWorks 技术，它为 LON 总线设计提供了一套完整的软硬件设计平台。习惯上，大家一般用 LonWorks 代表 LON 总线及其实现技术。目前，采用 LonWorks 技术的产品已经广泛应用在楼宇、电力、交通、能源、城市信息化等领域。LON 总线也成为当前世界流行的总线之一。集成、开发这样一个 LON 网络的完整的开发平台被称为 LonWorks 技术。LonWorks 技术主要包括以下几个部分：LonWorks 节点和路由器、LonWorks 收发器、LonTalk 协议、LonWorks 网络和节点开发工具。

1. LonWorks 协议概述

LonWorks 技术使用户能够简单、快速地开发 LON 总线产品并集成 LON 网络。LON 总线具备现场总线的一般特点，如全数字化通信，实现了全分布式控制，开放性好，有很好的互操作性。此外，它还具备以下特点：

1）主控制器使用神经元芯片，简化了 LON 现场总线系统的开发，LON 神经元芯片是 LonWorks 技术的核心。

2）LON 是唯一支持 ISO/OSI 七层模型的现场总线。LonTalk 协议是为 LON 现场总线设计的专门协议。

3）LonTalk 协议的 MAC（Media Access Control，介质访问控制）子层采用了带预测的协议实现冲突检测和优先级，有效避免了网络频繁碰撞。

4）LonWorks 将集中式自动化控制系统架构替换为高度分布式的对等架构，因此在 LonWorks 通信系统中将不存在任何集中控制器。

5）LON 总线的一个重要特点就是它对多通信介质的支持。它支持无线、电力线、双绞线、红外线、射频、光纤、同轴电缆等多种传输介质，满足多种特殊应用场合。

LonWorks 最初主要用于楼宇自动化控制，后因其系统结构的完整性、开放性及高度可靠性而在自动控制领域大放异彩。

2. LonWorks 协议的网络结构及 LonWorks 技术

图 5-4 给出了 LonWorks 的典型网络，它由以神经元芯片为核心的 LON 节点、路由器、Internet 服务器和网络管理等部分组成。典型的节点一般由神经元芯片、I/O 处理单元、收发器和其他电源、复位等接口电路组成。神经元芯片是系统 CPU，它接收 I/O 处理单元的数据，并通过收发器把数据发送到 LON 控制网络中，接收过程与上述过程相反。路由器有中继器、网桥以及路由器几种类型，用来连接两个通道并在通道间完成消息包的路由配置。图 5-4 中各主机通过 PCLTA-20 PCI 等网络接口与 LON 控制网络相连。主机运行 LNS、LonMaker 等工具来完成网络安装配置、维护、网络监控等功能。iLon 1000 相当于 Internet 服务器，使用户能够通过以太网进行 LON 网络的远程安装和维护。实际上，路由器、Internet 服务器、PCI 网络接口主机等也是基于神经元芯片的节点，它们是为完成网络管理而特别设计的节点。

LonWorks 技术主要由神经元芯片、芯片固件（包括 LonTalk 协议）、Neuron C 语言以及 LNS、NodeBuilder、LonMaker 等一系列开发工具组成。在芯片的固件中，LonTalk 通信协议是其中很重要的部分，也是 LON 总线的特色之一。LonTalk 协议是由 Neuron 芯片的三个 CPU 共同执行的完整的七层网络协议，协议遵循 ISO/OSI 标准，使 LON

成为现场总线中支持完整七层协议的总线。表 5-1 列出了对应七层 OSI 参考模型的 LonTalk 协议为每层提供的服务。

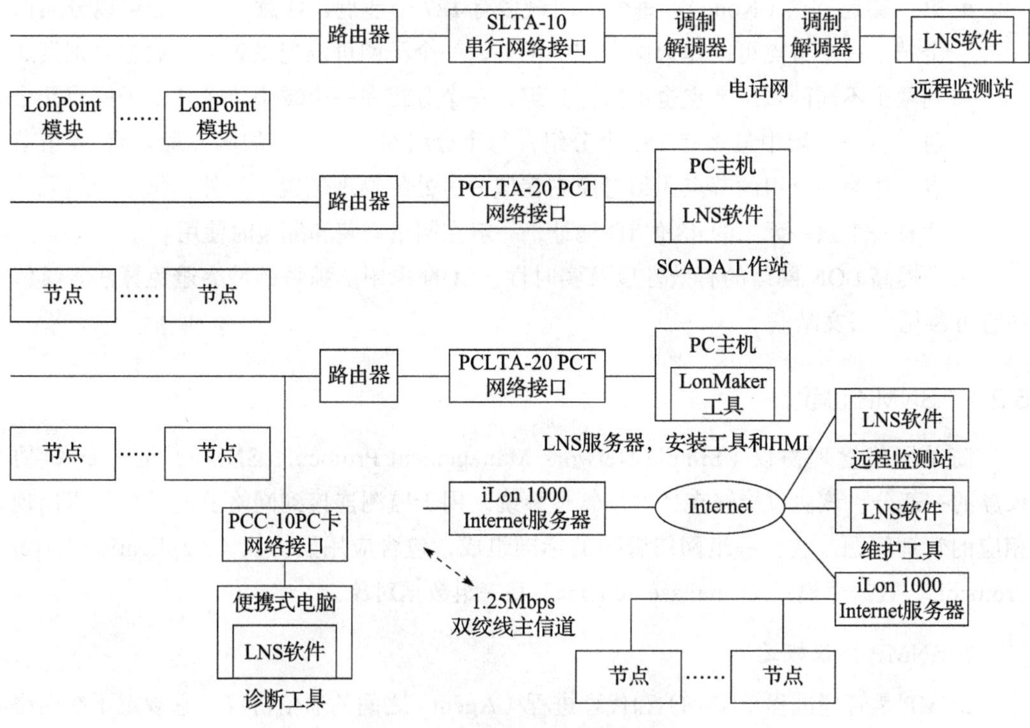

图 5-4 LonWorks 典型网络结构

表 5-1 LonTalk 协议层

OSI 层	目的	提供的服务	CPU
应用层	应用兼容性	LonMark 对象，配置特性、标准网络变量，文件传输	应用 CPU
表示层	数据翻译	网络变量、应用消息、外来帧传送、应用接口	网络 CPU
会话层	远程操作	请求 / 响应、鉴别、网络服务	网络 CPU
传输层	端对端通信可靠性	应答消息、非应答消息、双重检查、通用排序	网络 CPU
网络层	寻址	点对点寻址、多点之间广播式寻址、路由信息	网络 CPU
链路层	介质访问以及组帧	组帧、数据、编码、CRC 错误校验、可预测 CSMA、冲突避免、优先级、冲突检测	MAC CPU
物理层	物理连接	特定传输媒介的接口、调制方案	MAC CPU

LonTalk 通信协议支持多种网络拓扑，它采用各种类型的收发器和网络互联。LonTalk 协议支持灵活编址，网上任一节点使用该协议可以与网上的其他节点相互通信。LonTalk 协议把网络地址分成三层：

- 第一层是域（Domain）。域是一个或多个通道上的节点的逻辑集合，只有同一个域中的节点才能互相通信。
- 第二层是子网（Subnet）。每个域最多有 255 个子网。子网中的所有节点必须在同一区段上，子网不能跨越智能型路由器，如果一个节点分属两个域，那么它必须在同一个子网中。一个子网可以是一个或多个通道的逻辑分组。

- 第三层是节点（Node）。每个子网最多有127个节点，任意一个节点可以分属两个域，一个节点可以作为两个域的网关，一个子网可以把采集来的数据分别发送到两个不同的域。节点也可以分为组，一个分组在一个域中跨越几个子网或几个通道，一个域中最多有256个分组，每个分组对于需应答的服务最多有64个节点，作为一个组的节点无须考虑它在域中所处的物理位置。另外，每个神经元芯片有一个独一无二的48位ID地址，一般在网络安装和配置时使用。

为了提高LON网络的有效性以及实时性，LON采用了独特的冲突避免算法。具体内容可参见参考文献。

5.2.4　SNMP协议

简单网络管理协议（Simple Network Management Protocol，SNMP）是Internet协议族的一部分。该协议能够支持网络管理系统，用于监测连接到网络上的设备是否出现相应的管理问题。它由一组网络管理的标准组成，包含应用层协议（Application Layer Protocol）、数据库模式（Database Schema）和一组数据对象。

1. SNMP协议概述

SNMP是管理进程（NMS）和代理进程（Agent）之间的通信协议。它规定了在网络环境中对设备进行监控和管理的标准化管理框架、通信的公共语言、相应的安全和访问控制机制。网络管理员使用SNMP功能可以查询设备信息、修改设备的参数值、监控设备状态、自动发现网络故障、生成报告等。

SNMP具有以下优点：

1）它基于TCP/IP协议，传输层协议一般采用UDP。

2）它能进行自动化网络管理。网络管理员可以利用SNMP平台在网络上检索节点信息、修改节点信息、发现故障、诊断故障、进行容量规划和生成报告。

3）它能屏蔽不同设备的物理差异，实现对不同厂商产品的自动化管理。SNMP只提供最基本的功能集，使管理任务与被管设备的物理特性和实际网络类型相对独立，从而实现对不同厂商设备的管理。

4）它采用简单的请求—应答和主动通告相结合的方式，并有超时和重传机制。

5）它的报文种类少，报文格式简单，方便解析，易于实现。

6）SNMPv3版本提供了认证和加密安全机制，以及基于用户和视图的访问控制功能，增强了安全性。

2. SNMP协议的架构

一个SNMP系统主要包括SNMP管理站、代理和托管设备三部分，其架构如图5-5所示。从软件结构来讲，SNMP可以分为主代理、子代理和管理站三部分。

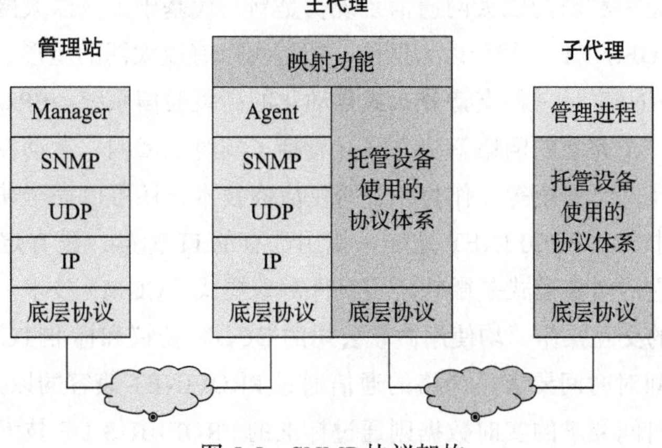

图 5-5　SNMP 协议架构

（1）主代理

主代理是一个在可执行 SNMP 的网络组件上运作的软件，可回应从管理站发出的 SNMP 要求。它的作用类似客户端 / 服务器（Client/Server）结构中的服务器。主代理依赖子代理提供有关特定功能的管理信息。

（2）子代理

子代理是一个在可执行 SNMP 的网络组件上运作的软件，运行在特定子系统的特定管理信息库（Management Information Base，MIB）中定义的信息和管理功能。

（3）管理站

管理站的作用类似于一个客户端 / 服务器结构下的客户端。它根据一个管理员或应用程序的行为发出管理操作的请求，也接收从代理处获得的 TRAP。SNMP TRAP 是指某种入口，到达该入口会使 SNMP 被管设备主动通知 SNMP 管理器，而不是等待 SNMP 管理器的再次轮询。在网管系统中，被管理设备中的代理可以随时向网络管理工作站报告错误情况，例如预先指定阈值越界程度等。代理不需要等到管理工作站为获得这些错误情况而轮询它的时候才会报告。

在大型网络管理中，令网络管理员比较头痛的问题是如何实时了解网络设备的运行状况。若要逐台查看网络设备的运行现状，显然不现实。在实际网络中，利用 SNMP 协议自动帮助管理员收集网络运行状况这种方法应用最广泛。通过这种方法，网络管理员只需要坐在自己的位置上，就可以了解全公司的网络设备的运行情况，很方便地在 SNMP Agent 和 NMS 之间交换管理信息。SNMP 的主要作用就是帮助企业网络管理人员更方便地了解网络性能、发现并解决网络问题、规划网络的未来发展。

5.2.5　其他协议

Profibus 是一个用在自动化领域的现场总线标准，在 1987 年由西门子公司等十四家公司及五个研究机构推动。Profibus 是程序总线网络（Process Field Bus）的简称，目前 Profibus 在工业现场有着广泛的应用。

PROFINET 是一种新的以太网通信系统，是新一代基于工业以太网技术的自动化总线标准。由于 PROFINET 是基于以太网的，所以可以有以太网的星形、树形、总线形等拓扑结构。PROFINET 是一种支持分布式自动化的高级通信系统。PROFINET 为自动化通信领域提供了一个完整的网络解决方案，囊括了实时以太网、运动控制、分布式自动化、故障安全以及网络安全等。作为一种跨供应商技术，还可以完全兼容工业以太网和现有的现场总线技术。PROFINET 是唯一使用已有的 IT 标准，没有定义其专用工业应用协议的总线。它的对象模式是微软公司组件对象模式（COM）技术。对于网络上所有分布式对象之间的交互操作，均使用微软公司的 DCOM 协议和标准 TCP 协议及 UDP 协议。智能设备之间对时间要求不严格的通信通过 PROFINET 兼容的以太网 TCP/IP 协议实现。具有严格时间要求的实时数据则通过标准的 PROFIBUS DP 技术传输，数据可以从 PROFIBUS DP 网络通过代理集成到 PROFINET 系统。

5.2.6 通信协议连接设计实例

本节以 Niagara 开放式物联网中间件框架平台为例，讲解如何基于物联网中间件平台进行通信协议的连接，实现与不同类型设备的互联互通。

作为功能完善的通用中间件平台，Niagara 集成了 Modbus、BACNet、LonWorks 等常用的通信协议，用户可以通过配置来实现设备的快速对接，无须重新开发。

1. Niagara 的驱动程序框架

Niagara 的驱动程序框架提供了一个通用模型，用户可以通过这个框架根据需求设计和开发不同的驱动程序，以满足不同通信协议连接的需求。

驱动框架主要包括以下几个部分：

- BDeviceNetwork：代表一个物理或逻辑网络的设备。
- BDevice：用于模拟物理或逻辑设备，如现场总线设备或 IP 主机。
- BDeviceExt：用于在设备级别建立功能集成，该功能集成可导入和 / 或导出特定类型的信息，如点、历史、警报或时间表。
- BNetworkExt：在网络级建模一个功能扩展。

2. BACnet 应用实例

在 Niagara 中，BACnet 驱动既提供了客户端功能又提供了服务器端功能。当 Niagara 站点作为一个 BACnet 服务器端设备时，在 BACnet 网络上，该站点即为一个 BACnet 设备，站点中的某些组件即为 BACnet 对象。根据 BACnet 规范，Niagara 将对这些对象的 BACnet 服务请求做出响应。在客户端，Niagara 站点可以在框架中代表其他 BACnet 设备。BACnet 对象的属性也可以作为 BACnet 代理点引入 Niagara 中。

此外，Niagara 的 BACnet 驱动程序提供客户端时间表和趋势日志访问。也可以使用配置视图将 BACnet 对象视为一个整体，提供客户端和服务器端报警支持，使用内部报警机制。BACnet 驱动程序的基本组件包括以下部分。

- BBacnetNetwork：这个组件表示在 Niagara 站点中的使用的 BACnet 网络。
- BLocalBacnetDevice：这个组件表示将 Niagara 站点作为一个 BACnet 设备。
- BBacnetDevice：这个组件表示一个 BACnet 设备。

通过 Niagara 的 BACnet 驱动，可以快速实现 Niagara 平台与 BACnet 设备的连接。用户在 Niagara 的可视化集成环境 WorkBench 中，可以通过 Palette 加载 BACnet 驱动，实现对 BACnet 协议的支持。

下面将举例说明如何通过 Niagara 集成 BACnet IP 设备。

1）创建 BacnetNetwork。

- 通过 BACnet 调色板，在站点的 Drivers 容器下添加一个 BacnetNetwork 组件。
- 设置 BACnet 的 Local Device/Object Id。这个属性是 BACnet 网络中标识设备的标识符，它的值应该是一个正整数，在网络中这个值必须唯一。设置方法如图 5-6 所示。

图 5-6　设置 Object Id

在 BacnetComm 组件中，展开 Ip Port，确保 Network Number 已经被设成 1，如图 5-7 所示。展开 Link 文件夹，确保选择了适当的 Network Adapter。如图 5-8 所示，使能 IP 端口。

图 5-7　设置 Link

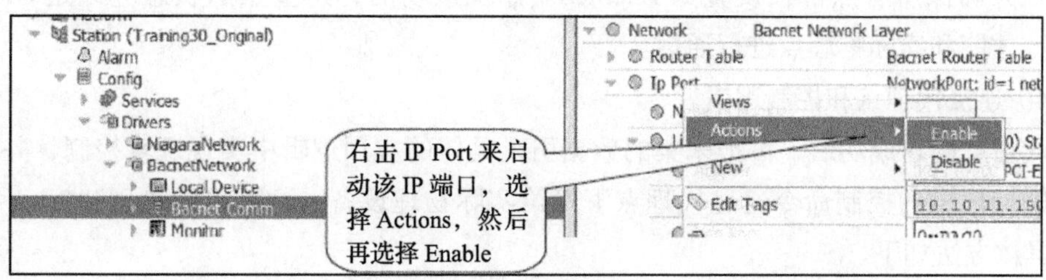

图 5-8　设置 Action

2）搜索 BACnet 设备。

- 需要集成的 BACnet 设备为 DeviceDemo，接下来要建立到这个设备的通信。（这个设备的 IP 地址为 192.168.1.140，设备号为 26，所在网络号为 1。）
- 在 BacnetNetwork 的 Bacnet Device Manager 中，可以利用 BACnet 的 Discover 功能查找网络上所有的 BACnet 设备。可以将查找到列表显示的 BACnet 设备通过拖拽的方式添加到下方的 BACnet Database 中，如图 5-9 所示。在 Database 窗格中，通过添加的 BACnet 设备的右键 Actions → Ping 命令可验证与设备的通信状态。

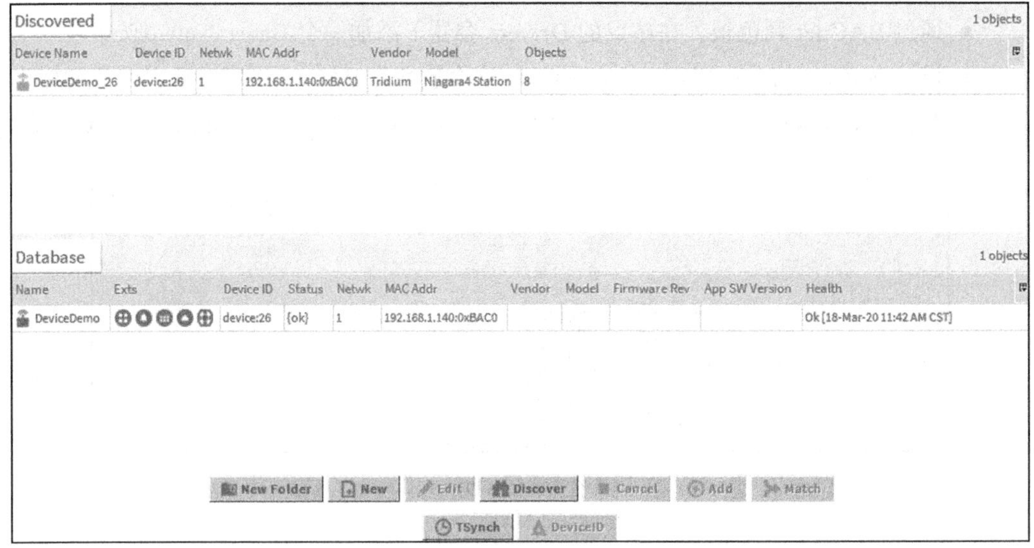

图 5-9　搜索设备

3）通过创建代理点集成 BACnet 设备上的数据点。

- Niagara 是通过代理点映射到实际的物理点，并通过代理点来实现和实际物理点之间的交互。
- 添加的 BACnet 设备中包含 Points 文件夹，进入 Points 文件夹的 Bacnet Point Manager 视图窗口，通过 Discover 功能可查找 BACnet 设备上所有的对象，可将需要的数据点对象通过拖拽的方式添加到下方的数据点 Database 中，也可通过新建的方式添加。这种添加点的过程即为创建代理点，在这个过程中，注意选择的点类型，并确保所有点都被设置为 Enabled。添加成功后，这些点的状态应该是 OK 的，才能和实际物理点进行通信。

4）连接代理点和控制逻辑。

代理点创建成功后，可把采集的数据引入具体的应用逻辑中实现逻辑控制，并将控制逻辑计算出的控制命令通过代理点下发给实际物理设备，这可以通过创建 Link 来实现。具体方法如下。

在创建的代理点右键菜单中选择 Link Mark，找到当前站点中需要与之关联的组件，从右键快捷菜单中选择 Link From，这时会弹出图 5-10 所示的 Link 对话框。在左侧选择 Out，在右侧选择某一路输入，这样就可以将现场设备采集到的数据传送给控制逻辑，从而实现对系统的控制。

注意：Source 是数据输出的一方，用于提供数据；Target 是接收数据的一方。从底部的状态文字中可以看到这个连接里数据的流向。

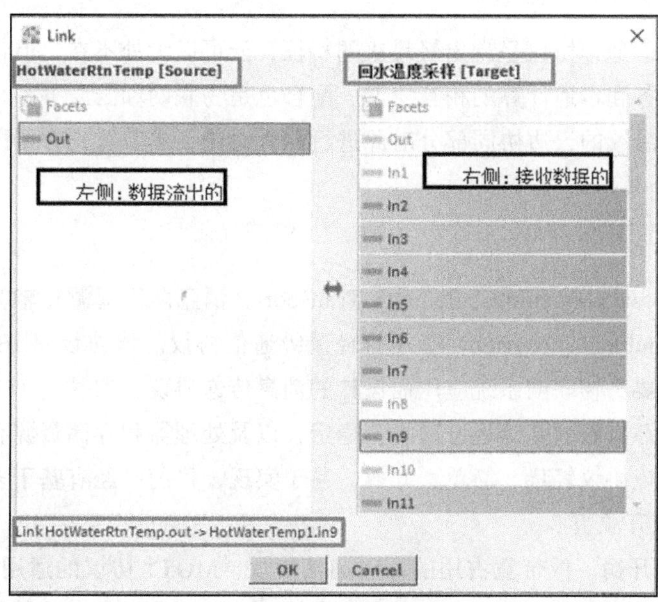

图 5-10　Link 对话框

3. Modbus 的实例

Modbus 作为一个开放式通信协议，在各种设备中已经得到广泛应用，Niagara 平台对 Modbus 协议提供了全面的支持。用户可以通过 Palette 加载 Modbus 驱动，实现对 Modbus 协议的支持。在 Niagara 中，Modbus 设备集成方式和 BACnet 设备集成类似，唯一差别是在添加设备和创建代理点的过程中，因为 Modbus 协议本身不具备 Discover 功能，所以需要通过新建的方式手动输入设备或点的信息完成设备和代理点的创建。步骤如下：

1）创建一个 Modbus TCP Network。

2）添加一个 Modbus 设备。

3）基于 Modbus 设备数据的地址创建代理点。

4）连接代理点和控制逻辑，完成采集数据到应用逻辑的关联。

5.3　面向网络平台的中间件服务

上一节介绍了多种智能设备互联协议，这些成熟和稳定的协议尽管可以实现多种异构设备互联，但究其范围，还是以本地的组织方式为主，即使支持异地远程的互联也大多采用传统的分散连接方式。在基于云计算、移动互联网等的新型网络化服务已经成为当前主流模式的背景下，物联网系统的架构也在变革之中，因此本节将重点介绍在中间件的支撑下物联网系统如何实现云服务。

5.3.1　面向云服务的通信协议

面向云服务的通信协议呈现出轻量级的特征，云可以无处不在，但带宽仍然是重要瓶颈，因此云服务和本地计算的相互协调、配合也是物联网和云服务整合过程中的一个重点。本书将在后续的云边协同部分对此进行深入讨论，本节首先介绍面向云服务的通信协议 MQTT。

1. MQTT 协议

MQTT（Message Queuing Telemetry Transport，消息队列遥测传输）是一种基于消息发布 / 订阅（publish/subscribe）模式的轻量级通信协议。该协议是 IBM 和 Arcom 公司推出的一种主要为物联网系统应用而设计的消息传递协议，它基于 TCP/IP 的应用层，特别适合带宽资源有限、高延迟、网络不稳定，以及处理器和存储资源有限的嵌入式设备和移动终端。该协议轻量、简单、开放、易于实现，目前已经有基于多种语言实现的多个 MQTT 协议开源版本。

作为一种低开销、低带宽占用的即时通信协议，MQTT 协议的适用范围非常广泛，已经成为新兴的"机器到机器"(M2M）和物联网（IoT）世界的设备连接的理想选择。

2. MQTT 协议的流程

MQTT 协议的实现流程如图 5-11 所示。实现 MQTT 协议需要客户端和服务器端通信。协议中有三种角色：发布者（Publisher)、代理（Broker，即服务器)、订阅者(Subscriber)。其中，消息的发布者和订阅者都是客户端，消息代理是服务器。MQTT 客户端是一个使用 MQTT 协议的应用程序或者设备，建立到服务器的网络连接。客户端的主要工作包括：发布其他客户端可能会订阅的信息，订阅其他客户端发布的消息，退订或删除应用程序的消息，断开与服务器连接。MQTT 服务器可以是一个应用程序或一台设备，位于消息发布者和订阅者之间，它的主要工作包括接受来自客户的网络连接、接受客户发布的应用信息、处理来自客户端的订阅和退订请求、向订阅的客户转发应用程序消息。

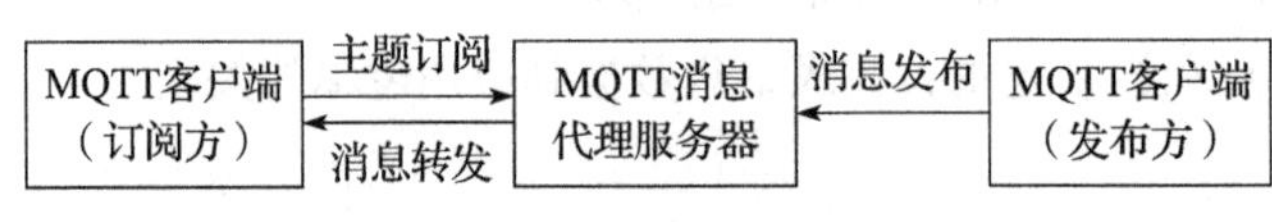

图 5-11　MQTT 协议流程

MQTT 传输的消息分为主题（Topic）和负载（Payload）两部分。Topic 为消息的类型，订阅者订阅后，就会收到该主题的消息内容。Payload 为消息的内容。

在 MQTT 客户端和 MQTT 代理服务器通信的过程中，MQTT 会构建底层网络传输，建立客户端到服务器的连接，在两者之间提供一个有序、无损、基于字节流的双向传输。当应用数据通过 MQTT 网络发送时，MQTT 会把与之相关的服务质量和主题关联起来。客户端首先将消息发送给代理服务器，代理服务器收到客户端发布的消息后，会进行消息的过滤。消息过滤主要有三种方式：基于主题的过滤、基于内容的过滤、基于类型的筛选。MQTT 代理服务器完成消息过滤后，会将特定的消息转发到订阅该消息的客户端。客户端可以订阅多个主题，每个订阅主题的客户端都会收到发布的每个消息，这样循环进行，不断完成客户端和 MQTT 代理服务器之间数据的传输。MQTT 消息发布 / 订阅通信模型具有异步、多点通信的特点，通信的参与者在空间、时间和控制流上完全解耦，能够很好地满足物联网系统松散通信的需求。

3. MQTT 协议的特点

MQTT 协议是为大量计算能力有限，且工作在低带宽、不可靠网络中的远程传感器和控制设备通信而设计的协议。在早期的物联网应用中，很多智能终端与远程网络监控平台的互联大多基于该协议或其修改版本实现。MQTT 协议具有以下特点：

1）使用 TCP/IP 提供网络连接。

2）使用发布 / 订阅消息模式，提供一对多的消息发布。

3）对负载内容屏蔽的消息传输。

4）具有三种消息发布服务质量可供选择。

- “至多一次”——消息发布完全依赖底层 TCP/IP 网络，会发生消息丢失或重复，因此是一种不可靠的网络数据传输方式。
- “至少一次”——确保消息到达，但消息重复可能会发生。
- “只有一次”——确保消息到达一次。

5）轻量低带宽数据传输。

6）客户端异常中断通过采用 Last Will 和 Testament 特性通知有关各方。

5.3.2　面向工业互联网的通信协议 OPC UA

我们在第 1 章已经了解了工业互联网的概念、来源与内涵，特别是它与 CPS 的关系，理解了 CPS 和工业物联网是我国智能制造的核心关键技术。工业互联网结合互联网技术和物联网技术把设备、生产线、工厂、供应商、产品和客户紧密地连接和融合起来，能够实现系统内资源配置和运行的按需响应、快速迭代、动态优化，高效共享工业经济中的各种要素资源，降低成本、增加效率，推动制造业转型发展。

工业互联网既要通过工业物联网技术实现各种设备、环境、加工对象的状态感知和信息的实时、准确传输，也要通过生产线层面的各种工业总线、网络实现各个设备之间的互操作，还要通过互联网技术实现与市场、供应商、管理者之间的互连，通过市场响应、设备状况、产品质量等信息的反馈，及时进行产线重构或者工艺调整。一个复杂工业网络结构如图 5-12 所示。可以看到，这个网络是由异构的多层网络构成的复杂网络，多种协议和多种业务交织在一起，通过 IT 和 OT（Operational Technology，泛指工厂产线层面的各种操作技术）技术的融合，实现工厂运作的管控一体化。

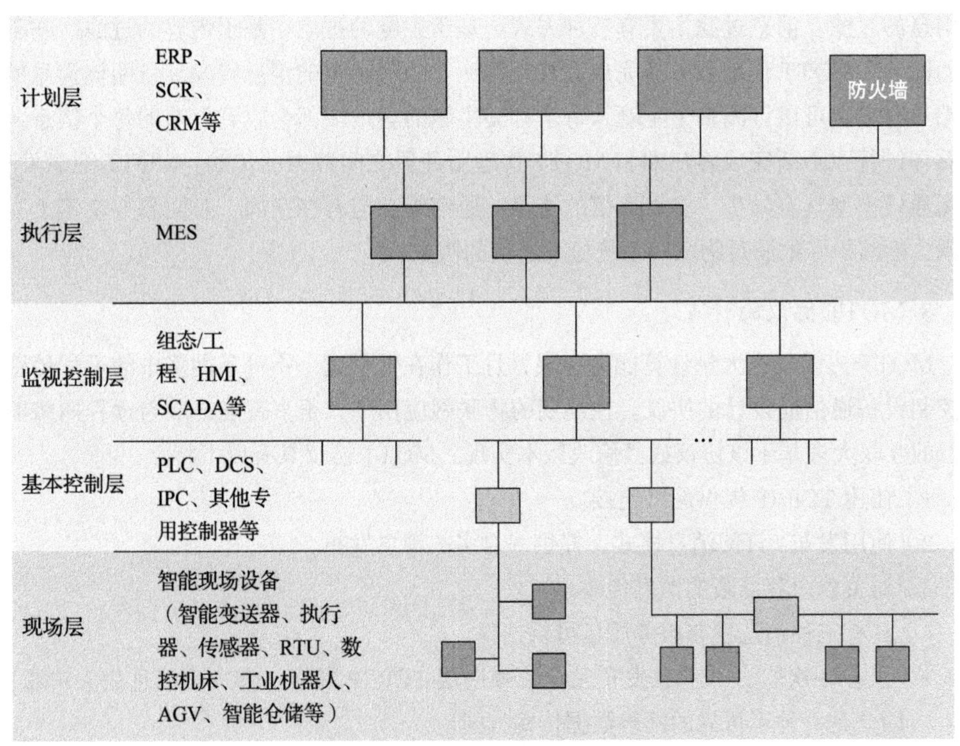

图 5-12　典型的工业异构网络架构

为适应复杂异构的工业互联网中的互联互操作问题需求，业界普遍支持基于 OPC UA 的通信协议标准。图 5-13 是一个基于 OPC UA 实现的典型工业互联网架构。本节主要对支持工业互联网互联互操作的通信协议 OPC UA 进行介绍。

1. OPC UA 协议概述

面对工业控制系统中设备与技术的多样性，微软公司开发了 OPC（OLE for Process Control）技术，该技术已经发展为行业标准。由于互联网技术在实时性、可靠性、分布式特性等方面的飞速发展，使得 OPC 在网络传输安全性、跨平台交互方面的能力大大增强，目前已经广泛应用于工业控制的信息集成中。但由于微软对 COM/DCOM 技术的依赖性，OPC 在安全、跨平台性以及连通性等方面依旧存在问题。

基于此，OPC 基金会发布了一种数据通信统一方法，即 OPC UA。OPC UA 规范由 14 个部分组成，第 1 ～ 7 部分和第 14 部分详细说明了 UA 的核心功能，包括地址空间、数据编码、由服务定义的 C/S 模式以及发布 / 订阅模式。第 8 部分到第 11 部分将这些核心功能应用于特定类型的访问，定义了存取类型规范。第 12 部分描述了 UA 发现机制，第 13 部分描述了聚合数据的方法。

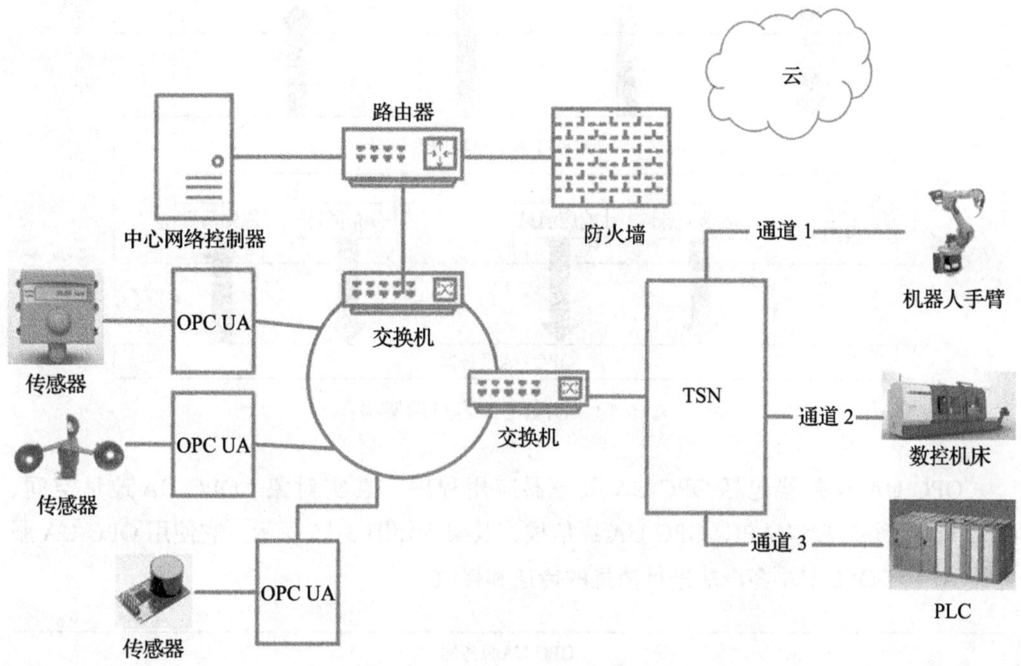

图 5-13　基于 OPC UA 的工业互联网

OPC UA 有效地将现有的 OPC 规范，包括复杂数据和对象类型、DA 等集成在一起，并对其进行扩展，形成了具有开放性（Openness）、生产力（Productivity）和协作性（Collaboration）的工业接口规范。OPC UA 提供统一、完整的地址空间和服务模型，解决了过去无法在同一系统上统一获取信息的问题。OPC UA 规范可以通过任何端口进行通信，因此，防火墙不再是 OPC 通信的障碍，并且为提高传输性能，OPC UA 的编码格式不仅采用 XML 文本格式或二进制格式，还可以使用多种传输协议（如 TCP）进行传输。OPC UA 访问规范明确提出标准安全模型，用于给 OPC UA 应用程序之间传递消息的底层通信提供加密功能和标记技术支持，保证消息的完整性和安全性。OPC UA 软件现在已经由 Windows 平台拓展到 Linux、UNIX、Mac 等平台。OPC UA 支持基于 Internet 的 Web Service 服务架构（SOA）和灵活的数据交换系统，OPC UA 新的技术特点将使其获得更广泛的应用。

2. OPC UA 协议的架构

OPC UA 的架构是基于 C/S 的模式实现的，而且 OPC 服务器与客户端可以互为服务器或客户端。OPC UA 的通信是基于消息机制的。OPC UA 的客户端架构包括 OPC UA 客户端应用程序、OPC UA 通信栈、OPC UA 客户端 API，如图 5-14 所示。它通过 OPC UA 客户端 API 与 OPC UA 服务器端进行 OPC UA 服务请求和响应的发送与接收。

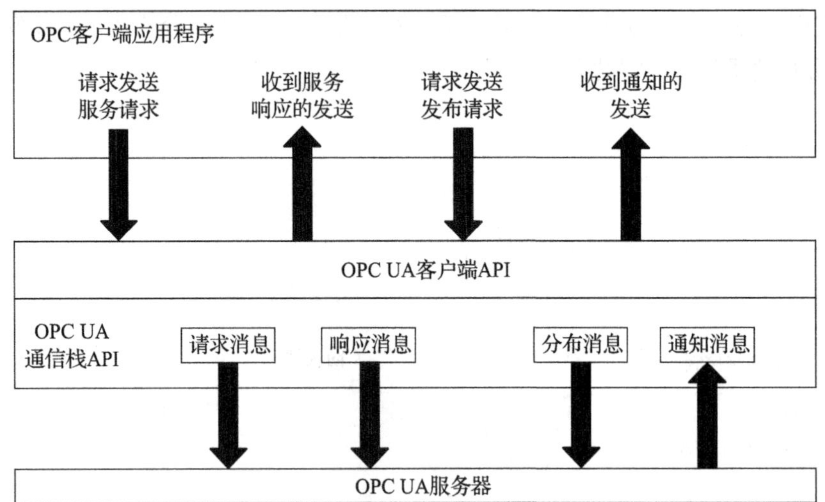

图 5-14 OPC UA 客户端架构

OPC UA 服务器包括 OPC UA 服务器应用程序、真实对象、OPC UA 地址空间、OPC UA 服务器接口 API、OPC UA 通信栈，其架构如图 5-15 所示。它使用 OPC UA 服务器 API 与 OPC UA 客户端进行消息的传送和接收。

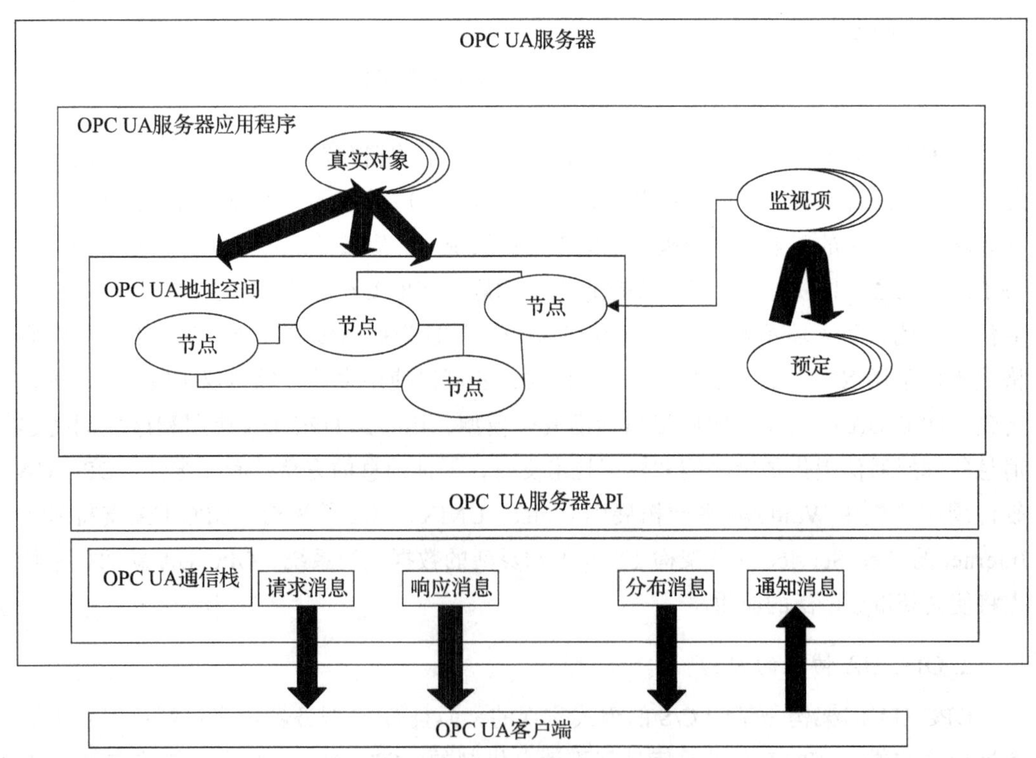

图 5-15 OPC UA 服务器架构

OPC UA 客户端与服务器的交互采用问答模式，通过 OPC UA 的通信栈进行。

OPC UA 最初采用客户端 / 服务器（Client/Server，C/S）通信模式。在此种模式中，UA 客户端直接连接到 UA 服务器进行请求与响应，造成了客户端与服务器应用程序之间的紧耦合，而且 UA 服务器存在资源限制，不允许连接过多的客户端。针对 C/S 模式中存在的问题，OPC 基金会在 2017 年颁布了 OPC UA 发布 / 订阅模式。与 C/S 模式不同，发布 / 订阅模式中的 UA 应用程序不需要直接交换请求与响应，而是通过消息中间件（主要以 API 形式存在）完成相关工作。OPC UA 发布 / 订阅模式可以实现客户端与服务器的解耦，同时具有良好的可扩展性，能实现多个客户端与多个服务器的连接。而且，随着云计算时代的到来，以手机、平板电脑为代表的移动终端应用被广泛使用，OPC UA 的发布 / 订阅模式更适合移动应用的远距离传输需求。

在现有的 OPC 规范中，各个规范都有独立的地址空间与服务，因此，在处理复杂问题时通常要使用不同的地址空间，导致程序运行效率降低。为了解决这个问题，OPC UA 提出了集成地址空间的概念，将各个规范的地址空间集成在一个平台上，从而使不同规范在同一地址空间中调用服务。

3. OPC UA 服务

OPC UA 服务是抽象服务，可以视为抽象远程过程调用的集合。OPC UA 服务由服务器实现，被客户端调用。OPC UA 客户端和服务器之间的所有交互都通过服务实现，如安全机制等。OPC UA 定义了多种服务集，包括安全信息服务集、会话服务集、节点管理服务集、视图服务集、属性服务集、方法服务集、监视服务集、订阅服务集、查询服务集等。

4. OPC UA 安全机制

OPC UA 规范的一个重要功能就是支持数据在 Internet 上远程传输，而如何在易受攻击的互联网上保证数据传输的安全性已经成为首先要考虑的问题。

现有 OPC 技术单纯依靠 COM 本身的安全机制来保证安全性，但是基于 COM 的 OPC 技术不能通过 Internet 进行数据传输，所以其安全性无法得到保证，不适合通过互联网进行远程的实时监控。

OPC UA 安全模型包括客户端和服务器端的认证、用户认证、数据保密性等操作。考虑到在互联网上进行数据传输的安全性，OPC UA 服务器或客户端必须采用一定的安全策略保证在互联网环境下系统的数据安全。OPC UA 采用了以下机制来保证数据采集和传输的可靠性。

- OPC UA 定义了一个 Getstatus 服务，使客户端可以定期获取服务器的状态。同时，定义了与状态相关的一系列诊断变量，通过这些诊断变量就可以知道服务器各个方面是否正常。此外，允许客户端程序订阅服务器状态的变化。
- OPC UA 定义了一个生存期保持（keep-alive）的间隔，服务器定期发出生存期保持的消息，客户端可以及时检测到服务器和通信的状态。
- 传输的消息都有序列号，客户端程序可以根据序列号检测数据是否丢失。如果丢失，可以根据序列号重传。

- 为服务器和客户端设计了冗余机制。

5.3.3　面向数据库连接的通信协议

在现代各种信息系统中，数据库是至关重要的组成部分，也是解决异构问题的一个重要方案。各种设备和系统按照设计要求将数据统一存放到一个数据库中，从而实现数据级别的兼容。本书将数据库连接的协议也放在与网络相关的章节中，主要是考虑到数据库访问大多经由标准的 Internet 协议族展开。

1. 数据库通信协议概述

数据库通信协议是数据库服务器端和客户端通信的协议，用于保障数据库管理系统中信息的传递与处理，实现数据格式和顺序的设置、数据传输的确认和拒收，以及差错检测、重传控制和询问等操作。通信协议包括实体认证信息、密钥信息、数据库操作信息等。

在网络应用中，用户数据、环境数据以及相关的数据都存储在专门的数据库服务器上。客户端需要通过网络传输访问数据库服务器，所以网络应用的数据库传输都是以 TCP/IP 为基础。基于已知的数据库通信协议，可以通过旁路获取数据库客户端向服务器发送的通信协议数据包，对获取的通信协议数据包的数据部分进行过滤和解析，就可以还原出完整的数据库操作命令。这不利于数据库的通信安全，所以许多数据库通信协议都是保密的。

目前，主流的数据库都有自己通信协议，商用数据库为了保证数据传输的安全性，其通信协议一般不对外公开。开源数据库的通信协议可以由开发者自行更改。

2. 数据库的连接与传输过程

本节将以 SQL Server 服务端与客户端之间通信的应用程序级协议 TDS 为例介绍面向数据库连接的通信协议。表格数据流（Tabular Data Stream，TDS）协议是一种数据库服务器和客户端之间交互的应用层协议。TDS 建立在网络传输层协议（TCP）之上，定义了传输信息的类型和顺序，负责全部数据的传输细节。在客户端，SQL 查询语句封装成 TDS 数据包，由客户端 Net-Library 接收并生成网络协议数据包发送出去。在服务器端，与客户端相匹配的服务器端 Net-Library 接收客户端发送的网络协议数据包，析取出 TDS 数据包之后，将 TDS 数据包中的 SQL 查询语句传递给关系数据库，完成对数据库的操作。SQL Server 的通信构架如图 5-16 所示。SQL Server 在缺省情况下使用 TCP/IP 协议，传输层采用面向连接的 TCP 协议。因此，客户端和数据库服务器端通过 3 次握手在传输层建立 TCP 连接后，SQL Server 使用 TDS 协议进行通信，具体步骤如下：

1）客户端向服务器端发送一个预登录请求，通过数据库的响应获取 SQL Server 的一些设置值，比如 SQL Server 版本、是否支持加密等信息，这是客户端构造 TDS 包的一个依据。

2）客户端先向服务器端发送一个包含认证、缓冲区容量等信息的登录请求，服务器端返回确认登录的响应包，数据库和客户端的会话就建立起来了。

3）客户端发送查询请求，等待数据库服务器的回应。服务器执行查询并将查询结果（列的描述、数据、完成信息等）返回给客户端。

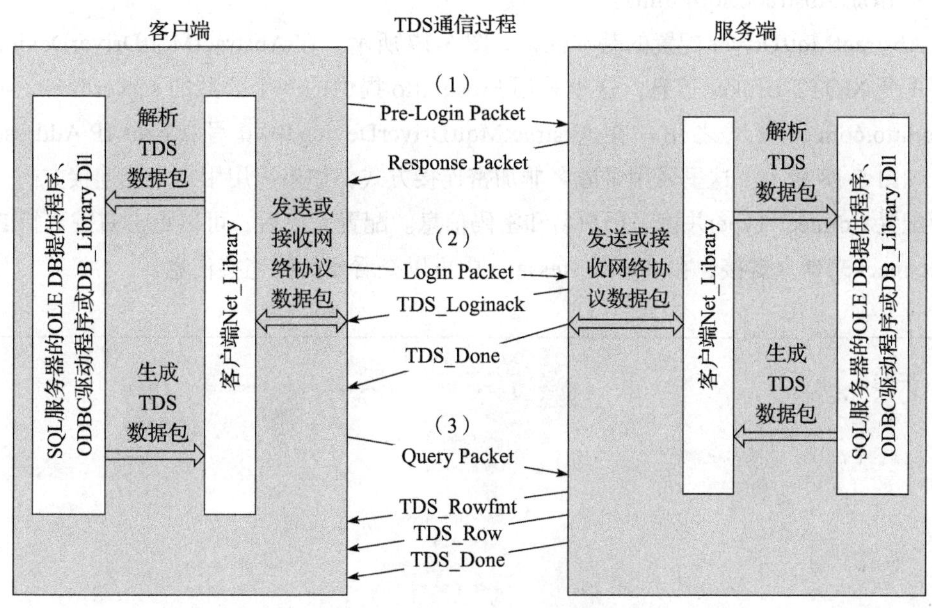

图 5-16　SQL Server 的通信框架

5.3.4　面向分布式系统的多站点通信协议 Fox

Fox 协议是 Niagara 框架中的一个基于 TCP 协议的多通道复用点对点对等通信协议，默认端口号是 1911。Fox 协议是一个专有协议，可以用于智能建筑、基础设施管理、安防系统等领域。凭借完善的安全规范和高效的传输机制，Fox 在相关领域中得到了广泛应用。

Fox 协议的服务器端在客户端访问或修改敏感数据时，将会自动进行所有级别的权限检查。Fox 协议的特性包括：基于 TCP 的 Socket 通信，摘要式验证方式（用户名 / 密码都被加密），点对点通信，请求 / 答复运行方式，支持异步事件，基于流（Streaming）模式，通过频道切换多路复用技术可实现多应用同时运行，使用字符明码发送帧或信息，方便调试，采用统一的信息语法格式，高性能，基于 Java 实现的协议栈。

5.3.5　通信协议连接设计实例

1. MQTT 协议连接设计实例

本节以 Niagara 自带的 MQTT 驱动来说明 MQTT 协议的连接设计。利用其 abstract-

MqttDriver 组件可以轻松建立与 MQTT Broker 的通信，实现数据的发布和订阅。

其基本使用方式如下：

- 添加一个 AbstractMqttDriverNetwork。
- 添加一个 AbstractMqttDriverDevice，并进行基本配置。
- 添加 AbstractMqttPoints。

AbstractMqttDriver 配置的基本框架如图 5-17 所示。在 AbstractMqttDriverDevice 中需要配置 MQTT Broker 信息，这里采用 Mosquitto 提供的一个公共的 server/broker-test.mosquitto.com 做测试之用。在 AbstractMqttDriverDevice 中填写 Broker IP Address 信息，如图 5-18 所示。这里采用了匿名非加密连接方式，如果采用用户安全连接方式，则需要配置 Connect Type 并填写用户名和密码信息。配置完成后，可以点击右键选择 Ping 或 Connect 来建立链接，在 Status Message 中可以查看相关的连接信息。

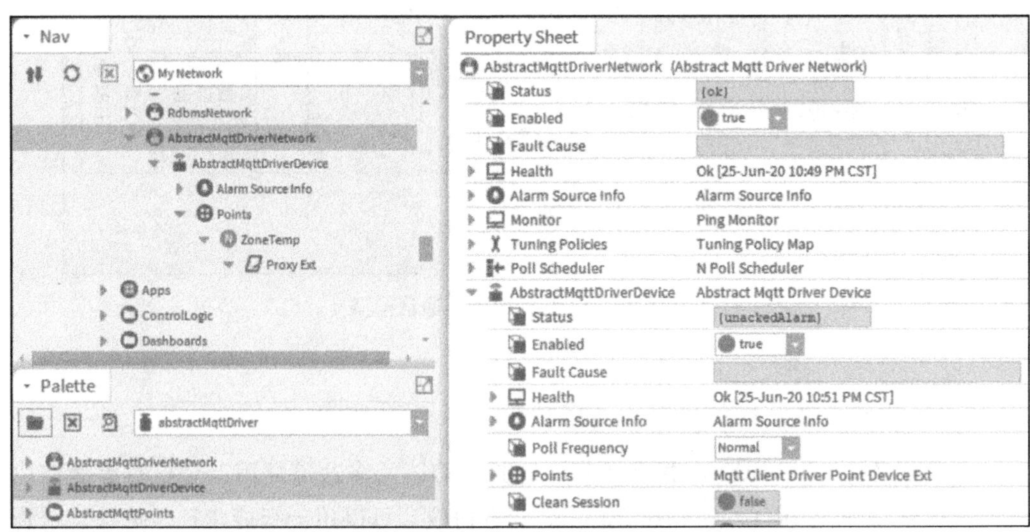

图 5-17　AbstractMqttDriver 配置基本框架

Keep Alive	60	[0 - max]
Connection Timeout	300	[0 - max]
Broker Ip Address	test.mosquitto.org	
Broker Port	1883	[0 - max]
Client I D	1593093612025000000	
Status Message	Ping Success: Connected to Broker.	
Connection Type	Anonymous	
Ssl Version	TLSv1.0+	
Username And Password	Username Password	
Send Enum As	TAG	

图 5-18　MQTT Broker 配置

在成功建立与 MQTT Broker 的通信后，即可创建要发布或订阅的数据点。在 Mqtt-

ClientDriverPointManager 中，通过 Discover 可以查询本地站点数据点，选择想要使用的点，直接将其拖拽至下方的 Database 中。在这个过程中，可以选择将该点设置为发布模式还是订阅模式，同时也可以配置相应的 Topic。完成后，从该点下的 Proxy Ext 属性页中可以看到发布或订阅的状态，如图 5-19 所示。这样即可实现 Niagara 站点与 MQTT Server/Broker 的数据通信。

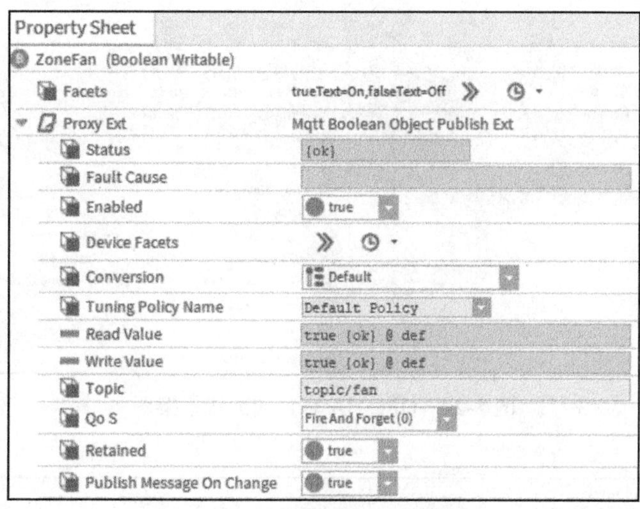

图 5-19　MQTT Points 状态

2. OPC UA 协议连接设计实例

Niagara 的 OPC UA 驱动是面向服务的架构，它包括 OPC UA Server 驱动和 OPC UA Client 驱动，分别支持 OPC UA 服务器和客户端。这两者都符合 Niagara 的驱动框架，配置简单，易于操作。本节以 Niagara OPC UA Client 驱动为例来简单描述 OPC UA 协议的连接。

一个 OPC UA 客户端的连接配置的基本操作如下：

- 添加一个 OPC UA 网络。
- 连接一个 OPC UA 服务器。
- 查找 OPC UA 服务器的数据点。
- 添加并订阅服务器数据到本地站点。

OPC UA 客户端的配置如图 5-20 所示，需要从 OpcUaClient 驱动中添加 OpcUaNetwork 以及 OpcUaDevice。这里通过创建的 OPC UA 客户端来连接一个模拟的 OPC UA 服务器（ProSys Simulation Server），如图 5-21 所示，需要拷贝服务器的地址用于配置客户端 OpcUaDevice。

OpcUaDevice 的主要配置如下：

- Server Endpoint Url：添加从模拟服务器上拷贝的地址。

- Security Mode：系统默认为 Sign Encrypt Basic256 Sha256，也可配置为 None。
- User Authentication Mode：可以选择匿名方式，也可以选择用户名密码认证方式。

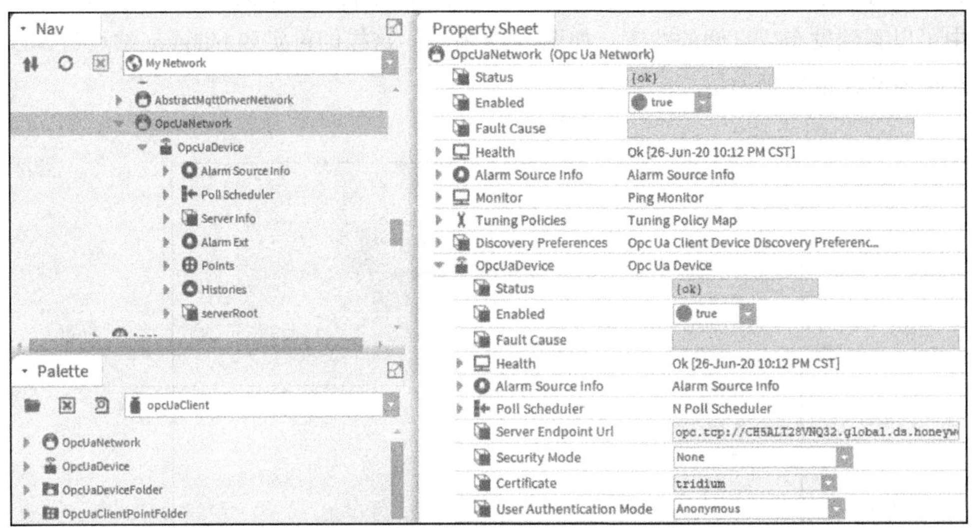

图 5-20　OPC UA 客户端配置框架图

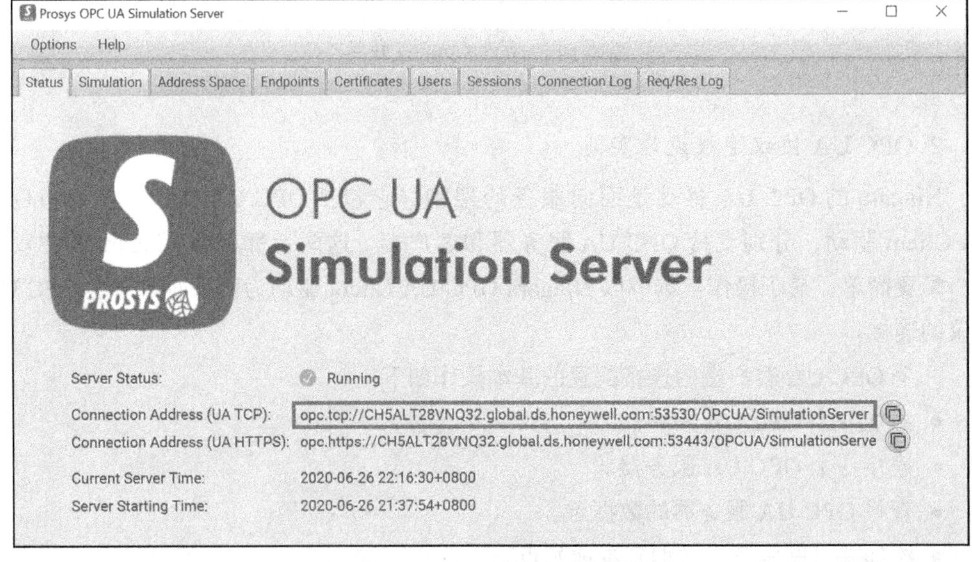

图 5-21　OPC UA 模拟服务器

后两者的配置同样需要在服务器端做相应的配置支持。

配置完成后，OPC UA 客户端与服务器端即可建立连接，连接成功后可在 OpcUaDevice\Points 目录下 PointManager 视图中查找服务器端所有的数据点，通过拖拽的方式可以将想要订阅的数据添加到本地站点数据库中，如图 5-22 所示。这样，服务器端的数据可以自动更新至客户端，实现服务器端和客户端的数据同步。

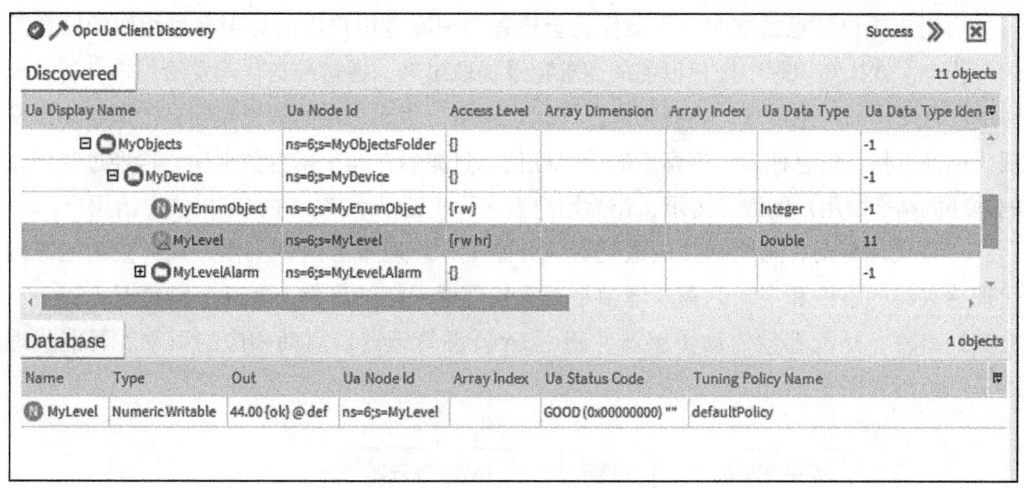

图 5-22　OPC UA 数据订阅

5.4　智能设备代理点集成与连接

在中间件开发过程中，采用代理技术能够提高中间件系统的灵活性和健壮性。代理就是为其他对象提供一种服务，以控制对这个对象的访问。代理点在中间件和目标对象之间起到中介的作用，中间件通过代理点来访问目标对象和获取对象数据。

不同的系统中代理点的实现方式也不同。本节将介绍目前常用的智能代理和移动代理，并以 Niagara 平台为例介绍物联网中间件的代理点设计。

5.4.1　智能代理

智能代理（Intelligent Agent，IA）是代表用户或其他程序自主地完成一组操作的软件实体，可获得关于用户的目标或愿望的知识及表示。它是一种动态分布式目录服务，向客户程序与服务程序提供双方使用的功能。智能代理能够管理个性化的信息代理库，并具有自动通知信息、浏览导航、智能搜索，以及生成动态个性化页面的功能。智能代理的基本结构如图 5-23 所示。

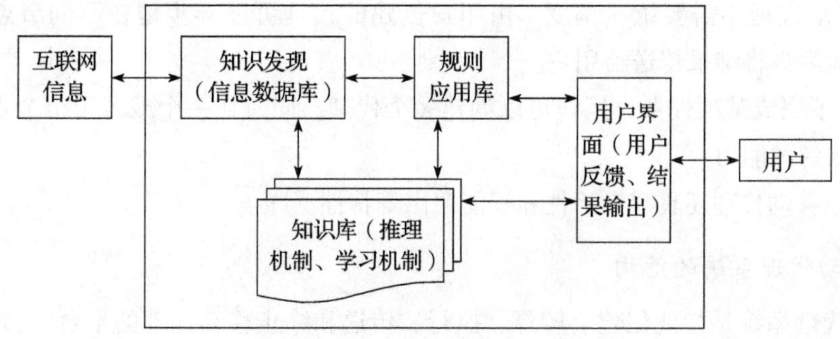

图 5-23　智能代理的基本结构

当用户提出信息需求时，智能代理会检查知识库看用户以前是否有过相似的信息需求，若有，就把知识库中用户以前的需求记录提取出来，通过推送代理发给用户；若知识库中没有用户的信息需求，经规则应用库代理理解、生成一定的搜索规则，传送给知识发现代理进行相关信息搜索，搜索后的结果经信息过滤后存储于信息数据库，再经过知识库的推理机制推断用户的潜在需求，作为用户需求历史记录下来，并将结果推送给用户。

一旦代理启动，与之相关的适配器就开始工作。通常有两种工作方式：被动地等待代理感兴趣的事件和主动调查环境中是否有代理感兴趣的事件。在任一种情况下，一旦检测到事件，适配器就启动传感器，调用 IA 资源管理器以启动相应的引擎。智能代理的工作机制如图 5-24 所示。

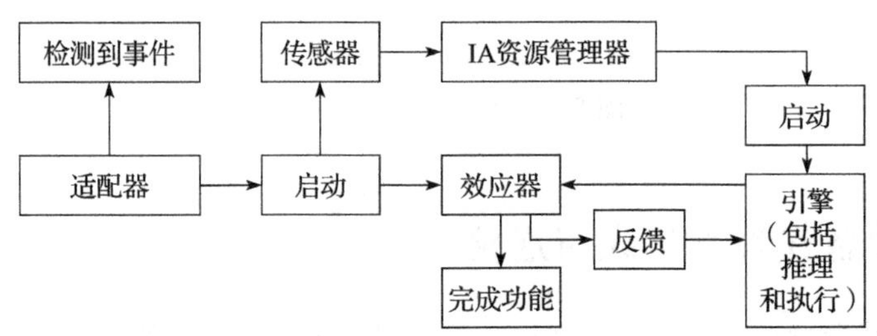

图 5-24　智能代理的工作机制

5.4.2　移动代理

移动代理（Mobile Agent，MA）是一种能在异构计算机网络中的主机之间自主迁移、自主计算的计算机程序，它能够动态地将该程序分发到远程主机并在远程主机上连接执行。它能够自行选择运行地点和时机，根据情况中断自身的执行或移动到另一个设备上恢复运行，并及时将有关结果返回。移动代理还能克隆自己或产生子代理。移动代理机制的特点是客户代理能够迁移到业务代理所在服务器上，与之进行本地高速通信。

移动代理具有很多优点：

1）移动代理技术通过将服务请求代理动态地迁移到服务器端执行，使得此代理直接面对要访问的服务器资源，避免了通过网络传送大量数据，降低了系统对网络带宽的依赖。

2）移动代理不需要统一调度，由用户创建的代理可以异步地在不同节点上运行，待任务完成后再将结果传送给用户。

3）为了完成某项任务，用户可以创建多个代理，同时在一个或若干个节点上运行，形成并行求解的能力。

此外，移动代理还具有自治性和智能路由等特性。

1. 移动代理系统的结构

移动代理系统是指能创建、解释、执行、传送和终止移动代理的平台。移动代理系统由移动代理和移动代理服务器两个部分组成。移动代理服务器是一个分布在网络中各种计算设备上的软件系统。移动代理的移动是指从一个移动代理服务器转到另一个移动代理服务器。

移动代理的结构如图 5-25 所示。其中，安全代理是执行代理的安全策略，阻止外部环境对代理的非法访问。环境交互模块实现 ACL 语义，保证使用相同 ACL 的代理和服务设施之间能够正确通信和协调。代理的任务求解模块包括代理的运行模块及代理任务相关的推理方法和规则。知识库保存在移动过程中获取的知识和任务求解的结果。内部状态集是代理执行过程中的当前状态。约束条件是代理创建者为保证代理的行为和性能而做出的约束。路由策略决定代理的移动路径。

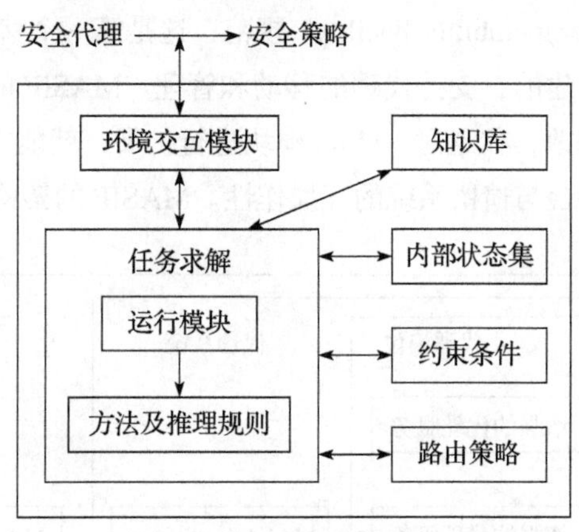

图 5-25　移动代理的基本结构

移动代理服务器提供移动代理的基本服务，包括生命周期管理服务、目录服务、事件管理服务、安全保障服务、应用服务，如图 5-26 所示。

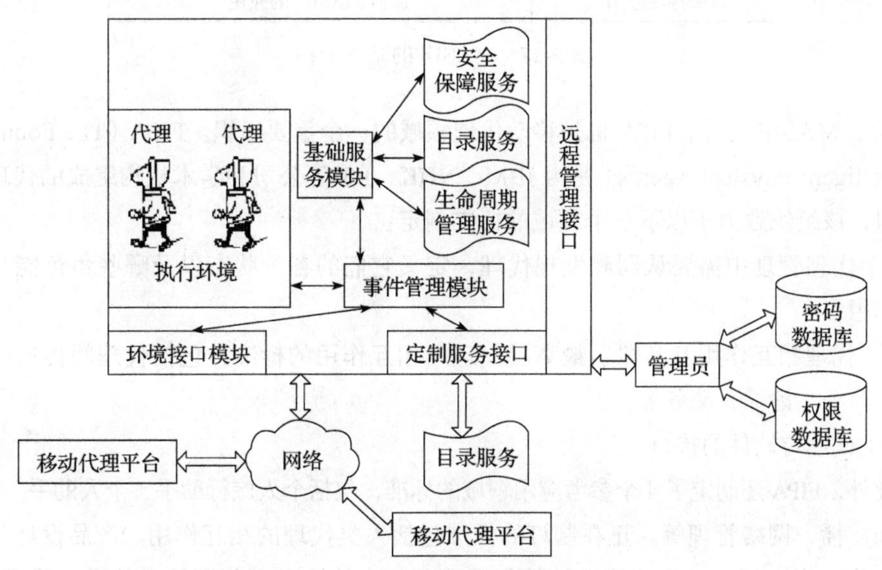

图 5-26　移动代理服务器提供的服务

其中，生命周期管理服务实现代理的创建、移动、持久化存储和执行环境分配。目录服务提供定位代理的信息，形成路由选择。事件管理服务包括代理传输协议和代理通信协议，实现代理间的事件传递。安全保障服务提供安全的代理执行环境。应用服务是任务相关的服务，在生命周期服务的基础上提供面向特定任务的服务接口。

2. 移动代理技术的标准化组织与规范

移动代理技术的标准化工作非常重要，因为标准的实现将使采用这项技术的用户在移动代理技术应该具备什么功能、怎样提供这些功能等方面达成一致，并且保证异构的移动代理的可交互性。Open Group、IBM、General Magic 等多家组织和公司共同提出了 MASIF（Mobile Agent System Interoperability Facility）规范，这是第一个移动代理的互操作性标准，它是在 CORBA 体系中构建的，支持代理的移动和管理。MASIF 的目标是不需要对现有各种代理平台进行大量的修改，仅通过 add-on 模块进行扩展，就能实现现有不同结构的移动代理平台之间以及移动平台与遗留系统的互操作性。MASIF 的架构如图 5-27 所示。

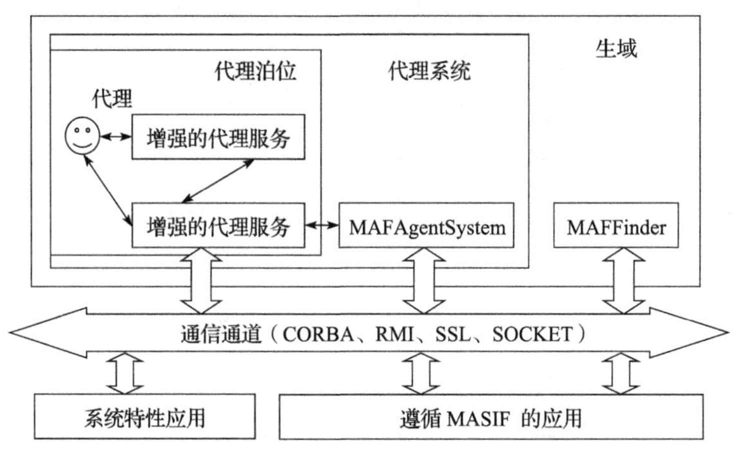

图 5-27　MASIF 的基本架构

除了 MASIF 之外，FIPA 也是移动代理领域的一个重要组织。FIPA（The Foundation for Intelligent Physical Agents）是由 IBM、NHK、BT 等公司和学术机构组成的代理标准化组织，该组织致力于以下三个领域的标准制定：

1）代理管理中需要认同和发现代理，定义它们的各种状态以及哪些角色能与它们相互作用。

2）代理相互作用及其覆盖最高层代理间相互作用的标准，包括代理间传递信息的意义、命令、请求、义务等。

3）代理与软件的接口。

此外，FIPA 还制定了 4 个参考应用领域的标准，包括个人旅行助手、个人助手、声 / 视娱乐和广播、网络管理等。正在制订的标准包括人类代理的相互作用、产品设计与制造代理、代理安全管理、支持移动性的代理管理、本体服务、代理消息传送、代理命名、内容语言库等。

FIPA 的架构如图 5-28 所示。

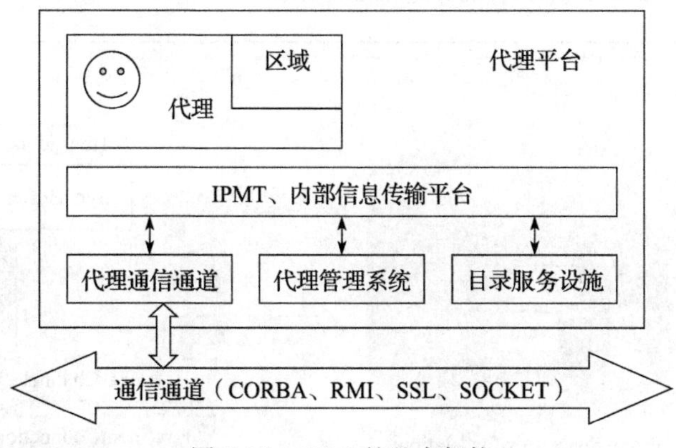

图 5-28　FIPA 的基本架构

5.4.3　Niagara 平台的代理

Niagara 平台站点中的大部分点（point）都是代理点（proxy point），包括 Jace 中的站点和 Supervisor 中的站点。在 Niagara 站点中，对实时数据的查询和建模是通过驱动网络来实现的。实时数据的值通过代理点来进行建模，代理点是驱动架构中层级较低的组件。另外，设备固有的其他数据对象也可以集成到站点中，如时间表、报警和历史数据。

按照通信对象的不同，代理可以分为两种：一种是用 Workbench 对站点进行组态时，通过 Workbench 看到的叫作代理（proxy），实际站点中存在的对象叫作 Master；另一种是站点要读写其他应用或设备中的数据时，我们会先在 Niagara 里面创建一个合适的组件，通过这个组件来实现数据的读写。在后者中，这个组件叫作代理点（proxy point），代理点是简单控制点（simple control point，位于 kitControl/points 中）的扩展。在 proxyExt 中定义了具体的细节，如数据地址、读取频率等。

在 Niagara 平台下，基于代理点的远程编程架构如图 5-29 所示。

5.5　基于平台的完整物联网系统设计实例

本章介绍了进行异构设备连接的各种协议，从各种本地协议到与云服务和数据库的连接协议，本节将通过一个设计实例来介绍在物联网中间件平台上解决异构设备连接问题的方法。

5.5.1　常用平台框架简介

随着自动化、信息化的融合发展，通信变得越来越重要。来自不同厂家的不同设备具有不同的型号，设备新旧程度不同，支持不同的通信协议，如何实现这些设备之间的协议转换和连接是物联网系统建设中的一个关键问题。随着通信服务重要性的提升，通信即服务（Connect as a Service）的概念也被提出。

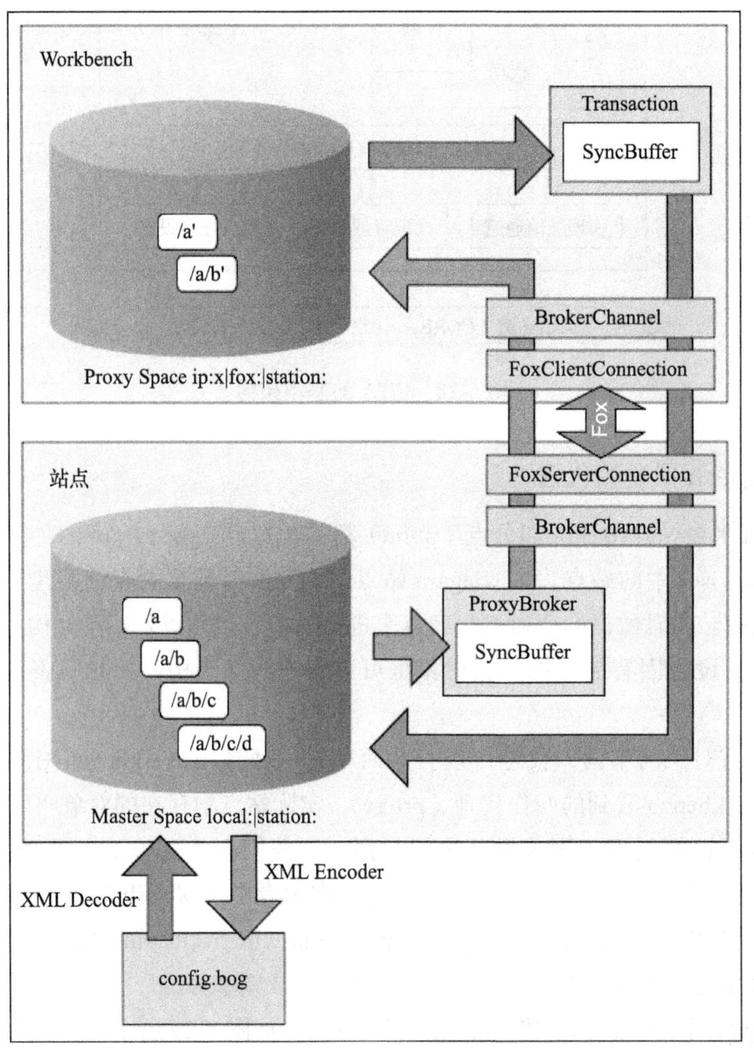

图 5-29 Niagara 框架市场应用

如何快速对接各种通信协议，以实现不同厂家、不同设备、不同软件之间的数据交互和统一管理，实现“万物互联”，真正地将物联网延伸至各类智能节点，是物联网中间件平台的主要应用方向。

下面介绍一些目前常见的物联网平台框架及其对协议转换和设备连接的支持。

1. Niagara 框架

Niagara 是开放式物联网中间件框架平台，其应用范围包括智能建筑、安防系统、能源管理、报警管理、物联网等。基于 Niagara 框架的应用如图 5-30 所示。

图 5-30　基于 Niagara 框架的各种应用

Niagara 创造了一个通用的环境，支持 BACnet、Modbus、LonWorks、OPC UA、MQTT 等通信协议，几乎可以连接任何嵌入式设备，并将它们的数据和属性转换成标准的软件组件，简化开发的过程。通过大量基于 IP 的协议，支持 XML 的数据处理和开放的 API，为企业提供统一的设备数据视图。如图 5-31 所示。

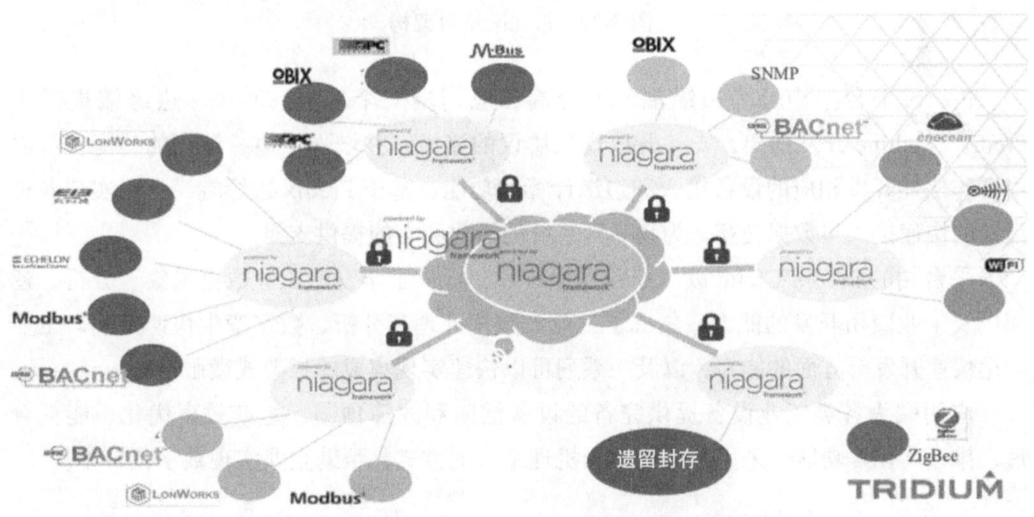

图 5-31　Niagara 实现异构系统整合连接

Niagara 实现了各个系统之间以及系统与上层应用之间的相互统一。Niagara 的特点如下：

1）组件平台化。在 Niagara 平台上可以快速搭建应用程序，无须关注底层实现细节，设备集成商可以利用一系列已有模块，例如驱动、安全、日志管理等，快速搭建设备信息系统。这种基于模块化的设计使应用程序很容易复用。

2）安全性。Niagara 平台提供加密传输、授权管理、证书管理、用户认证以及安全邮件等管理套件，能够从通信、认证、访问三个维度来保证设备集成的安全性。

3）接入开放性。Niagara 平台提供统一的接口标准，可以接入大部分异构设备，集成商只需要关注设备本身的行为和属性，具体的通信协议对接和数据转换工作由 Niagara 平台来负责，极大减少了用户的工作量和建设成本。

2. Predix 平台

Predix 是 GE 公司推出的针对整个工业领域的基础性系统平台，如图 5-32 所示，它可以应用在工业制造、能源、医疗等各个领域。

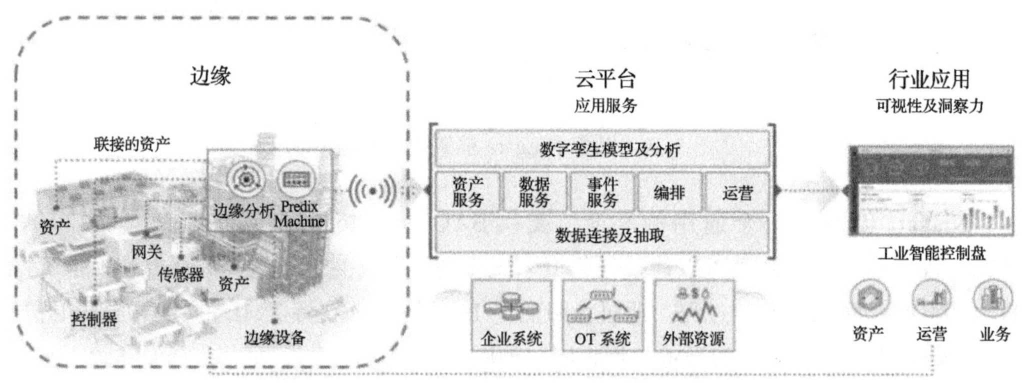

图 5-32　Predix 平台架构

Predix 平台架构分为边缘端、平台端和应用端三个部分。其中，边缘端提供了 Predix Machine 开发框架，支持开放现场协议的接入，并增强了边缘计算的功能，可以由合作伙伴开发相应的设备接入和边缘计算的功能。基于 Predix 边缘端，可以实现各种设备的快速接入与数据交互，为物联网系统的搭建和实施提供支撑。

平台端的 Predix Cloud 以工业数据为核心，提供了丰富的工业数据采集、分析、建模以及工业应用开发的能力，集成了工业大数据处理和分析、数字孪生快速建模、工业应用快速开发等方面的能力，以及一系列可以快速实现集成的货架式微服务。

应用端为各类工业设备提供完备的设备健康和故障预测、生产效率优化、能耗管理、排程优化等功能，采用数据驱动和机理结合的方式，帮助企业实现数字化转型。

3. 海尔 COSMOPlat

海尔 COSMOPlat 作为国家级工业互联网示范平台，主要特点包括：用户全流程参与大规模定制体验，全要素互联互通，开放、共创、共赢的生态。作为一个功能全面的物联网平台框架，COSMOPlat 支持协议适配、数据预处理等功能，可以为协议转换和设备互联提供技术支撑。

COSMOPlat 将互联工厂生态系统中的交互、定制、研发、采购、制造、物流、服务 7 个全流程节点输出为 7 个可以复制的系统应用，形成包括协同创新、众创众包、柔性制造、供应链协同、设备远程诊断与维护、物流服务资源的分布式调度等在内的全流程应用解决方案。它能够帮助企业实现业务模式革新，精准获取用户需求、精准生产，实现高精度、高效率的大规模定制升级转型。

4. 华为 OneAir 解决方案

随着制造企业的生产模式从自动化向智能化转变，生产数据量急剧增加，工厂生产及办公应用场景复杂多样，对工厂生产的安全性、可靠性、高效性提出了巨大的挑战。

华为提供了无线工厂和无线园区解决方案，其中无线工厂解决方案称为华为 OneAir 解决方案，它包含 eLTE 宽带集群和 NB-IoT 窄带物联方案，采用工业级设计，网络简单、易于维护，能为园区内不同业务的差异化要求提供相应的技术，实现智能工厂的物联、生产作业、仓储物流和安全管控，以及为各类企业建立连续、可靠、安全、不间断的无线通信网络，奠定工厂智能化的坚实基础。

针对不同的业务和频谱，OneAir 解决方案有三种技术可供选择：授权频谱的 LTE 技术可为宽带数据提供高性能的接入服务；免授权频谱（2.4GHz 和 5GHz）的 LTE 技术可提供相比 WiFi 更广的覆盖范围和更优的业务性能；免授权频谱（小于 1GHz）的 eW-IoT 技术可提供机器与机器间可靠的连接，实现大量的工业设备信息采集。这三种技术可融合于一张 OneAir 无线专网中，满足不同行业的各类业务需求，便于维护，并能够提升运营效率、减少网络建设费用。

5.5.2　基于 Niagara 平台的设计实例

作为物联网系统的主要平台，Niagara 在边缘侧提供了强大的现场 / 终端数据采集能力，同时能按照一定规则或数据模型对数据进行初步处理和分析，并将处理结果和相关数据上传到云端，实现云边资源协同。利用 NiagaraNetwork 可以实现 Niagara 站点之间（如边缘网关站点和云端管理站点之间）的连接，站点之间建立了网络连接后，就可以通过多种方式实现云边的资源共享与协同工作。例如，一个站点可以与其他站点共享数据；一个站点的报警数据可以路由到另一个站点，利用另一个站点实现报警的高级推送，比如邮件或微信通知；一个站点收集的趋势数据可以归档到具有更强大存储能力的远程站点；来自一个站点的主时间表可以与远程站点共享。

Niagara 平台主要通过 BACnet、Modbus 等协议连接设备（参见 5.2.6 节的介绍）。在本节，我们将使用 Niagara 的 Alink 驱动通过 MQTT 协议把现场采集的数据传到阿里云的物理网平台上。

关于阿里云物联网平台的使用说明，请参考阿里云官网中物联网平台的帮助文档。

1. 阿里云平台上的准备工作

在阿里云物联网平台上我们需要做以下工作：

1）登录阿里云平台，进入物联网平台页面（可以自行注册阿里云物联网平台账号）。

2）在设备管理→产品目录下按顺序创建产品（设备模型）。设备模型列表见表 5-2。

表 5-2　设备模型列表

产品名称	Jace8000	TempSensor
所属品类	边缘计算 / 边缘网关	网关子设备
节点类型	网关设备	智能园区 / 室内温度传感器
连接方式 / 介入网关协议	以太网	自定义
数据格式	ICA 标准数据格式（Alink JSON）	ICA 标准数据格式（Alink JSON）
认证方式	设备密钥	设备密钥
Product Key（系统生成）	a1E2YvlgU00	a1U1CtySCNd

在“设备管理→设备目录”下添加设备。设备信息如表 5-3 所示。

表 5-3　添加设备

产品	设备名称	设备密钥（系统生成）
Jace8000	MyJACE	IMuig2jvp0tkOpuY2jgNX3nqetakKwUS
TempSensor	Temp	kz9i6ZsrviMWYhCUWHX8If6sNamlr7uk

3）把 Temp 添加到 MyJACE 的子设备中。

4）在 TempSensor 产品中自定义一个 CurrentTemp 属性，用来读写 Niagara 的数据。配置如下。

- 功能名称：CurrentTemp
- 标识符：CurrentTemp
- 数据类型：double
- 取值范围：-40 ～ 40
- 步长：1
- 单位：摄氏度 /℃
- 读写类型：读写

配置完成后，发布更新。

2. Niagara 平台的配置工作

1）在 Niagara 里面建立 AliIotMqttDriverNetwork。

在 Alink 调色板中的 MQTT 目录下找到 AliIotMqttDriverNetwork，将其添加至 Config→Drivers 目录中。（Alink 模块需要提前放至 Niagara 安装目录的 Modules 子目录下。）

2）在 Niagara 里面建立 AliIotMqttDriverDevice。

- 从 Alink 调色板的 MQTT 目录下找到 AliIotMqttDriverDevice，并将其添加到 AliIotMqttDriverNetwork 目录下。
- 打开 AliIotMqttDriverDevice 的 AX Property Sheet 视图，按照图 5-33 对云平台上网关设备的参数进行设置。

- 确认 Enabled 为 true。
- ali:productKey 为 a1E2YvlgU00。
- ali:deviceName 为 MyJACE。
- ali:deviceSecret 为 IMuig2jvp0tkOpuY2jgNX3nqetakKwUS。

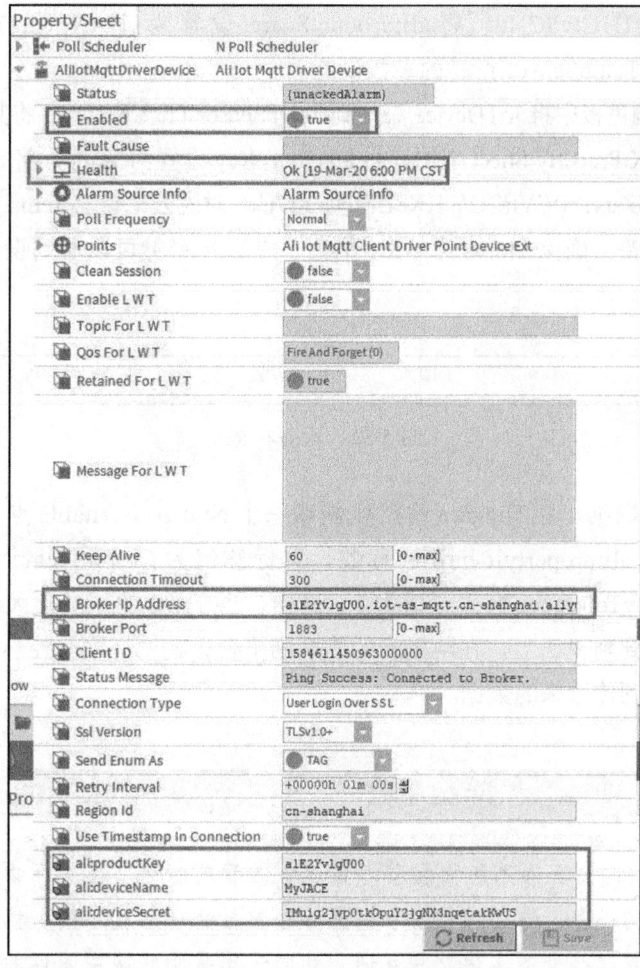

图 5-33　Niagara 平台配置

- 保存成功后，系统将自动生成一个 Broker Ip Address。
- 在 AliIotMqttDriverDevice 上点击右键，在菜单中选择 Actions → Connect，建立到阿里云的连接。若能连接成功，Health 应该为 OK。同时，在阿里云物联网平台上可以看到网关设备的状态为在线，如图 5-34 所示。

图 5-34　网关设置状态

3）将 Niagara 采集的现场数据发布到阿里云物联网平台。

- 从 Alink 调色板中将 AlinkService 添加到站点中的 Services 目录下。将 Tags 目录下的 AliIoT 添加到站点中 Services/TagDictionary 目录下。
- 从 Alink 调色板中将 IoTProduct 添加到 AliIoTMqttDriverDevice 目录 Points 组件下，将其命名为 TempSensor，并在其 AX Property Sheet 视图中将 ali:productKey 设置为 a1U1CtySCNd，将 ali:productSecret 设置为 cNAXgw8g7sz7RklW（对应云平台上 TempSensor 产品的参数设置）。
- 从 Alink 调色板中将 IoTDevice 添加到 TempSensor 目录下面，并将其重命名为 Tmp。进入其 AX Property Sheet 视图，将 ali:deviceKey 设置为 Temp，将 ali:deviceSecret 设置为 kz9i6ZsrviMWYhCUWHX8If6sNamlr7uk（对应云平台上 Temp 设备的参数）。
- 启用该设备，确保 Status 为 OK。同时，在云平台上可以看到设备上线了，如图 5-35 所示。

图 5-35　设备状态

- 发送测试数据。在 Niagara 站点里创建一个 NumericWritable 点，命名为 Temp，给它打上 ali:propertyIdentifier 标签，其标签值为 CurrentTemp。同时，再打上 ali:propertyTolerance 标签，值为 5。这样，当 Temp 的值变化大于 5 时，就会把当前值发到阿里云上。在阿里云的物联网平台，在“运维监控→在线调试”目录下可以看到传过来的数据。

本章小结

支撑万物互联的物联网系统面临着海量设备的管理问题。在实际物联网系统中，往往存在着大量异构设备，这些异构设备的差异性包括物理结构不同、协议不同、数据格式不同等。如何使这些设备实现互联互通、协同工作是物联网中间件的核心任务。本章主要介绍了物联网系统中常见的异构互联协议，在此基础上介绍了利用物联网中间件，特别是利用物联网中间件平台，实现各种异构协议设备互联和统一管理的相关技术。

习　题

1. 什么是工业总线？简述几种常见的工业总线协议。
2. 实现工业互联网中万物互联互通面临的挑战是什么？
3. 物联网协议转换的目的是什么？
4. 介绍几种实现异构协议互联的中间件平台。

5. OPC UA 有什么特点？它有哪些应用前景？

6. 有条件的情况下，在 Niagara 平台上实现几种常见协议的配置和互联。

拓展阅读

1.《异构无线网络互联的认证和密钥协商研究蒋军》，作者：上海交通大学蒋军（2006年）。

2.《无线局域网安全体系结构及关键技术》，作者：西安电子科技大学吴振强（2007）。

3. BACnet 协议中文版，网址 https://download.csdn.net/download/bing20138/9292755。

4.《楼宇自动控制网络通信协议 BACnet 实现模型的研究》，作者：董春桥、刘贤德、惠晓实（2003）。

5. http://www.modbus.org/tech.php。

6.《Modbus 协议原理及安全性分析》，作者：左卫、程永新（2013）。

7.《控制网络 LonWorks 技术规范》（GB/Z 20177.1-2006）。

8.《基于 LonWorks 技术的智能控制网络在水务工程中的应用》，作者：江苏大学管文辉（2006）。

9. https://new.siemens.com/global/en/products/automation/industrial-communication/profibus.html。

10. https://new.siemens.com/global/en/products/automation/industrial-communication/profinet.html。

11.《基于 MQTT 协议的消息引擎服务器的设计与实现》，作者：于金刚、耿云飞、杨海波、贾正锋、王俊霖（2016）。

12.《面向大规模异构工业互联网的云边协同实时传输调度技术研究》，作者：林宇晗、张天宇、邓庆绪（2020）。

13. www.opcfoundation.cn。

14.《基于消息代理的 OPC UA 发布 / 订阅模式研究与实现》，作者：刘洋、刘明哲、徐皑冬、王锴、韩晓佳（2018）。

15.《数据库 TDS 协议分析与安全漏洞防范》，作者：许雄基。

16.《移动智能代理技术》，作者：殷兆麟等，中国矿业大学出版社出版（2006）。

17.《移动 Agent 中间件平台及其测试模型研究》，作者：彭德巍（2004）。

18. http://www.fipa.org。

第 6 章　物联网中的数据整理与人机交互

物联网的本质是感知世界的变化，包含直接观测（如观测农作物的生长趋势）和间接观测（如观测电磁场的变化）两个部分。这些变化和状态都以可量化的数据的形式被采集到物联网中，以便采用大数据或者人工智能的方法进行处理和形成决策。

上一章中介绍了多种异构设备的连接方式，物联网中间件通过各种协议对各种设备进行整合，将海量数据汇聚起来。但数据采集的结果极易受到环境和设备精度的影响，这些数据本身的可靠性、准确性和有效性主要依赖于底层的感知设备。数据从物理世界中连续的状态变为计算机系统中一个个离散、量化的数值的过程中，需要经过一些基本的处理步骤，这便是本章要介绍的第一个问题——数据的整理。与此同时，这些被汇聚的数据直观地呈现出来后，让使用者观测还是提交给其他系统进行处理呢？这便是本章要介绍的第二个问题——物联网中间件中的人机交互。

6.1　物联网中的数据采集与整理

数据采集的工作主要依赖于各种感知设备来完成。在物联网系统中，感知的数据多为实时数据，这对于系统本身的功率、稳定性、带宽和性能设计都有较高的要求。相关问题的研究起源于20 世纪 50 年代的军事领域，作为精确制导武器与战场指挥系统的眼睛在军事装备的发展中起到了决定性作用。随着嵌入式计算机技术的发展和普及，从 20 世纪 90 年代开始，相关成果广泛应用于工业物联网等高实时性场景中。不同的数据采集设备和技术获得的物联网数据在信号模式、数据格式和数据质量上均有差异，因此需要各种信号转换和数据整理中间件技术来支撑体量庞大、交互频繁的物联网系统。本节将对物联网数据采集的基本流程和

相关技术进行介绍。更详细的内容在传感器与感知技术相关教材和书籍中有详尽介绍，有兴趣的读者可自行查阅。

6.1.1　物联网系统的数据采集

数据采集作为物联网的一项重要技术，主要通过传感器和数据节点来收集目标的数据信息并分析、过滤、存储数据。综合运用数据采集技术、计算机技术、传感器技术和信号处理技术，可以建立实时自动数据采集处理系统。

物联网数据采集装置主要由各种传感器以及传感器网关构成，包括传感器、二维码、RFID 标签和读写器、摄像头、GPS 等感知终端。其中典型的数据采集方法有以下五种：

1）条码扫描：条码扫描技术通过对一组带有特定信息的一维条码或者是二维码进行扫描来采集所需数据。目前，条码扫描技术主要有激光扫描和光电耦合（CCD）扫描两种，其中激光扫描技术只能读取一维条码。条码技术的优势在于技术实现简单，系统实施和部署快速便捷，可靠性强；缺点在于条码容易磨损，识别过程对于角度和位置有限制，且光学扫描场景对于外部环境有一定要求，例如在强烈日光下经常难以识别自动售货机的收款码。

2）RFID 读写：通过 RFID 技术可以读取 RFID 标签信息。与条形码相比，RFID 标签具有更易于读取、更安全和可重写的优点。RFID 根据不同的频段可分为超高频、高频和低频。RFID 手持终端在读取标签时对距离的要求更宽松，并可以一次读取多个标签。RFID 技术的优势在于系统实施简单，方便传统系统进行改造；缺点在于成本较高，尤其是高密度或者可以工作在金属部件上的标签价格相对昂贵，而且容易毁损。

3）IC 卡读写：可以集成 IC 卡读写功能和集成非接触式 IC 卡读写功能来收集数据，主要用于 IC 卡管理和非接触式 IC 卡管理。IC 卡的主要缺点是成本较高且容易毁损，难以规模化读取，而且非接触式 IC 卡存在一定的安全隐患。

4）机器视觉：以各种摄像头为主要装置进行外部数据的采集、记录和处理。常见的装置有图像采集摄像装置、热成像采集装置等。机器视觉方法与传统感知手段存在一定的差异，采集的是场景信息和状态，不对信息进行抽象和量化。因此，机器视觉收集的数据量较大，一般交付给后台的各种智能系统进行处理。其优势在于信息记录完成有利于后期进行各种智能分析，且对于既有系统的改造方便，稳定性较好。缺点在于摄像装置成本高昂，边际成本居高不下，且后续需配置高带宽、高性能、高成本的智能处理系统。

5）传感设备：各种传感器件（声、光、热、气、电、磁、位置、加速度等）通过有线或者无线通信技术完成数据采集、记录和传输。传感技术的成熟度较高，在实际运用中要考虑各种相关的工作指标，例如最高工作温度、数据采集范围等。近年来被广泛应用的位置传感器（GPS 混合 Wi-Fi 定位）便是其中的代表，例如互联网汽车租赁公司的顾客通过智能手机中的位置传感器就能找到离自己最近的车辆。这部车是车联网中的一部分，车辆自身就是一个数据采集节点，可以实时获取车辆轨迹和状态，并根据反馈进行动态调度和分析。

6.1.2 物联网数据的信号转换

在物联网中，可以通过各种传感设备和方式进行数据感知和采集，但获得的数据仍需要进行各种处理才能转换成为有价值、可分析的信息。信号转换中间件技术按照转换方式可分为两种方式：采集转换和直接读取。

采集转换主要针对模拟信号而言。例如，温度传感器和摄像机等传感设备可以直接收集信息并生成模拟信号，再通过数模转换获取常规意义的数据（或者称为数值）。在现代物联网控制、通信及检测等领域，为了提高系统的性能指标，广泛采用数字计算机技术对信号加以处理。由于系统的实际处理对象往往都是一些模拟量（如温度、压力、位移、图像等），要使计算机或数字仪表能识别、处理这些信号，必须首先将这些模拟信号转换成数字信号（简称模数转换）；经计算机分析、处理后输出的数字量也需要转换为相应的模拟信号才能为执行机构所接受。

直接读取是指希望获取的数据已经以数值方式存储在装置内部。这些数据大多存储在物联网中设备的耦合元件和芯片上，形成一个个"标签"（Tag）。每个标签都有一个唯一的电子代码，以保证不会出现混淆。将这些固化数据采集到系统的过程中，需要一个阅读器（Reader），有的阅读器还可以进行写入工作。IC 卡、RFID、条码等技术便属于这种转换方式。由 UCC（美国统一代码委员会）和 EAN（欧洲物品编号协会）联合推广的全球统一识别系统便可应用于这种方式。EAN · UCC 系统在世界范围内为标识商品、服务、资产和位置提供准确的编码。这些编码不仅能够以条码符号来表示，也能以 RFID 标签（射频识别标签）来表示，以便进行电子识读。在提供唯一的标识代码的同时，EAN · UCC 系统也提供附加信息的标识，例如有效期、序列号，这些信息都可以用条码或 RFID 标签（射频识别标签）来表示。

6.1.3 物联网数据的整理

物联网的应用会产生海量的数据。如果使用原始数据进行传输、处理和分析，会给物联网系统中的带宽资源、计算资源和存储资源造成极大的负担和浪费。因此，要进行高效的物联网数据分析和处理，首先要设计相应的数据整理中间件来整理数据、提取关键信息和压缩数据总量，达到减轻系统负荷、提升系统效率的目的。常见的数据整理技术一般分为数据分级处理、数据降维处理和数据存储优化三类。

1. 数据分级处理

数据分级处理中间件可以分析和确定数据的重要性，并根据不同的重要性等级调度数据的处理过程和分配系统资源，达到减轻系统负荷和提升系统利用率的目标。该类中间件可以普遍使用在数据的感知、传输和应用等过程中。

1）对局部区域的协作感知。多个同质或异构传感器执行相同的检测目标，以获得立体且丰富的传感数据。通过局部信息处理和融合，可以获得高精度、可靠的传感信息。例如，在智能园区中的无人车可能会安置基于 GPS 信号、Wi-Fi 定位、UWB 定位、RFID 定位，或者基于视觉信号定位的多个位置传感部件，进行多重定位和相互校验后只将位置信息作为结果上传，而将多源的原始信息记录保留在本地。

2）网络中的数据分级传输。数据在传输的过程中可以根据其重要性和敏感度采用不同的传输策略，例如可信传输处理与非可信传输处理。两者的区别在于，可信传输处理可以提供无损且精准的传输，适用于物联网中一些精度和时效性要求较高的信息；非可靠传输处理因其开销低、传输速度快、容易扩展等特点被广泛应用在物联网信息传输过程中，它提供了一种相对可靠、更为经济的传输手段。在传输过程中，也可以根据不同的数据集的重要性对信道带宽进行分配优化，避免在业务量过大时出现重要数据阻塞或丢包现象，保证关键信息传输的可靠性。

3）云边协同下的事务分级。各种物联网数据的收集本质上还是通过数据支撑、服务决策、协调控制等方式进行应用支持。在诸多应用场景中，有时仅需要获得某个事务的状态，此时事务可在物联网设备或者边缘设备中处理后提交结果即可。例如，应用对于无人车系统下达前往某处的任务，该任务完成后，无人车给该应用返回一个就位信号，并不需要将所有感知、决策甚至路径上收集的路况信息都回传给应用。这种分级方式在云边协同的场景下尤为明显，更多细节将在云边协同的章节进行说明。

2. 数据降维处理

随着物联网技术的广泛应用，物联网中连接的设备和产生的数据以指数级别爆发式增长。随着数据量的增加，加之数据又具备快速更新和非结构化的特点，数据规模和存储、带宽、算力之间的矛盾已经成为制约信息化技术普及的一个关键性问题。传统的数据分析方法在处理这些数据集时通常效果并不理想，甚至出现维数灾难等问题。为解决这一问题，在多数情况下，可以先将数据的维数减小到合理的大小，同时保留尽可能多的原始信息，然后将降维处理后的数据发送到信息处理系统进行合理的分析和利用。

降维算法也是一些机器学习和数据分析方法的重要组成部分，目前主流的降维处理算法有 PCA 主成分分析法、最小量嵌入算法以及 SVD 矩阵临域分解等。这些降维算法的实质就是找到数据从高维空间向低维空间映射的方式，在保持局部等距和角度不变的约束条件下，更好地揭示数据内在的流形结构，以提高数据的分析和利用效率。

3. 数据存储优化

如前所述，传感器收集的数据必须以适当的形式存储以便迅速进行检索、排序、分析等处理。例如，当某台机器运行时，定期接收数据（例如每 10 分钟一次）。在此基础上，不但可以计算自上次维护以来机器运行的时长，还可以检测数据的趋势，并对何时达到维护小时数进行预估（如果使用量保持在同一水平）。尽管可以利用强大的云存储服务来存储数据，但是考虑到成本和性能等因素，仍然需要与存储相关的优化策略来对数据存储模式进行优化，但就存储规模的优化而言，最常见的两种方式是数据保留策略和数据压缩。

数据保留策略是指定期清理不必要的数据的策略。因为数据越多，保存时间越长，存储数据的成本就越高，甚至高昂到难以想象的地步。另一方面，数据少意味着见解和历史参考更少。因此，物联网系统必须在成本和要存储的数据量之间确定优先级并进行权衡。数据的压缩也是存储优化的一个组成部分。在不丢失原有信息的情况下，通过数据压缩可以提升传输、存储和处理的效率。数据压缩分为有损压缩和无损压缩，对于物联网底层收集的视频、音频信号等数据，可以使用有损压缩技术，在提升存储效率的同时不会大幅度降低图像质量，Lloyds 最优量化算法就是这一类技术的典型代表；对于采集的文本信息，则可以使用以哈夫曼算法为代表的无损压缩技术，进一步提高存储效率。另外，在物联网中，连接的系统设备或传感器纷繁复杂，数据类型也各不相同，不同的应用数据的采集策略也不同。例如，对于一些开关量信号，可以只在状态变化时进行数据采集。对数值型信号来说，数据的采样间隔可根据应用场景调整。对一些实时性要求高的系统（如报警系统），数据的采集间隔必须要短一些。对温湿度这些变化较慢的数据，在不影响舒适度的前提下，可适当增大采集间隔。对数据的历史记录存储，物联网中间件平台（如 Niagara）也提供了两种不同的策略：一种是当数据发生变化时存储数据，主要用于开关量信号数据的存储；另一种是根据一定的时间间隔存储数据，如每隔 15 分钟存储一次从电表采集的用电量数据。如图 6-1 所示，物联网中间件平台可以配置历史记录的间隔时间。物联网中间件平台还可以对历史数据进行归集，可选择按年、月、日、小时、分钟对数据进行归档，如图 6-2 所示。某种意义上讲，这也实现了数据存储的有效压缩。

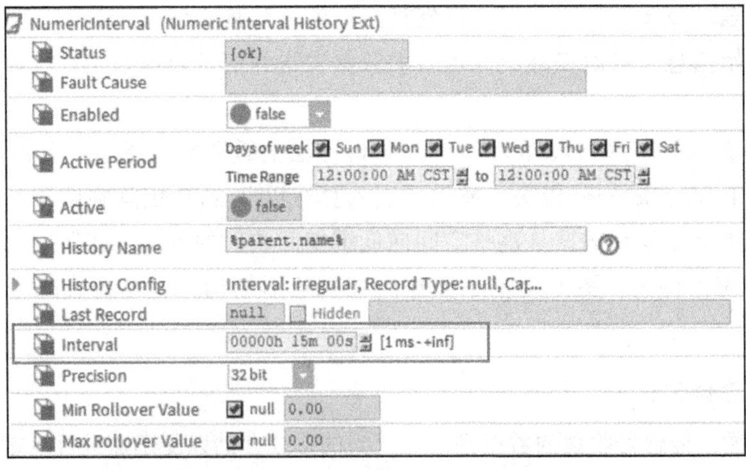

图 6-1 历史数据的间隔配置

6.2　人机交互的 UI 视图设计

物联网获取的数据最终只有两条出路：呈现出来供用户进行观察和决策，或者交付到其他系统进行后续处理，产生人与机器的交互和机器之间的交互（即人机交互）。其中，人与机器的交互问题已经发展成一门独立的学科方向，因此在本书中仅对利用物联网中间件进行交互的过程，即 UI（用户界面）部分的设计进行介绍，说明如何设计一套具有良好 UI 逻辑的物联网监控与管理系统。

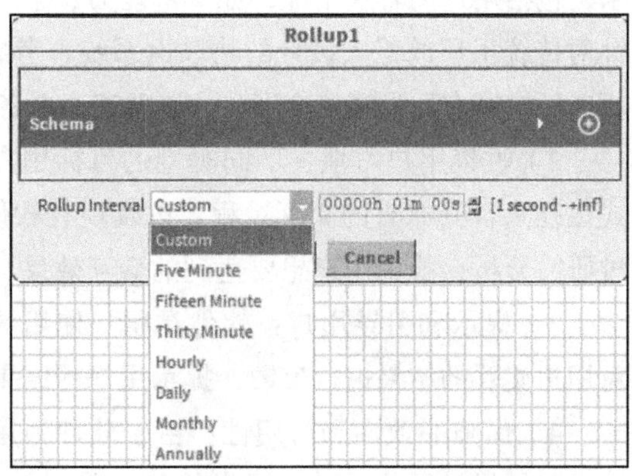

图 6-2　数据归集设置

6.2.1　UI 视图设计原则

目前主流的 UI 视图开发中间件（如常见的 iOS 和安卓的 UI 视图开发平台）多采用可视化和模块化的开发环境，通过提供基础的组件和简单的事务处理逻辑使开发者可以轻松地利用选择和组合多种组件的方式快速完成 UI 开发。在选择和组合组件的过程中，需要遵守一些 UI 设计的基本原则和设计流程。

1）**化繁为简**：将繁复冗杂的信息简化，在物联网 UI 设计中恰当地组织视觉元素，帮助用户更加快速、简单地理解事物，提升效率。

2）**清晰有效**：保持界面简洁且规整，清晰高效地将重要信息展示给用户，弱化次要信息的地位，吸引用户的注意力。

3）**直接操作**：简化用户操作流程，避免使用繁复的操作方式，在界面设计时尽可能使用人类自然手势，提供简洁、直接的操纵感受，从而帮助用户简化操作流程，提升操作效率。

4）**自然过渡**：提升交互界面连续性，使操作流程环环相扣，引导用户快速完成所需步骤，使用户操作简便自然，解放生产力。

5）**系统智能**：设计智能交互式算法和功能，利用现阶段物联网产品具有的传感器以及嵌入式智能系统，帮助用户简化重复性操作，在用户提升操作效率的同时获得更好的操作体验。

6）**立行立改**：在 UI 设计中经常会进行各种细节上的调整，设计者应该及时发现存在的问题，并在发现问题的时候立刻进行修正和处理。

6.2.2　UI 视图的开发流程与方法

基于上一节给出的设计原则，还需要一套完善的 UI 开发流程与设计方法。进行物联网系统 UI 设计的常规流程如下。

1）确认目标用户：在UI设计过程中，必须要考虑软件的所有目标用户的特点和需求，包括用户的客观情况，如学习能力、学习成本、知识背景和获取信息需求等。例如，针对传统工厂的工人设计的物联网系统，考虑到工人的基础，应该在各种数据表盘上还原工厂内原有的设施仪表形状，以便工人在各种数据表盘上可以看到工厂内的仪器形状。

2）收集用户习惯：不同类型的目标用户有不同的交互习惯，这种习惯性的交互方式往往来自其原有的交互过程，以及现有软件工具的交互方式。因此，在设计时，应通过研究分析，找到用户想要达到的交互效果，并纳入设计规范当中。

3）提示和引导用户：软件是用户使用的工具，因此软件在响应用户操作的同时要对用户交互的结果进行反馈，提示用户的结果和反馈信息，引导用户进行下一步操作。

4）保障一致性和可用性：由于软件为用户服务，因此软件必须拥有较高的可理解性，遵循设计风格一致、元素外观一致、交互行为一致的原则。用户是交互的中心，交互元素对应用户需要的功能，软件的各个功能必须便于用户理解和控制，以便用户可以对整个流程进行全方位的调控。

当然，这些原则和流程并非绝对，在实际操作与设计过程中，可以依据用户需求以及特定场景灵活地调整设计准则和开发过程。

6.3 Dashboard 的设计

展示物联网系统和应用中的设备数据和状态信息并非易事，需要找到一种合适的数据呈现形式，以方便用户对系统信息进行整合、呈现、分析和控制。主流的物联网系统和应用的数据呈现大多使用 Dashboard 的形式，以图形和图表等方式来生动、直观地表达数据之间的联系，帮助用户更快地理解数据。Dashboard 直译为仪表盘，在物联网系统的可视化设计中，Dashboard 一般指代传统中央控制面板，是物联网系统和应用面向用户的第一界面。Dashboard 为用户提供了查看系统数据、运行状态的接口，方便用户进行实时的系统监控和数据分析，具有重要的意义。

Dashboard 开发中间件通常会提供多种数据可视化呈现方案和工具。用户可将设备采集到的目标数据按照特定的逻辑关系和用户需求，以折线图、散点图和饼图等多样化的形式来整合并集中展示数据。通过选择和组合不同的数据呈现形式，Dashboard 可以展示出多维度、多层次的可视化数据信息，方便用户直观地分析物联网系统的数据趋势、关键拐点和信息关联，并据此快速做出有效的控制决策。因此，在建立物联网系统和应用的过程中，如何利用 Dashboard 开发中间件进行用户友好的 Dashboard 设计是关键因素之一。

6.3.1 Dashboard 概述

Dashboard 常分为三类，即操作目标型、分析目标型以及策略目标型，可分别应用于监控、分析和概览三大应用领域。由于 Dashboard 可以实时呈现数据信息，故管理者可以借助 Dashboard 对关键数据进行实时监测，及时发现异常状态并做出相应调整，从而达到监控的目的。同时，在 Dashboard 中，数据以折线图、条形图等形式加以展现，结合相关功能控件就可以对实时数据信息进行不同维度的分析，进而获得目标信息的细节内容。此外，在复杂场景当中，用户可以借助 Dashboard 模块化的特点完成分散信息的集中呈现，从而实现对整体情况的概览。

Dashboard 的设计过程应遵循相应的设计原则，即合理的视觉设计、简单的信息传递方式以及有效的显示媒介原则，明确目标用户以及使用场景和任务。首先，开发者要了解用户的特点以及目标，并根据用户需求分析选定 Dashboard 的主题，避免无效的数据信息。接着，按照内容的覆盖范围、时间跨度、内容细粒度以及个性化需求等要求，获取相应的实时数据信息，设计 Dashboard 的内容。对于用户而言，合理的信息内容结构能够帮助他们快速获取信息内容、高效决策，故按照相应的逻辑顺序合理组织 Dashboard 内容结构具有重要意义。通常来说，内容结构分为三种，即分类型、关联型和流程型，分类型是把内容归类后将相关的内容分组呈现；关联型是将具有一定逻辑关系的数据内容整合在一起；流程型结构则针对多环节内容之间的流程关系进行细化，从而引导用户使用。

此外，在 Dashboard 的设计中，为方便用户使用，设计者还需要提供相关功能特性，例如筛选、比较等，从而使用户获得更加友好的体验。Dashboard 能够清晰地将从多种数据源获取的数据信息通过特定的交互界面进行实时展示，方便管理者从可视化的数据中快速收集当前信息、了解发展态势、及时发现异常数据、做出合理决策，从而提高信息处理效率，创造更大的商业价值。

6.3.2　Dashboard 数据呈现

呈现数据的基础图表多种多样，根据不同的数据结构以及数据关系选择不同的图表形式，会有不同的表达效果。对于数据的可视化而言，关键的一步就是选择合适的图表展示数据。通常来说，数据之间包含五种常见的相关关系，即比较、趋势、联系、分布以及构成，如图 6-3 所示。

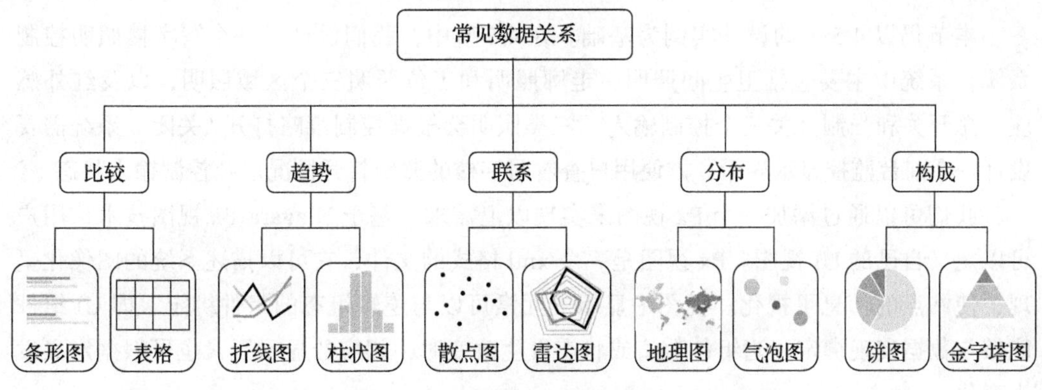

图 6-3　常见数据关系和呈现方式

1）比较：为展示数据主体之间的排列顺序，直观地观察数据的大小关系，“比较”类型的图表应运而生。例如，在农业种植中，可以利用条形图对比多地区的降雨量信息，根据雨量大小因地制宜地选择农作物进行种植，提高产量。常见的比较数据呈现形式有条形图、表格等。

2）趋势：在多种数据类型中，随时间发生变化的数据十分常见，这种数据描述了“趋势”这种态势，呈现出时间序列关系。例如，在对某车站的人流量进行监测时，可以利用折线图观测不同时刻下人流量的大小，以帮助管理者合理调度车辆，确保交通顺畅。该类数据关系常见的数据呈现方式有折线图、柱状图等。

3）联系：为关注数据变量之间是否存在某种关系，常用“联系”类型的图表展示数据。例如，在对某地环境进行综合评估时，可以借用雷达图将传感器采集到的环境信息（如水质、空气污染度等）加以展示，合理评估当地环境情况。这类数据关系常见的数据呈现形式包括散点图、气泡图、雷达图等。

4）分布：通常用来展示数据的频率信息。例如，检测某传染病在某地的感染情况时，我们可以利用地理图的方式展示该地不同区域的感染人数信息，从而帮助管理者判断区域的感染情况，合理进行区域防控。这类数据关系常见的数据呈现形式有地理图、气泡图、热力图等。

5）构成：该数据关系主要关注数据每个部分在总体中所占的比例。例如，在工业生产中，可以借助饼图的方式分析某项产品在生产过程中使用的技术手段占比，如传感器技术、嵌入式技术等，从而分析出该产品的核心技术点。这类数据关系常见的数据呈现形式包括饼图、金字塔图、漏斗图等。

不同的图表有不同的适用场景，在设计系统的 Dashboard 时，要充分考虑数据特性和用户需求，选择合适的数据图表形式，从而有效地提高数据信息的可读性和生产效率。

6.4　人机交互呈现设计案例

6.4.1　照明控制 Px 视图实例

本节仍以 4.5 节的设计实例为基础。在 4.5 节中，我们设计了一个写字楼照明控制系统，系统中主要包括卫生间照明、走廊照明和工位照明三个区域照明，以及红外感应、总开关和强制开关三个控制输入。三类照明会根据控制策略打开 / 关闭。系统需要设计一个前台监控显示界面，方便用户查看写字楼的照明打开情况以及控制输入状态。

我们可以通过添加一个 Px 视图来实现以上需求。基于 Niagara Px 视图技术，用户可以定义自己的 UI 视图。Px 视图是一个 xml 格式的文件，它可以描述系统的图像化呈现，使站点的信息可视化。视图中显示的元素可以与逻辑组态的组件绑定，即 UI 组件能够与数据实现绑定，当组件数值或状态发生改变时，相应的显示元素也可根据定义发生变化。

首先，基于系统的描述，先设计一张底图，包括三个照明区域，将该图作为 Px 视图的背景。其次，选择并添加要显示的元素，这里主要用到灯和开关，可以从 Niagara 自带的组件包里选择元素，也可以自己开发显示元素。最后，将显示元素与系统逻辑设计中的输入 / 输出点组件绑定，实现 UI 显示与实际输入 / 输出点状态的同步。操作步骤如下：

1）创建 Px 文件。通过文件夹右键菜单 Views → New View 创建 Px 文件，该文件可命名为 LightingControl.px。当前视图应该处于编辑模式，下面的工作都是在编辑模式下进行的。

2）设置画布的背景。在画布的 Properties 对话框设置 background 属性，如图 6-4 所示。从站点下面的 Files 空间为 Px 视图选择一张背景图片（背景图片需要事先复制到站点的 Files 目录下）。将 Scale 设置为 none，View Size 设为 1280 × 720。

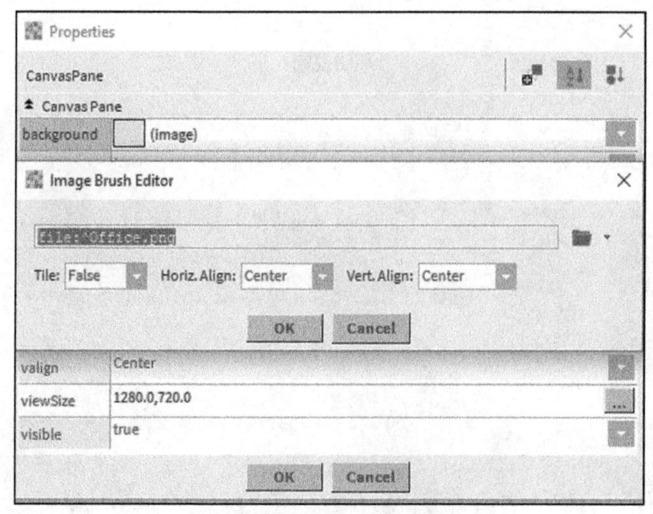

图 6-4　Px 视图背景图设置

3）添加 Px 视图的标题。从右键快捷菜单中选择添加 Label，在 Property 属性配置窗口通过 font 字段设置合适的字体、格式，通过 text 字段设置标签文本为“照明控制”。

4）添加卫生间照明显示组件。将卫生间照明组数据点拖放到 Px 视图上（应当确保视图处于 Edit 模式下）。这时会打开 Make Widget 向导。选择 From Palette 选项，然后点击向导里面的 Open Palette 按钮，调用 kitPxHvac 调色板，从中选择 bulbSmall 将灯具图片添加到 Px 视图上。

5）添加走廊照明显示组件。将走廊照明数据点拖放到 Px 视图上，在 kitPxHvac 调色板中选择 bulb，将灯具图片添加到 Px 视图上。

6）添加工作作区照明显示图片。

7）添加照明总开关输入。将总开关输入点拖放到 Px 视图上。从 Make Widget 向导里面选择 From Palette 选项，调用 kitPxN4svg 调色板。从中选择 LightSwitch，将总开关控件添加到 Px 视图上的合适位置。

8）添加工作区照明强制打开按钮，显示组件到 Px 视图上合适的位置。

9）添加卫生间红外探测器显示组件。将红外传感输入点拖放到 Px 视图上，从 Make Widget 向导里面选择 From Palette 选项，调用 kitPxN4svg 调色板。从 Lighting 文件夹选择 LightSensorOcc1，将卫生间红外探测器控件添加到 Px 视图上合适的位置。

10）添加总开关文字标签。将总开关输入点拖放到 Px 视图上。从 Make Widget 向导里面选择 Bound Label 选项，勾选 Format Text，并将这个字段设置为“总开关 /n %out.value%”(输入双引号里面的内容)。

11）将办公区强制照明开关的状态用文本形式显示在 Px 视图上。

Px 视图完成后，可切换至浏览模式，效果与图 6-5 类似。视图中的灯和开关等显示控件将和系统输入 / 输出点组件的实时状态绑定，当这些组件状态改变时，相应元素也发生改变，实现了用户 UI 的实时变化。

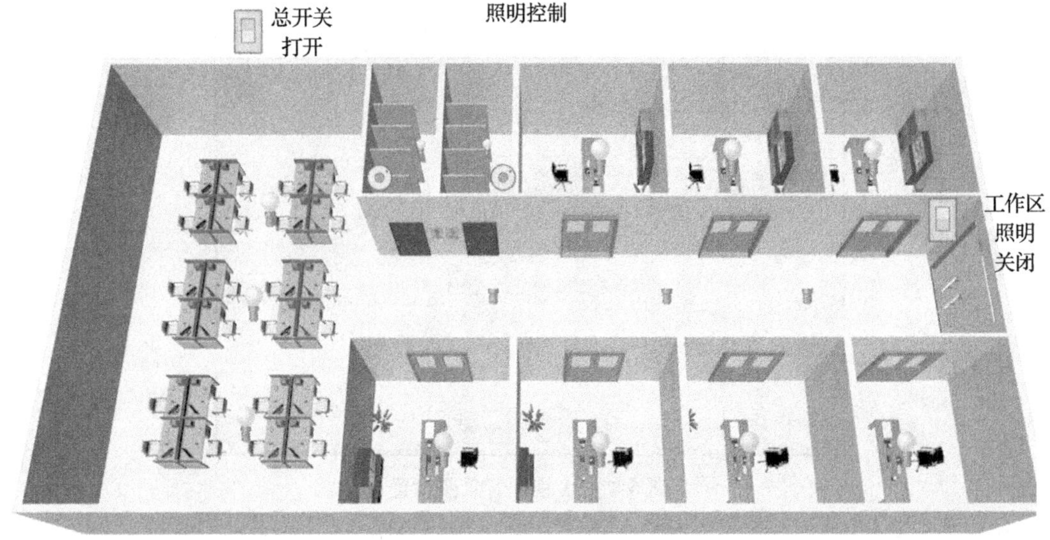

图 6-5　照明控制系统 Px 视图

6.4.2　能源管理界面实例

除了 Px 视图，基于 Niagara 框架，用户也可以开发自己的前台显示框架和组件，构建自己的 UI 呈现。本节以能源管理系统为例，展示数据交互和呈现的界面设计案例。

1. 系统看板界面

在能源管理系统中，一般会通过系统看板界面向用户呈现系统的基本能耗信息，展示一些用户比较关心的数据，如能耗的基本用量、能耗的使用排名、能耗的对比信息等，通常会以饼图、折线图或柱状图的方式呈现。图 6-6 为一个能源管理系统的看板，不同的视图类型给用户提供了简单明了的信息呈现方式，方便用户观察系统的能耗情况。

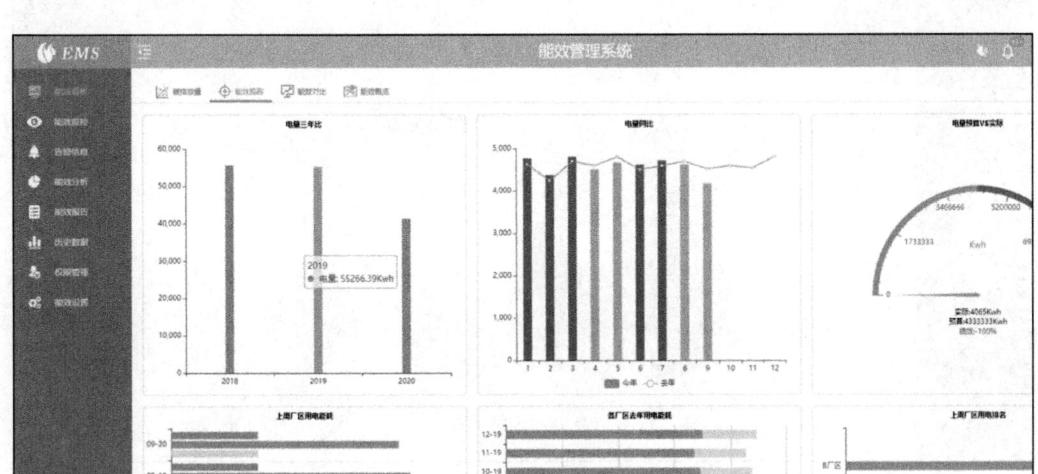

图 6-6　系统看板界面

2. 告警信息界面

告警信息界面主要是对能源管理系统中的用电情况以及一些电力参数进行实时监控，并显示相关的报警信息。以图 6-7 的告警信息界面为例，它不但能够为用户展示系统告警的统计情况，还能够显示实时产生的告警记录，并给用户发出提示。用户可在该界面看到告警的具体情况，并能够确认该告警。

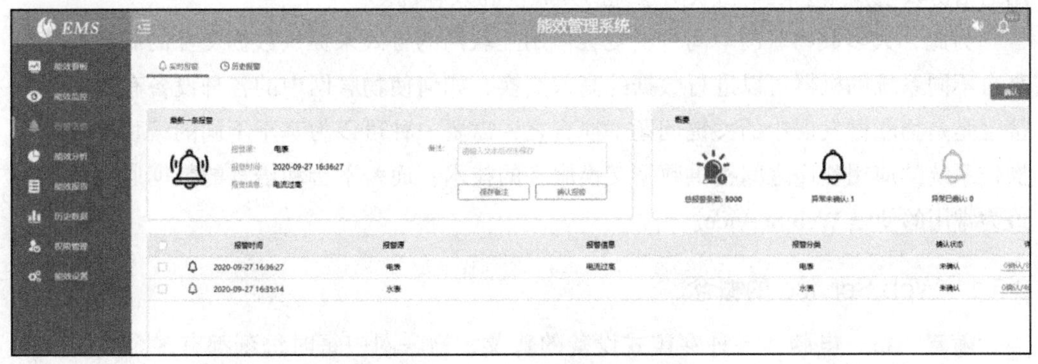

图 6-7　告警信息界面

3. 能效分析界面

能效分析界面也是能源管理系统常用的界面，它主要为用户提供能耗数据查询对比分析的功能。如图 6-8 所示，用户可以选择不同的区域或系统按一定的时间范围查询能耗的使用情况，并能将数据综合在一张图表中展示，方便用户从中发现能源使用的问题，为制定节能措施提供依据。

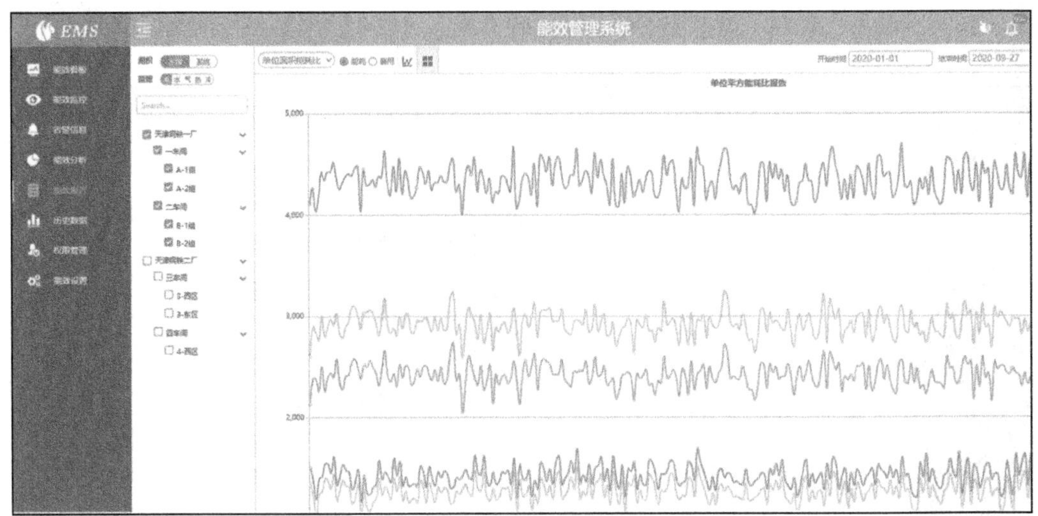

图 6-8　能耗分析界面

6.5　支撑数据交互的 Web Service

本章前面已经讨论了物联网系统中人与机器间的交互问题，即物联网中间件平台上 Dashboard 的设计直接体现了人机交互过程。机器之间进行交互的过程，实际上就是通过通信协议进行数据交换的过程。

随着物联网系统应用范围的拓展，越来越多的互联网系统需要与物联网进行对接，以获取物联网数据。在设计伊始，并不能确定会有何种系统来访问，因此固化在某种专用通信协议上显然会限制物联网系统的开放性和兼容性。

为此，大多数物联网中间件平台会借用互联网的方式来提供数据交互的服务，使得来自不同系统的机器可以进行数据的高效交换，如何使物联网中的各种设备有效完成对接也是是物联网发展中的关键问题。换言之，需要一种可以为基于不同的编程语言以及操作系统的应用程序之间提供数据交换服务的技术，而跨平台和语言的数据通信技术中最为常用的便是 Web Service。

6.5.1　Web Service 的概念

随着手机、电脑和各种穿戴式设备的普及，物联网中每时每刻都有多个应用程序进行着海量异构数据的交互和通信。在万物互联的物联网系统中，不仅交互的设备量会达到数十亿级别，同时编程语言总计有数百种之多，其上开发出的应用程序更是多种多样。这就要求应用程序具备与基于异构平台、不同语言开发的应用程序之间进行数据交互的能力。这一需求催生了满足跨平台和跨语言的应用程序的通信中间件技术 Web Service。Web Service 通过使用一系列的底层通信协议（如 HTTP 等），保障了服务器和客户端之间的自由通信，具有良好的互操作性和可扩展性。

Web Service 技术在本质上可被看作一种远程调用技术，它有以下几个优势：

1）应用程序只需要依据 Web Service 技术规范，即可忽略对方应用的编程语言、操作系统等信息。

2）Web Service 技术可以在不需要第三方软硬件帮助的情况下，自由且高效地进行数据交换。

3）Web Service 具备良好的互操作性和可扩展性，可以以松耦合的方式集成不同的应用程序，从而提供复杂的服务。

这些优势使得基于 Web Service 的应用程序开发变得十分简单且易于拓展，对实现不同平台间大量异构程序的互操作性十分有利，能够让应用程序承载巨大的用户量。

6.5.2 Web Service 的体系结构

一个典型的 Web Service 主要由三个组件组成，分别是服务注册中心、服务请求者以及服务提供者，此外还包含发现、发布和绑定三个操作，分别用于表示三个组件两两之间的交互。整个 Web Service 的体系结构如图 6-9 所示。

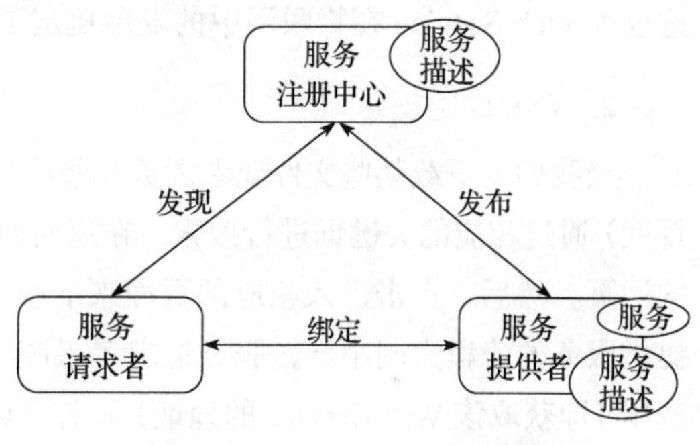

图 6-9　Web Service 体系结构

1）服务提供者：实现并发布 Web Service，然后响应服务请求。

2）服务请求者：通过服务注册中心找到所需要的 Web Service，获取相应的服务地址、调用方法等信息后请求所需服务。

3）服务注册中心：发布以及搜索 Web Service 的平台，即提供一个中介服务。

三种操作的作用如下。

1）发布：服务提供者在服务注册中心注册并发布服务，从而让服务请求者能够发现服务。

2）发现：服务请求者在服务注册中心搜索相应的服务，从而得到所需服务的相关信息。

3）绑定：服务请求者在获取所需服务的访问路径（URL）、调用参数等信息后，保存这些信息以供后续对所需服务进行远程调用。

最后，我们将这些组件和操作组合起来就可以组成 Web Service 的工作流程，即服务提供者实现自己的 Web Service，然后将相应的服务描述信息，包括功能、地址以及调用方法等通过发布操作公布出去，服务请求者通过发现操作获取所需 Web Service 的相关信息，接着通过绑定操作保存这些信息，最后利用保存的信息调用相应的 Web Service。

6.5.3 Web Service 的相关技术

Web Service 涉及的技术主要有 SOAP、WSDL 以及 UDDI，具体来说，通过 UDDI 注册以及发布服务，使用 WSDL 文件进行服务描述，最后通过 SOAP 协议来调用服务。

1. SOAP

当前，各种异构平台上的应用程序之间的数据交互需求庞大，而平台之间的差异性使得它们之间的交互变得十分困难，因此需要一种能够将这些异构平台上的应用程序相互连接起来的协议。SOAP（Simple Object Access Protocol，简单对象访问协议）就是为了解决异构平台上应用程序之间的数据交互问题而诞生的，它是 Web Service 的基本通信协议，可以在不用考虑设备的操作系统、编程语言以及模型框架的差异的情况下，实现应用程序之间高效的数据交换。

SOAP 协议则在 XML 的基础上定义了如何将数据表示为 SOAP 消息以及如何通过底层通信协议（如 HTTP）来传输 SOAP 消息等规则。以 HTTP 协议为例，SOAP 协议首先利用 XML 格式封装数据，在此基础上添加一些用于解释 HTTP 消息内容格式的 HTTP 消息头，然后利用 HTTP 协议来发送或接收相应的消息，最后通过解码获取相应的数据。当然，底层通信协议不局限于 HTTP 协议，还可以是 SMTP、MIME 等协议，这也为 Web Service 在物联网中的发展奠定了基础。

2. WSDL

当我们要下载某些文件或者浏览某些信息时，比较常见的做法是使用搜索引擎（比如百度）通过相应的关键词进行搜索，在返回的结果中，根据快照所提供的信息来选择相应的网页。然后，点击进入相应的页面来下载文件或者浏览信息。这个过程和 Web Service 提供服务的流程大同小异，服务请求者想调用所需的 Web Service 时，他需要知道去哪里调用（即获取该 Web Service 的地址）和怎么调用（即获取该 Web Service 的调用方法），这就需要服务提供者对外公布调用此服务的地址和调用方法等信息，这就是 WSDL。

WSDL（Web Service Description Language）是一个基于 XML 的语言，因此继承了 XML 平台无关的特性，它主要包含 Web Service 的服务描述（即能提供怎样的服务），以及 Web Service 的地址，还有 Web Service 的调用参数和返回值等信息。

3. UDDI

显然，Web Service 也需要一个类似搜索引擎的平台，或者说服务注册、发布以及查询系统，使得服务提供者能够快速注册并发布自己的服务，同时服务请求者也能够快速、有效地发现自己所需的服务，这在 Web Service 中是由 UDDI 来实现的。

UDDI（Universal Description Discovery and Integration，通用描述、发现与集成）是一种根据服务描述文档来搜索相应的 Web Service 的机制，服务提供者通过 UDDI 来注册自己的 Web Service，服务请求者则通过 UDDI 来搜索自己需要的 Web Service。

6.5.4 物联网中间件平台上的 Web Service

物联网应用程序往往是针对某些大规模和分布式的场景，而且应用之间的通信增加了服务管理的复杂性，同时导致了数据利用率低等问题。为了实现物联网之间以及物联网系统和应用之间的广泛数据共享，将 Web Service 引入物联网中来构建物联网服务已经成为一种普遍做法。基于 Web Service 在物联网中构建服务主要有两种方式：直接方式和间接方式。

1. 直接方式

顾名思义，直接方式就是直接将服务部署在传感器节点上。换句话说，就是直接在传感器节点上部署相应的 Web Service 协议栈。在这种情况下，资源受限的传感器节点需要具有处理 SOAP 消息的能力，而 SOAP 消息默认是通过开销较大的 HTTP 协议进行传输的，这将导致服务效率低下，同时能耗较大，而这对于能量有限的传感器节点而言会极大地影响服务的可用性。

2. 间接方式

在间接方式下，传感器节点仅仅作为一个数据提供者，将服务构建在物联网网关或者专门的服务器上。具体来讲，就是在网关或服务器上实现 Web Service，然后将网关或服务器作为中介来实现传感器节点与服务请求者的数据交互，从而将传感器节点的功能包装成服务。在这种情况下，传感器节点只需要部署轻量级的物联网协议栈来传输数据，而不需要像直接方式那样部署重量级的 Web Service 协议栈，从而提高了服务效率，降低了节点能耗。但这种方式会使服务与数据分离，当传感器节点发生变化时，难以及时调整服务，灵活性较差。

3. 融合方式

鉴于直接方式和间接方式都有各自的缺点，于是诞生了一种根据物联网的特性、结合这两种方式优点的融合方式。在融合方式中，和直接方式一样将传感器节点作为服务提供者，不同的是，物联网中不再使用 HTTP 协议来进行消息的传递，而是采用轻量级的物联网通信协议（如 CoAP 协议）来降低能耗；同时，和间接方式一样引入了汇聚节点（如网关、服务器），但汇聚节点不作为服务提供者，而是用于进行物联网通信协议和外部通信协议间的转换，即充当“翻译”。

以 CoAP（Constrained Application Protocol）协议为例，它是为了解决 HTTP 协议的高开销而提出的一种轻量级物联网通信协议。CoAP 协议是基于 UDP 协议建立的，不是 HTTP 协议中所使用的 TCP 协议，因此在很大程度上减少了报文开销，更适合资源受限的物联网。前面提到过，SOAP 协议可以基于不同的底层通信协议，因此像绑定 HTTP 协议那样将 SOAP 消息绑定到 CoAP 协议上，就可以利用 CoAP 协议来传递 SOAP 消息。当然，由于服务提供者和服务请求者所使用的通信协议的差异，汇聚节点需要完成 HTTP 协议与 CoAP 协议之间的互相转换。融合方式下物联网中 Web Service 的服务流程如图 6-10 所示。

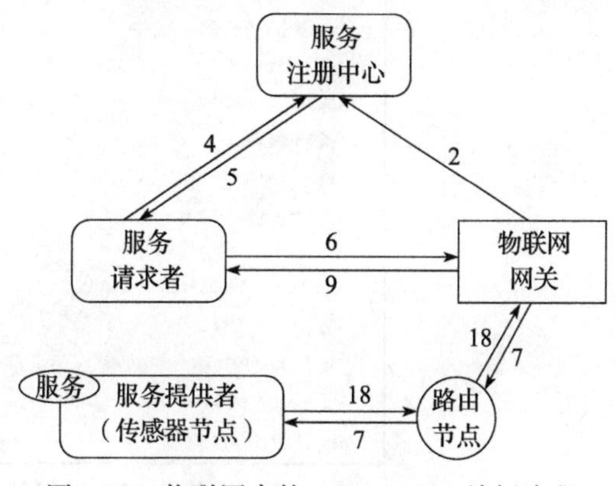

图 6-10　物联网中的 Web Service 访问流程

1）传感器节点部署好 Web Service 之后，作为服务提供者通过 CoAP 协议将包含其 WSDL 服务描述文件的 SOAP

消息发送给物联网网关。

2）物联网网关收到 SOAP 消息后，将其底层通信协议转换为 HTTP 协议，然后发送到服务注册中心。

3）服务注册中心收到 SOAP 消息后，解析消息，获取 WSDL 文件，然后完成服务注册和发布。

4）服务请求者需要使用某个 Web Service，于是基于 UDDI 在服务注册中心搜索所需的 Web Service。

5）服务注册中心将对应 Web Service 的 WSDL 文件返回给服务请求者。

6）服务请求者根据 WSDL 文件中的信息，获取服务的地址、调用参数等信息后，向对应地址发送服务调用请求。

7）物联网网关将收到的服务调用请求的底层通信协议转换为 CoAP 协议，然后发送给提供相应服务的传感器节点。

8）传感器节点收到服务调用请求后，处理请求，并将服务结果发送给物联网网关。

9）物联网网关替换底层通信协议，将服务结果发送给服务请求者从而完成服务。

Web Service 除了可以为其他系统提供数据交互的功能外，还能广泛应用在人机交互场景中。下面以 Niagara 平台为例，延续人机交互的设计案例，说明一个 Web Service 的建立过程。

Niagara 站点自带 Web Service，只需到站点 Service 容器下配置 WebService 属性，如图 6-11 所示。系统默认使能 Https 443 端口。用户可通过浏览器输入站点的 IP 地址访问该站点的资源。这里访问本机站点 https://localhost/login，输入站点的用户名和密码登录后就可以看到站点的内容（登录页面如图 6-12 所示），通过导航栏可以找到 LightingControl 文件夹，双击该文件夹可以看到 6.4.1 节所做的 Px 视图，如图 6-13 所示。

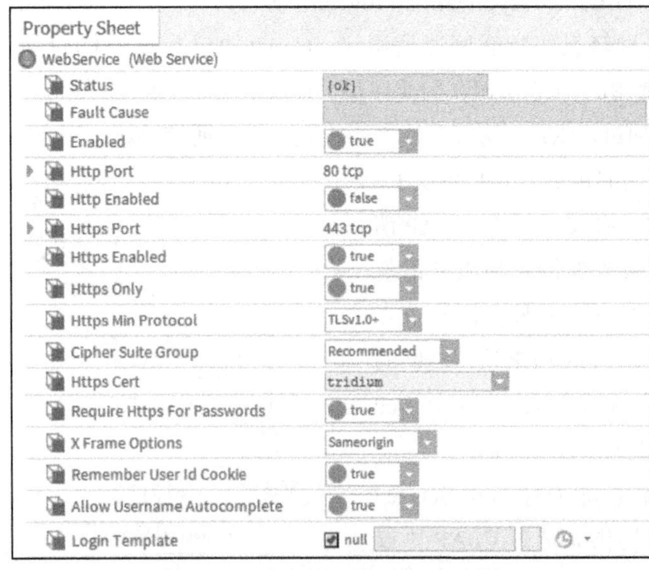

图 6-11　站点的 WebService 配置

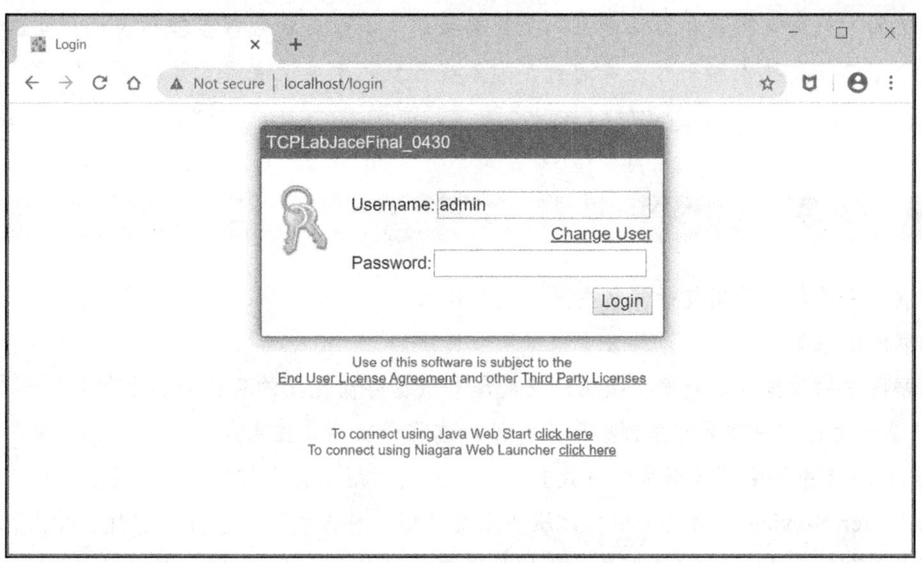

图 6-12　站点的登录页

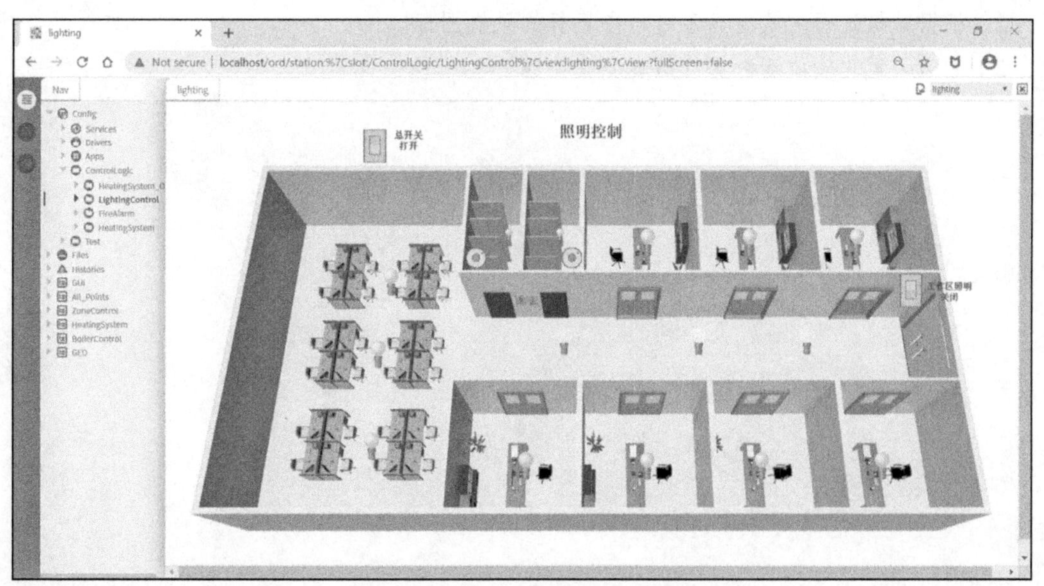

图 6-13　浏览器访问的站点视图

本章小结

物联网系统（例如智能家居系统、智能穿戴设备等）时刻需要对数据进行实时记录与呈现。但物联网中数据的格式和来源各异，所以在信息传输和交互过程中需要进行数据整理才能高效地进行信息的互通。用户可以通过纷繁多样的物联网应用对所得数据进行信息感知和查询，并据此进行各种设备控制。因此，在物联网中间件中，如何设计合理高效的人机交互机制和界面是另一个重要课题。本章针对数据整理和人机交互这两个问题介绍了相关技术和平台，并通过实际系统开发示例向读者展示了这两个问题的解决方案。

习 题

1. 物联网中的数据采集包括哪些主要手段和技术？
2. 物联网中采集到的数据为什么要进行信号转换？
3. 物联网中的数据分级处理、数据降维处理和数据存储优化的目标分别是什么？
4. UI 设计的过程中需要遵循哪些原则？设计流程中有哪些注意点？
5. Dashboard 中的主要数据呈现方式有哪些？分别适用于什么样的数据关系？
6. 基于 Web Service 在物联网中构建服务主要有哪几种方式？它们分别有什么特点？
7. 基于 Niagara 组件为 4.1.4 节的地下室通风系统设计一个 Px 视图，基本要求如下：
   1）包含一氧化碳传感器的图标并能够显示一氧化碳浓度的实时监测值。
   2）根据风机运行的状态显示可动态运行的风机图标。
   3）显示一氧化碳监测数据的历史变化曲线。

第7章　基于中间件的物联网安全技术

物联网技术已被广泛应用于生产制造、能源化工、通信传输到物流等关系到国计民生的行业和领域。随着新型基础设施建设的加速推进，物联网的建设速度不断加快，带来了一系列安全风险。因此，要对物联网系统的安全问题有足够的关注与重视。

目前，物联网安全已经成为物联网系统建设中的基础问题，物联网中间件作为构建物联网系统的重要工具和支撑技术也必须将物联网安全问题纳入管理范围。新兴的物联网安全问题涉及范围较广，本章限于篇幅只能对其中部分内容进行介绍，并以特定的物联网中间件支撑平台为案例，重点介绍如何基于物联网中间件建立安全的物联网系统。

7.1　物联网系统的安全机制

物联网通过感知和控制现实世界中的实体将物理世界与计算机系统融合起来，物联网中的实体与物理环境相互影响。物联网集成了传感、计算机、通信、电子等一系列技术，这些技术本身就存在各种各样的漏洞，导致了物联网系统也存在各种安全隐患。物联网分为感知、网络和应用三个层次（参见1.2.1节），这些层次采用不同的技术，因此会引入不同类型的安全风险，进而成为非法入侵的突破口，使整个物联网系统暴露于安全威胁之下。

另一方面，物联网系统本身的特点也导致物联网系统具有高度的安全风险。首先，物联网系统是高度灵活的，导致系统没有明显的边界。其次，物联网系统是异构的，包括了不同的设备平台、通信媒介、通信协议，甚至包含未联网的实体。最后，物联网系统整体或部分可能没有受到严格的物理保护，或者物联

网系统中的不同部分的管理方不同，无法提供统一的保护。现有物联网漏洞中最为常见的便是缺乏基本的安全防护，如缺少加密、认证、访问控制等安全措施。其中一个重要的原因是物联网的各种智能终端基于嵌入式计算机系统开发，而传统的嵌入式系统面向特定应用、很少联网，因此开发公司和终端用户对安全风险认识不足。另一个原因是各种物联网终端基于系统资源有限的（例如计算资源、存储资源）嵌入式计算机系统进行开发，现有安全技术、工具、商品很难直接部署到物联网设备和系统。例如，现有的加密协议通常需要运行在计算资源较为丰富的设备上，而物联网设备的特点往往是低配置、低功耗，当多个加密操作同时执行时，就会给物联网设备带来巨大的挑战。

7.1.1 异构设备的安全连接机制

对于物联网中间件来说，其核心功能之一就是实现异构设备的协议转换和互联互通。因此，如何确保异构设备连接的安全性是物联网中间件安全机制要关注的一个重要方面。

1. 异构设备安全连接的关键问题

异构设备的安全连接需要考虑以下关键问题：

1）应有合理的网络参考模型，涉及是否对现有的中间件系统做大的改动，如协议栈、接入的功能设备、拓扑结构等。

2）各个异构设备通过不同的网络通信技术和中间件实现异构网络融合，应如何在各异构网络之间建立信任关系。

3）大量异构设备终端接入异构网络中，应考虑相应的身份信息核实、接入访问控制、服务权限确认等问题。

4）异构设备之间传输数据时的机密性、完整性保护、数据源验证、密钥协商交换等问题。

5）动态异构设备在异构互联网络切换时带来的安全问题，如漫游、切换过程中的设备切除 / 接入控制、认证切换等。

2. 异构设备安全连接的体系结构

物联网系统的异构设备安全连接体系结构如图 7-1 所示，由安全接入模块、管理模块、外部安全支撑模块、执行模块 4 个部分构成。目前，上述各类功能模块都有相应的物联网中间件可用于加速上述功能的实现，并提供标准的接口以及成熟可靠的安全保障机制。

（1）安全接入模块

安全接入模块是异构设备安全互联的核心模块，主要功能是接收管理系统命令，调用正确的身份认证模块，经过和执行模块的交互，完成异构设备接入认证过程。该模块主要包括以下子模块。

1）身份认证：该子模块包含加载完毕的认证模块，接收管理模块调度指令，选择并激活合适的认证模块，保存所需的各种协议认证数据。利用激活的认证方案，实现身份证书的鉴别判定，每种网络认证方法都对应各自独立的身份认证模块。

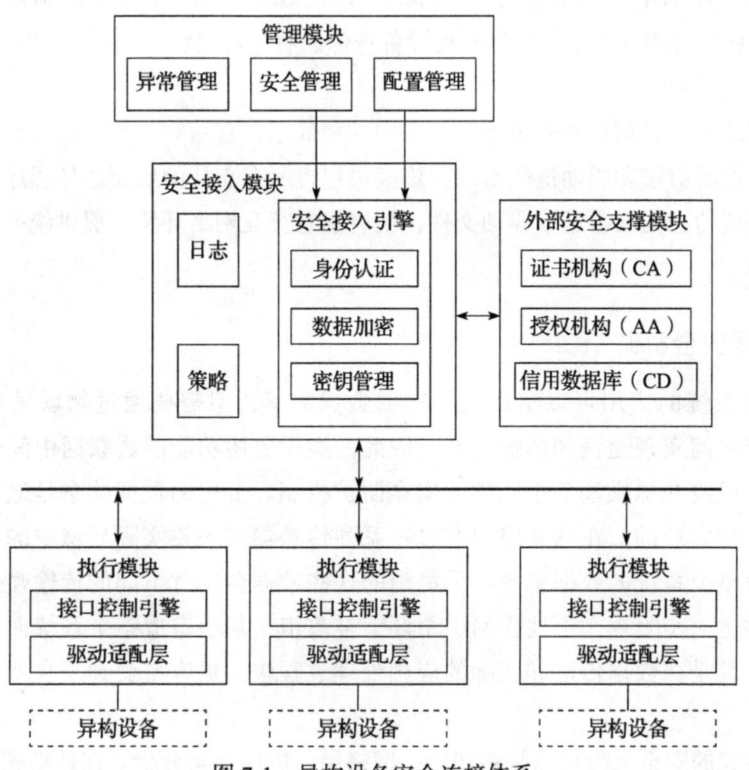

图 7-1　异构设备安全连接体系

2）数据加密：该子模块完成原始数据的加密 / 解密功能。利用对称密钥、非对称密钥、哈希运算等加密算法，对各个异构设备采集、反馈的数据进行处理，保证通信保密性。

3）密钥管理：实现异构设备通信模块和接入物联网系统的密钥协商功能，针对每种通信协议设计不同的密钥及管理方法。

4）日志：良好的日志管理是实现异构设备安全连接的有力保障，日志管理器处理安全体系中的重要安全功能组件的行为记录，为后续分析问题和决策、进行异常情况恢复提供重要依据。

5）策略：策略管理依据安全管理模块的用户安全指令，设置安全接入模块网络认证策略，如开放式链路认证、共享密钥认证，同时策略可以被用户看到并选择。

（2）管理模块

管理模块主要由安全管理、配置管理、异常管理子模块构成，可实现参数配置、异常监测等功能。其中，安全管理模块对相关配置指令进行解析，配置安全控制引擎，实现对系统安全策略的设置；配置管理模块实现系统文件的配置和修改功能；异常管理模块监测和响应系统非常规工作状态。

（3）外部安全支撑模块

外部安全支撑模块主要包括证书机构（Certification Authority，CA）、授权机构（Authorization Authority，AA）、信用数据库（Credit Database，CD），分别实现确认异构设备身份、赋予异构设备接入权限、存储异构设备身份证明等功能。

（4）执行模块

执行模块位于异构设备安全连接体系中的最底层，直接和异构设备硬件进行数据交互，由接口控制引擎和驱动适配组成。该模块包含所有支持的底层通信程序，通过上层命令选择相应的异构设备通信驱动文件，配置信息交互网络环境，提供统一的信息交互程序接口。

7.1.2 数据安全机制

物联网系统的应用可以实现高层次的数据共享，但需要通过物联网中间件在不同的子系统之间实现通信和数据交互。因此，实现上述功能的物联网中间件应该考虑相应的安全风险并提供基于中间件的安全防护机制。上述的数据共享是通过一套完整的物联网架构实现的，在感知层中通过一系列传感器来采集实际环境中的各类参数和数据，成为整个系统的数据来源。采集到的这些数据会经过不同的传输媒介被传送到上层节点做进一步处理。上述任何一个环节被攻击，都会造成整个系统面临严重的安全威胁，尤其是在数据传输和实际的应用处理过程中，更容易受到来自不同方的各种攻击。

数据造成的安全风险可以从感知层、网络层、应用层来分析。在数据感知层，采用了大量的传感器、终端采集设备、识别设备，而且感知层中使用的设备数量非常多，这给用户带来很高的应用成本和维护成本。除此之外，感知层的设备功能较为单一，通常计算资源是受限的，这也使得攻击者更容易进行攻击。攻击者攻击成功后，可以对设备的参数、数据进行恶意的篡改和截取。常见的攻击包括对设备进行监听、拒绝服务攻击、注入恶意数据攻击。更糟糕的是，只要有一个节点受到攻击，整个网络中的节点都可能被感染，进而导致整个物联网系统被攻陷。

网络层包含多种不同的通信协议，但是数据协议本身是可以被破解的，因此攻击者一旦破解了对应的通信协议，对数据的篡改、注入将变得得心应手。正是因为物联网的通信协议没有形成统一的规范，不同的设备会使用不同的数据格式，因此在部署安全机制时将变得异常困难，而这些协议的安全性也难以得到保证。在最糟糕的情况下，一些数据将完全暴露在网络中，一旦被截取就可以轻松地被识别出来。网络层最容易出现的是拒绝服务攻击、嗅探攻击、中间人攻击、重放攻击。这些攻击都会对数据安全产生极大的影响，进而影响整个物联网系统的安全。

应用层为物联网系统提供了一个包含计算和存储的平台，可以对收集的数据进行相应的分析和处理。该层的安全威胁主要来自软件和固件中的漏洞，攻击者可以远程利用这些漏洞进行代码注入攻击、缓冲溢出、钓鱼攻击、基于控制访问的攻击等，从而轻易地获取从底层收集到的敏感数据。除此之外，这些攻击还会影响正常的系统行为。

围绕物联网数据在各个层次所面临的安全问题，接下来，我们从采集、传输、存储、处理和销毁等层面对数据防护技术进行介绍。

1. 数据采集安全

数据采集属于物联网系统感知层的工作，传感器通过感应、扫描、扫码等方式获取数据信息。为确保数据采集的安全，可以提供冗余的传感器节点，并在网络关键位置替换损坏或被盗的传感器节点，使网络可以自我修复以保护物联网的物理安全。另外，在非技术层面，可以制定设备使用及维护规范，定义设备的生命周期控制，定期审查、升级及维护设备。对于数据认证访问，可根据数据收集系统的不同采取不同的安全措施，如安全认证机制、密码学技术、入侵防护系统和双因子认证等方案，从而增强安全性。

2. 数据传输安全

数据传输属于网络层，通常采用加密和认证技术来解决传输安全问题。加密方法主要有对称加密和非对称加密。对称加密具有加密 / 解密效率高的优势，而非对称加密可消除对称加密方法存在的安全隐患，但需要进行大量复杂度较高的计算操作，对比解密后的明文摘要和发送的摘要是否一致来证明数据是没有遭到篡改的原始数据。

3. 数据存储安全

为了更好地保障存储环境下的数据安全，通常应用数据加密、访问控制和备份恢复策略。

- 数据加密安全策略：使用加密技术以安全模式存储数据，使用指定算法生成密钥并提供可靠的密钥管理方案，既可以保证解密后的数据存储在指定位置，又能保证计算数据的安全性。此外，还可直接存储加密后的数据。
- 访问控制策略：数据和服务的完整性和机密性与访问控制和身份管理有关。在重启服务或按需付费的云模式中，云资源是动态的，对云用户具有弹性并且 IP 地址不断更改，这允许云用户在云资源中按需加入或删除功能，这些功能都需要有效的访问控制和身份管理。
- 灾难备份与恢复安全策略：当发生意外或灾难时，数据备份非常重要。数据备份简单来讲就是创建相关数据的副本，在原数据被删除或由于故障而无法访问时，可以根据副本恢复丢失或者损坏的数据。灾难备份的作用是使本地和远程两个主机之间的文件达到同步。为保证备份的高效性，每次仅传送两个文件的不同部分而不是整个文件。在进行数据恢复操作时，将对应的不同主机存储的文件进行比对，通过复制、覆盖等手段完成对应的数据恢复操作。数据备份降低了数据丢失的可能性，进一步保障了数据存储安全。

4. 数据处理安全

常见的数据处理安全技术有以下几种：

1）保护分布式框架内的数字资产，目前主流的预防措施是确保映射器安全，尤其是保护那些未经授权的映射器数据。

2）对于 NoSQL 数据库或 Hadoop 分布式文件系统，在对存储数据进行精细访问控制时，使用强大的身份认证过程和强制访问控制手段。

3）异常行为检测系统能自动对客户的网络进行分析，确定正常的行为，并建立一个基线，如果发现不正常的或者可疑的行为就会报警。除监视应用程序的行为外，还可监视文件、设置、事件和日志，并报告异常行为。

4）使用同态加密技术可以将数据加密后送往云端，云端无需解密即可直接对密文数据进行计算，数据内容仅数据终端知道，从而保证了数据隐私的安全。

5. 数据销毁

出于某种原因，比如可能需要用其他磁盘替换或不再维护磁盘上的数据，就需要销毁磁盘及数据，或仅销毁数据。除磁盘外，还有其他存储介质，因此需结合具体场景保障销毁的彻底性。针对不同的存储介质或设备，使用不同的不可逆销毁技术，实现针对磁盘、光盘等不同数据存储介质的销毁。还应建立销毁监察机制，严防数据销毁阶段可能出现的数据泄露问题。

7.1.3 隐私安全机制

隐私安全是物联网安全中的一个重要属性。例如，对于可穿戴设备和一些随身的医疗设备，这些设备上的程序依赖于从人身上采集的数据，人体也成为数据源。这些设备收集的数据通常会被上传到云端或传递给其他设备，如手机。收集到的数据类型是非常丰富的，而且数据中包含了位置、时间、上下文等信息，可以用来推断用户的生活习惯、行为方式和个人爱好。另外，带有定位功能的地图软件可以记录使用者的行踪。同时，物联网设备很可能在未经使用者同意的情况下收集大量个人资料。这些因素会带来隐私安全方面的极大风险。

物联网设备生产商和远程入侵者能够窃取用户的隐私信息，如智能家庭中的物联网设备可以全天候采集用户的信息，用户却难以发现自己的个人信息已经泄露。而且，物联网是互联的，因此用户资料可能被全球共享，在这种情况下，用户根本无能为力。物联网系统中联网的设备数量越来越多，基于物物互联的特性，一旦一个设备受到攻击，会导致互联的其他设备也受到攻击。如果物联网设备中存在漏洞，攻击者便可以运用这些漏洞发动阻断服务攻击，通过这些物联网设备直接汇集个人资料，不仅导致物联网设备的安全性降低，个人隐私受到攻击的可能性也会增加。

隐私保护不同于数据保护，隐私保护认为数据访问是公开的，其核心是保护隐私数据与个人之间的对应关系，使得数据不能被对应到特定的人身上。目前，隐私保护的主要安全机制有发布匿名保护技术和数字水印技术。

1. 发布匿名保护技术

数据表中的属性通常分为标识符、准码和隐私属性三类。标识符表示个人身份，如身份证号、社会保险号等；准码是可以与其他表进行连接的属性。在发布数据时，通常会删除标识符以避免数据对应到特定的人，即便如此，攻击者还可以通过准码与其拥有的其他数据资源进行连接，从而标识出个人。抽象和压缩是最早也是使用最广泛的匿名化技术，其原理是将数据表中可能会被用作准码的属性用概括值来代替，如年龄值23、26可以抽象成区间［20，29］，生日的日期“年/月/日”可以压缩成“年/月”。通过使用泛化值来代替具体值，可以减少信息的可用性以保证隐私安全。对于一些非数值型数据，可以使用聚类和划分、扰乱和添加噪声等技术来实现匿名化。

2. 数字水印技术

在一些场景中，信息所有者需要看到其隐私数据，并且保证其他人不能获取隐私内容，这就需要数字水印技术。数字水印技术不同于加密技术和访问控制，可以保证只有信息的拥有者才能获取数据内容。

数字水印技术通常是把数据中所包含的标识信息以某种方式嵌入水印中，有效规避数据攻击者对水印所产生的影响，同时可以将数据库指纹信息按照一定的格式录入到水印当中，从而准确地判断出是信息的所有者还是被分发的对象，最终实现对用户信息的有效保护。

7.2　访问控制技术

7.2.1　访问控制的概念

随着各种信息系统的数量及规模不断扩大，存储在系统中的敏感数据和关键数据也越来越多，这些数据都依赖于系统进行处理、交换、传递。信息安全是企业信息系统正常、稳定运行的基础，发挥着越来越重要的作用。

作为信息安全技术的重要组成部分，访问控制（Access Control）负责根据预先定义的访问控制策略授予主体访问客体的权限，并对主体使用权限的过程进行有效的控制，从而确保企业的信息资源不会被非法访问。

访问控制是指系统对用户身份及其所属的预先定义的策略组限制其使用数据资源能力的手段，通常由系统管理员用于控制用户对服务器、目录、文件等网络资源的访问。访问控制是确保系统机密性、完整性、可用性和合法使用性的重要基础，是网络安全防范和资源保护的关键策略之一。其本质是校验对信息资源访问的合法性，目标是保证主体在授权的条件下访问信息。

访问控制的主要目的是限制访问主体对客体的访问，从而保障数据资源在合法范围内得以有效使用和管理。为了达到上述目的，访问控制需要完成两个任务：识别和确认访问系统的用户、决定该用户可以对某一系统资源进行何种类型的访问。

访问控制包括三个要素：用户、资源和控制策略。

1）主体（用户）：主体负责提出访问资源的请求，是某一操作 / 动作的发起者，但不一定是动作的执行者。主体通常是某一用户（可以是人，也可以是由人启动的进程、服务和设备等）。

2）资源：是指被访问的实体，又称为客体。所有可以被操作的信息、资源、对象都属于客体。客体可以是信息、文件、记录等集合体，也可以是网络上的硬件设施、无线通信中的终端，甚至可以包含另外一个客体。

3）控制策略：主体对客体的相关访问规则集合，即属性集合。访问策略体现了一种授权行为，也是客体对主体某些操作行为的默认。

三者之间的关系如图 7-2 所示 .

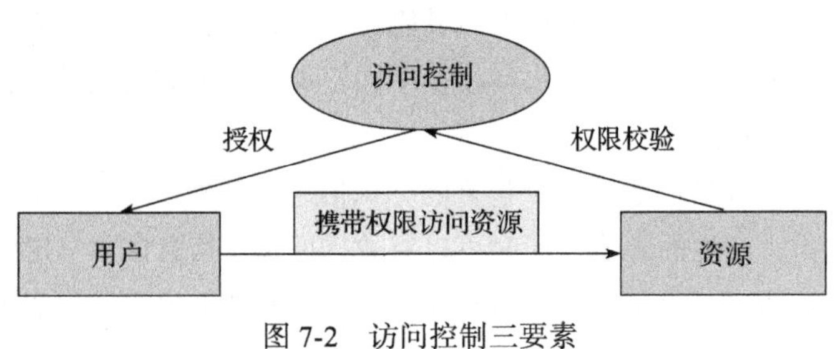

图 7-2　访问控制三要素

访问控制的主要功能包括：保证合法用户访问受保护的网络资源，防止非法的主体进入受保护的网络资源，或防止合法用户对受保护的网络资源进行非授权的访问。访问控制首先需要对用户身份的合法性进行验证，同时利用控制策略进行选择和管理工作。当完成用户身份和访问权限验证之后，还要对越权操作进行监控。因此，访问控制的内容包括认证、控制策略实现和安全审计。

1）认证：包括主体对客体的识别及客体对主体的检验和确认。

2）控制策略：通过合理地设定控制规则集合，确保用户对信息资源在授权范围内合法使用。既要确保授权用户的合理使用，又要防止非法用户侵权进入系统，泄露重要信息资源。同时，对合法用户也不能越权使用权限以外的功能及访问范围。

3）安全审计：系统可以自动根据用户的访问权限，对计算机网络环境下的有关活动或行为进行系统、独立的检查和验证，并做出相应的评价与审计。

7.2.2　访问控制常用的模型

传统的访问控制技术主要有三种：自主访问控制、强制访问控制和基于角色的访问控制。随着互联网技术的快速发展，云计算、移动计算等新的应用场景对于访问控制提出了新的挑战。

1. 自主访问控制和强制访问控制

（1）自主访问控制

在计算机安全中，自主访问控制模型（Discretionary Access Control，DAC）是根据自主访问控制策略建立的一种模型，是由《可信计算机系统评估准则》所定义的。它是根据主体（如用户、进程或 I/O 设备等）的身份和所属的组限制对客体的访问。所谓的自主，是因为拥有访问权限的主体可以直接（或间接）地将访问权限赋予其他主体（除非受到强制访问控制的限制）。

这种控制方式是自主的，也是一种比较宽松的访问控制，即它是以保护用户的个人资源的安全为目标并以个人意志为转移的。它强调的是自主，由主体决定访问策略，但其安全风险也来自自主。例如，自主访问控制机制中数据的拥有者可以任意修改或授予此数据相应的权限。传统的 Linux、Windows 都采用这种机制，比如某用户对于其所有的文件或目录可以随意设定其他用户 / 组 / 其他所有者的读 / 写 / 执行权限。

（2）强制访问控制

强制访问控制模型（Mandatory Access Control，MAC）是一种多级访问控制策略，用户的权限和客体的安全属性都由系统管理员设置，或由操作系统自动地按照严格的安全策略与规则进行设置，用户和他们的进程不能修改这些属性。它的主要特点是系统对访问主体和受控对象实行强制访问控制，系统事先给访问主体和受控对象分配不同的安全级别属性，在实施访问控制时，系统先对访问主体和受控对象的安全级别属性进行比较，再决定访问主体能否访问该受控对象。

通过强制访问控制，安全策略由安全策略管理员集中控制，用户无权覆盖策略，例如不能给被否决而受到限制的文件授予访问权限。相比而言，自主访问控制也有控制主体访问对象的能力，但允许用户进行策略决策和 / 或分配安全属性，传统 UNIX 系统的用户、组和读 – 写 – 执行就是一种 DAC。启用 MAC 的系统允许策略管理员实现组织范围的安全策略。在 MAC（不同于 DAC）下，无论是意外还是故意为之，用户都不能覆盖或修改策略，这使安全管理员定义的策略能够向所有用户强制实施。

（3）自主访问控制与强制访问控制的区别

在自主访问控制模型中，用户和资源都被赋予一定的安全级别，用户不能改变自身和客体的安全级别，只有管理员才能确定用户和组的访问权限。在强制访问控制模型中，系统事先给访问主体和受控对象分配不同的安全级别属性，通过分级的安全标签实现信息的单向流通。强制访问控制一般在访问主体和受控客体有明显的等级划分时采用。

但是，不能认为强制访问控制的漏洞相对较少，就使用强制访问控制代替自主访问控制。其原因在于，这两种安全策略适用于不同的场合。有些安全策略只有用户知道，系统是无法知道的，那么适合自主访问控制；有些安全策略是系统已知的、固定的且不受用户影响，那么适合强制访问控制。因此，自主访问控制和强制访问控制的差别不在于安全强度，而在于适用的场合不同。

2. 基于角色的访问控制

基于角色的访问控制（Role-Based Access Control，RBAC）是实施面向企业安全策略的一种有效的访问控制方式。

这种访问控制模型的主要思想是对系统操作的各种权限不是直接授予具体的用户，而是在用户集合与权限集合之间建立一个角色集合。每一种角色对应一组权限。用户被分配了适当的角色后，就拥有此角色的所有操作权限。这样做的好处是，不必在每次创建用户时都进行分配权限的操作，只要给用户分配相应的角色即可，而且角色的权限变更比用户的权限变更要少得多，这样将简化用户的权限管理，减少系统的开销。

3. 基于属性的访问控制

基于属性的访问控制（Attribute Based Access Control，ABAC）能解决复杂信息系统中的细粒度控制和大规模用户动态拓展问题，为云计算系统架构、开放网络环境等应用场景提供较为理想的访问控制技术方案。

ABAC 的优点是具有强大的表达能力、很强的灵活性和良好的可拓展性，可以较好地解决大规模主题动态授权的问题。实体属性可以从不同的视角描述实体，用属性描述的策略可以表达基于属性的逻辑语义，灵活地描述访问控制策略。如果将传统访问控制中的身份、角色以及资源安全密级等信息抽象为实体的某个属性，ABAC 可以被视为传统的访问控制技术的超集，实现传统访问控制模型的功能。

ABAC 充分考虑主体、资源和访问所处的环境的属性信息来描述策略，策略的表达能力更强、灵活性更大。当判断主体对资源的访问是否被允许时，决策要收集实体和环境的属性作为策略匹配的依据，进而做出授权决策。基于属性的访问控制如图 7-3 所示。

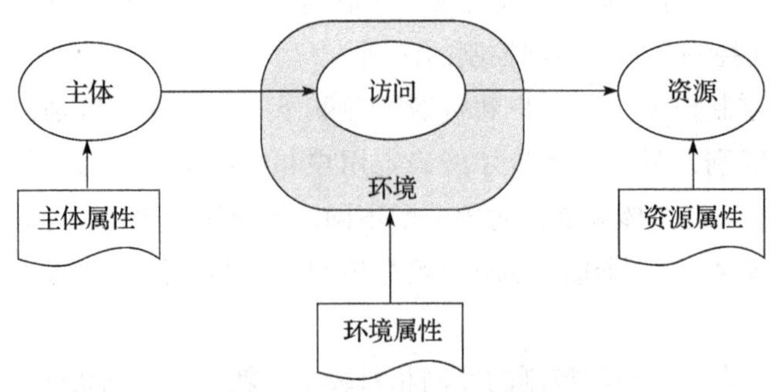

图 7-3 基于属性的访问控制

（1）属性的定义

- 主体属性：主体是对资源执行操作的实体（如用户、应用程序或进程）。每个主体拥有相关属性，这些属性定义了主体的身份和特征。属性可以包括主体标识、姓名、单位、职位等。主体集合 S（$S=\{s_1, s_2, s_3, \cdots, s_n\}$）标识访问控制的主体，所属主体是指通过身份鉴定的访问请求者。
- 资源属性：资源是被主体执行操作的实体（如物理服务器、数据库）。与主体一样，资源也拥有可用于访问控制决策的属性。例如，物理服务器有名称、所有者、IP 地址、地域等属性。
- 环境属性：在大多访问控制模型中，环境属性往往被忽略。环境属性描述了访问发生时的环境和上下文信息，比如当前日期和时间、当前网络安全等级等。它不同于主体或资源属性，但可用于指定访问控制策略和进行策略决策。

（2）主要控制架构

属性权威（Attribute Authority，AA）负责创建和管理主体、资源或环境的属性。AA 是一个逻辑主体，本身可以存储属性的信息（也可以不存储）。它的主要功能是把属性绑定到相应的实体，在提供和发现属性方面扮演着重要的角色。数据中心通常维护有配置库和参数中心等可以提供客体、环境等方面不同属性权威的属性信息库。

策略实施点（Policy Enforcement Point，PEP）负责请求授权决策并实施决策。它截取主体对资源的请求，实施访问控制。PEP 可表示单一的实施点，也可以表示网络中物理分布的多个点。主体访问客体时，PEP 不能被旁路。

策略决策点（Policy Decision Point，PDP）负责评估使用的策略，做出授权决策（允许 / 拒绝）。PDP 本质上是一个策略评估引擎。当请求中没有给出策略需求的主题、资源或环境属性时，它从相应的 AA 中获取属性值。

策略管理点（PAP）负责创建和管理访问控制策略，为 PDP 提供策略查询服务。策略由策略规则、条件和其他访问限制组成。

7.2.3　物联网中间件支撑的访问控制

物联网中间件作为实现异构设备互联互通的核心，是实现访问控制的关键节点。因此，在物联网中间件系统中部署安全访问控制策略，是物联网安全体系的一个重要方面。

物联网中间件平台能够提供访问控制安全机制。以 Niagara 平台为例，在访问控制方面，该平台提供了类别服务（CategoryService），可对站点组件进行配置分组，从而分类控制站点组件的访问。Niagara 平台还提供了角色服务（RoleService），用户可定义与用户程序访问功能相匹配的角色，不同的角色可以访问相应的组件类别。这样，当给系统创建用户时，赋予用户不同的角色就可以实现对系统组件的访问权限控制。以简单门禁系统为例，在一个办公楼中有许多房间，房间的功能各不相同，如财务室、会议室、研发实验室、经理办公室等。不同职位的人员能够进入的房间也不同，如张三作为会计能进入财务室和会议室，李四作为研发工程师能进入实验室和会议室。

本节将以 Niagara 平台为例，介绍如何用物联网中间件实现和使用访问控制。

1. 类别

在 Niagara 的站点中包含许多容器，如 Alarm、Config、Files、History 等，在每一个容器下包含若干子文件夹，如不同的子系统集成的数据点都可能处于自己的文件夹中。这就要求用户只能访问自己所属的站点资源。因此，为了实现站点资源的权限管理，即控制谁能访问哪些相关的组件，首先就需要为站点的组件分配一个组别，这些分组就称为类别，每一个组件必须至少分配一个类别。

在 Niagara 的站点中的 Services 容器下，可打开 CategoryService 组件。通过视图选择可进入 Category Browser 视图。如图 7-4 所示，在工作站上已经默认包含几个类别。工作站的部分内容已经分配给了这些类别。可通过视图选择进入 Category Manager 配置页，并根据应用需求创建新的类别（例如 UsersAccount 和 Setpoints），如图 7-5 和图 7-6 所示。接下来回到 Category Browser 视图，可为新建的类别分配相应的站点组件。至此，站点中的组件都将有自己的类别，允许同一个组件属于多个不同类别。

Category Browser

	Inherit	User	Admin	Category 3	Category 4	Category 5	Category 6	Categ
Alarm	n/a	●						
Config	n/a	●						
Files	n/a		●					
History	n/a	●						

图 7-4　Category Browser

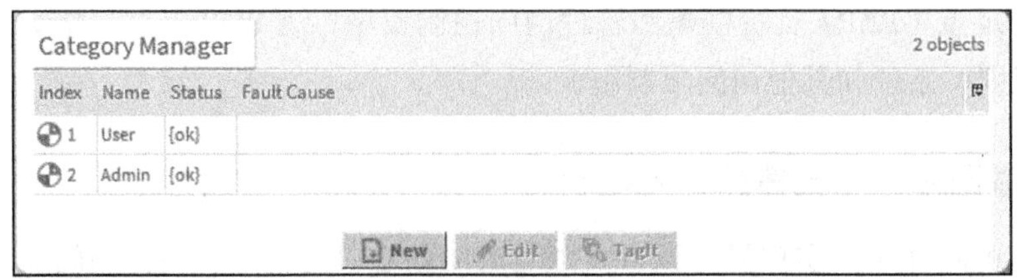

图 7-5　Category Manager

2. 角色

有了类别，就可以定义该类别文件的访问控制策略，Niagara 4 引入用户角色来管理站点组件的访问。角色是在用户和权限定义之间增加的抽象层，权限被分配给角色而不是用户，定义与应用程序访问功能匹配的角色后，修改分配给角色的权限将改变所有分配了该角色的用户的权

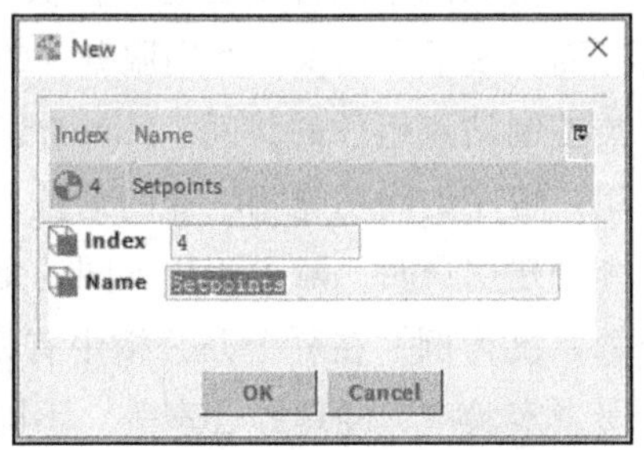

图 7-6　设置新类别

限。仍考虑上一节的办公楼门禁系统的例子，办公楼的工作人员能进入房间的权限是不同的，如会计有进入财务室和会议室的权限，研发人员同时有进入实验室和会议室的权限，总经理则可以进入办公楼的每一个房间。这些不同的职位即可理解为角色，每一个角色都有对应的可访问的资源类别。

Niagara 提供了专门的角色服务去管理角色的创建和类别访问权限的配置，这个服务即为 RoleService。进入 RoleManager 视图可以创建新的角色。之后，可以对每个角色进行不同的权限设置，如图 7-7 所示，对应一个角色，可设置其对站点不同类别的读，写及调用组件方法的权限。当想创建一个管理员角色时，也可以把它的权限设置为 SuperUser，如图 7-8 所示。

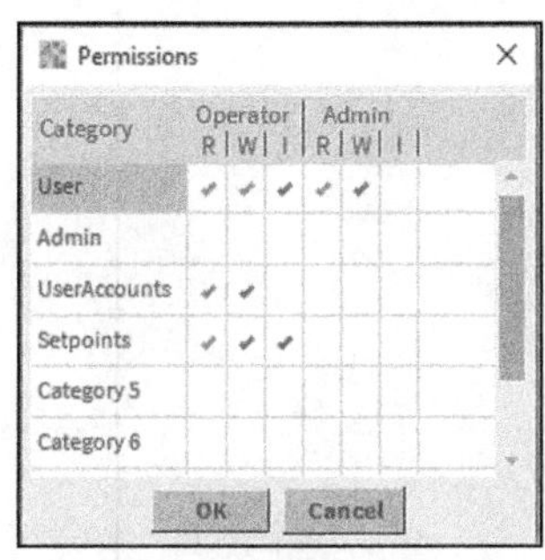

图 7-7　角色的权限设置

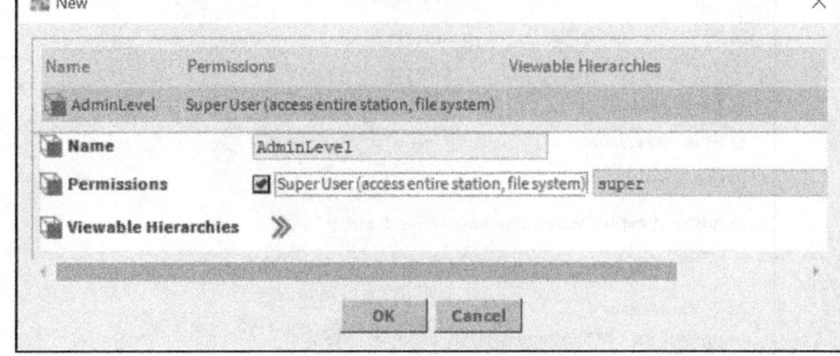

图 7-8　超级用户角色

3. 用户

用户是登录系统的账户。在创建用户时，通过给用户分配角色，可以赋予该用户相应的用户权限。用户可以拥有多个角色，这些角色可以合并权限。仍以前文所举门禁系统为例，作为系统用户，张三是公司的会计，他可以进入办公楼的财务室和会议室。张三还兼任公司的工会主席，因此他还有进入工会办公室的权限。这样，张三作为系统的用户，有会计和工会主席两个角色，能进入的房间有财务室、会议室和工会办公室。如果他卸任了工会主席这个职务，那么就失去了这个角色，也同时失去了进入工会办公室的权限。用户绑定角色被赋予了该角色所有的访问类别的权限，实现了用户的权限控制。一般来说，系统的用户有很多，而系统的角色只有几个，如管理员、操作员、运维人员等。如果想修改用户的权限，只需要修改相应角色所属的权限，不需要修改每一个用户的设置。Niagara 提供了专门的用户服务用于创建用户、分配角色，在创建用户时，也可以修改该用户通过浏览器访问站点时的配置文件。

在站点的 UserService 中，可以创建新的用户，如图 7-9 所示。除了设置用户的基本信息和密码外，还需要在 Roles 栏给用户分配相应的角色（一个用户可以分配多个角色），这些角色所拥有的权限也就被赋予了该用户。

如图 7-10 所示，对于两个不同的用户，他们的角色不同，对站点中 Files 文件夹的访问权限也就不同。

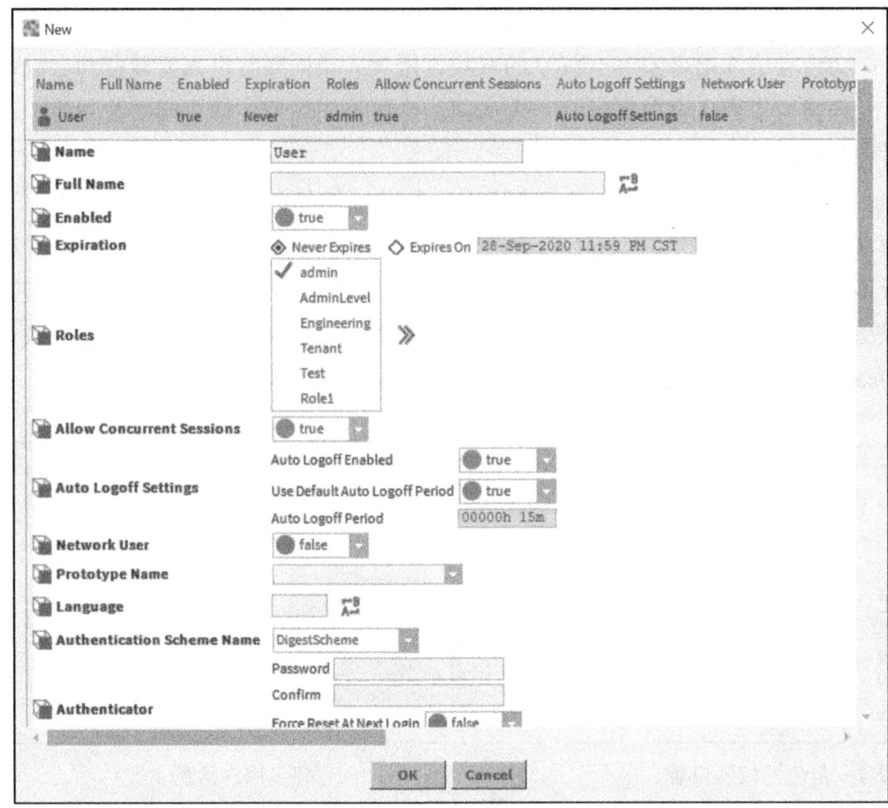

图 7-9　创建用户

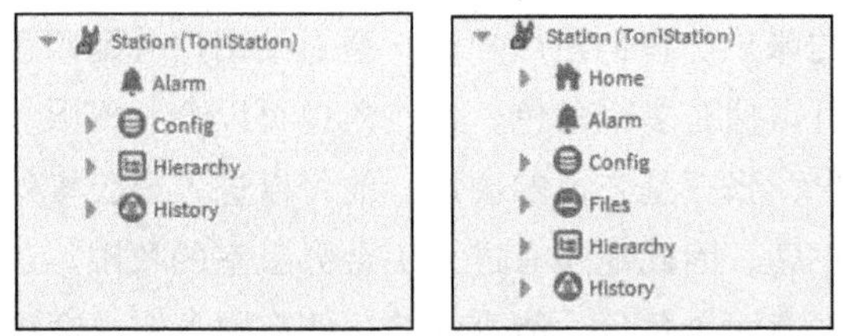

图 7-10　不同角色用户访问站点的目录结构

7.3　安全连接协议

安全套接字层（Secure Sockets Layer，SSL）是网络安全通信中的重要一环，它可以为通过 Internet 或者局域网通信的两台机器建立安全通信通道。1999 年，传输安全层（Transport Layer Security，TLS）取代了 SSL，尽管如此，人们将这一类技术称为 SSL。SSL 建立在 TCP/IP 通信基础之上，通过一系列的密钥交换和密钥生成，最终确定加密的整个流程。它可以保障终端设备与物联网中间件之间的通信，以及物联网中间件与上层应用之间的通信是安全的，同时保证数据不被劫持。

SSL 协议是运行在应用层和 TCP 层之间的安全机制，用于保证上层应用数据传输的机密性、完整性以及传输双发身份的合法性。

- 传输机密性：握手协议定义会话密钥后，所有传输的报文被会话密钥加密。
- 消息完整性：在传输的报文中增加 MAC（消息认证码），用于检测完整性。
- 身份验证：进行客户端认证（可选）和服务端认证（强制）。

如图 7-11 所示，SSL 握手协议层包括 SSL 握手协议（SSL Handshake Protocol）、SSL 密码变化协议（SSL Change Cipher Spec Protocol）和 SSL 告警协议（SSL Alert Protocol）。这些协议用于 SSL 管理信息的交换，允许应用协议传送数据时相互验证，协商加密算法和生成密钥等。

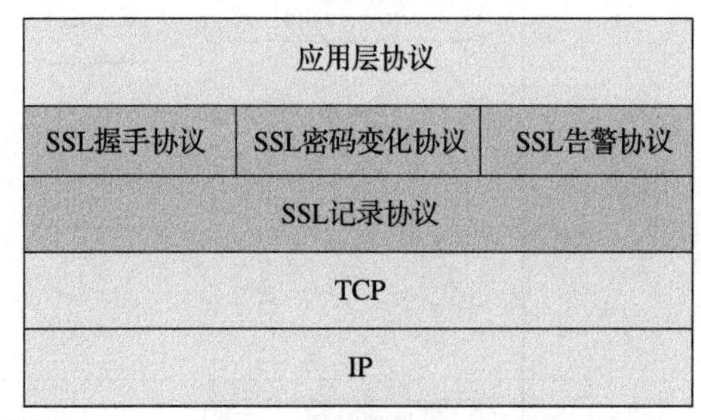

图 7-11　SSL 体系架构

SSL 记录协议层主要包括 SSL 记录协议，其作用是为高层协议提供基本的安全服务。SSL 记录协议针对 HTTP 协议进行了特别的设计，使得 HTTP 能够在 SSL 中运行。记录封装了各种高层协议，具体实施压缩 / 解压缩、加密 / 解密、计算和校验 MAC 等与安全有关的操作。

Niagara 作为一个功能全面的物联网中间件平台，也实现了对 SSL 协议的支持。在 Niagara 4 中，SSL 已经是系统的标配，支持 TLS 1.0，1.1，1.2 版本。当使用 Workbench 时，OpenPlatform 和 OpenStation 的默认选项都是基于 TLS 的安全连接。用户可以在系统的 Platform → Platform Administration 选项中，通过设置 Change TLS Setting 来配置平台的安全通信设置，如图 7-12 所示。同时，在站点中，也可在 Service 容器下的 FoxService 或 WebService 中（如图 7-13 所示），通过使能 Foxs 和 Http 来配置站点中的安全通信。

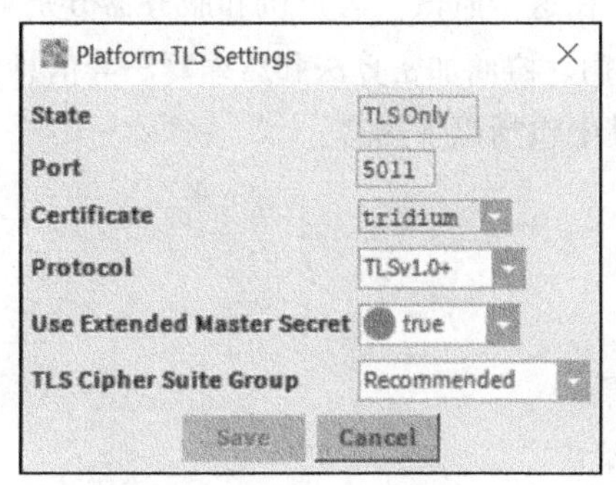

图 7-12　平台的 TLS 设置

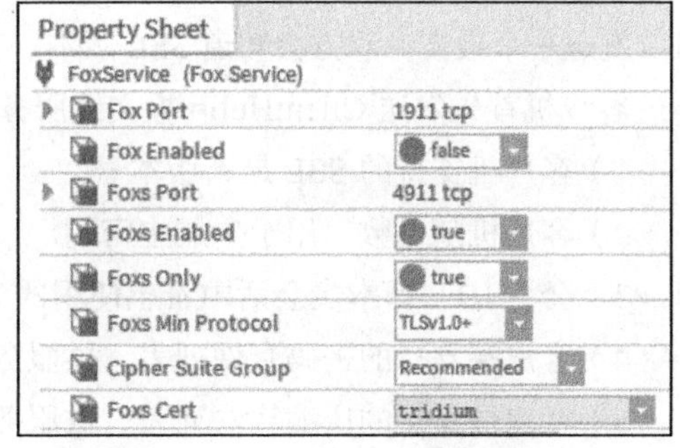

图 7-13　站点的 Fox 通信设置

7.3.1　SSL 握手协议

握手协议是 SSL 连接通信的第一个子协议，也是最复杂的协议。通过握手过程，客户端与服务端之间协商会话参数（包括相互验证、协商加密和 MAC 算法、生成会话密钥等）。

握手协议的完整流程图如图 7-14 所示，包括建立安全能力、服务器验证与密钥交换、客户机验证与密钥交换、完成连接四个阶段。

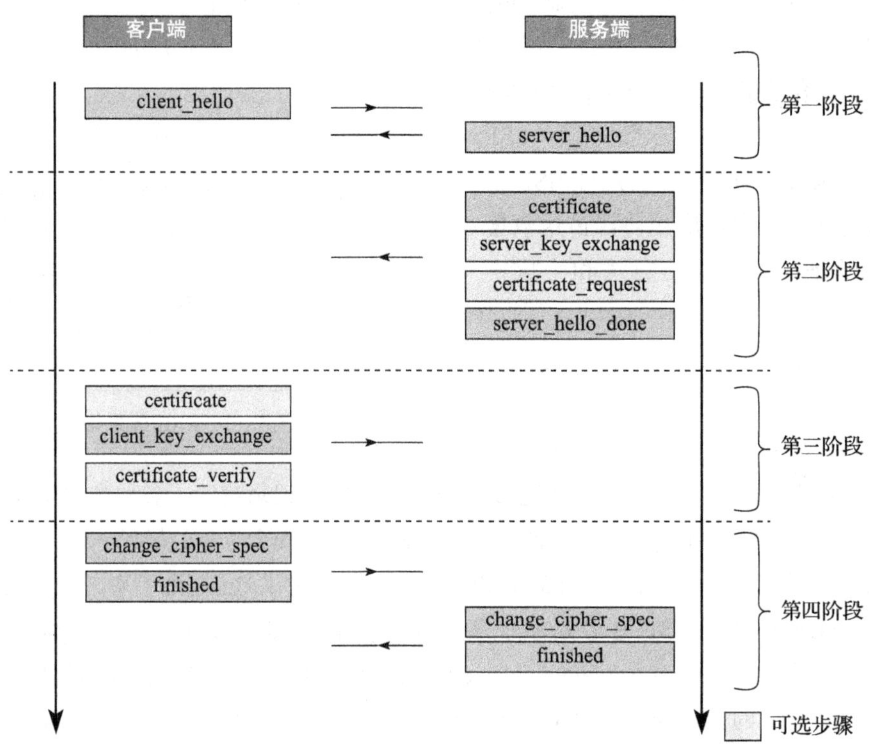

图 7-14　SSL 握手协议流程

1. 建立安全能力

建立安全能力是 SSL 握手协议的第一个阶段。在这个阶段，客户机和服务器分别给对方发送一个报文，双方会知道 SSL 版本、交换密钥、协商加密算法和压缩算法等信息。

客户机首先发送 ClientHello 报文给服务器，其中包括以下内容：

1）客户机支持的 SSL 最新版本号。

2）客户机随机数，用于生成主密钥。

3）会话 ID，即本次会话中希望使用的 ID 号。

4）客户端支持的密码套件列表，供服务器选择。

5）客户端支持的压缩算法列表，供服务器选择。

服务器收到报文后，会检查 ClientHello 中指定的版本、算法等条件，如果服务器接受并支持所有条件，它将回复 ServerHello 报文给客户机，否则发送失败消息。ServerHello 包括下列内容：

1）传输中使用的 SSL 版本号，使用双方支持的最高版本中的较低者。

2）服务器随机数，用于生成主密钥。

3）会话ID。

4）从客户机的密码套件列表中选择一个密码套件。

5）从客户机的压缩方法列表中选择一个压缩方法。

2. 服务器验证与密钥交换

服务器验证与密钥交换是SSL握手协议的第二个阶段。在该阶段，服务器会给客户机发送1～4个报文，用于客户机对服务器的身份验证等工作。

1）服务器证书（可选）：一般情况下必须包含本报文，其中包括服务器的数字证书，证书中含有服务器公钥，使客户机能够验证服务器或在密钥交换时给报文加密。

2）服务器密钥（可选）：根据第一阶段选择的密钥交换算法而定，SSL中有6种选项：无效（没有密钥交换）、RSA、匿名Diffie-Hellman、暂时Diffie-Hellman、固定Diffie-Hellman、Fortezza。

3）证书请求（可选）：若服务器要求客户机进行身份验证，则会发送本报文，其中包括服务器支持的证书类型和信任的证书发行机构的CA列表。

4）ServerHelloDone：表示第二阶段已结束，是第三阶段开始的信号。

3. 客户机验证与密钥交换

客户机验证与密钥交换是SSL握手协议的第三个阶段。在该阶段，客户机给服务器发送1～3个报文，完成服务器对客户机的身份验证和密钥交换等工作。

1）客户机证书（可选）：若客户机收到了服务器在第二阶段发送过来的证书请求，则此时会根据请求中的证书类型和CA列表，筛选满足条件的证书信息并发送回去，以供服务器进行验证；若没有合格证书，则发送no_certificate警告。

2）客户机密钥：客户机根据第一阶段收到的服务器随机数和协商的密钥交换算法，算出预备主密钥（pre master）发送给服务器，同时根据客户机随机数算出主密钥（main master），之后服务器也会据此算出主密钥，此时通信双方得到对称密钥。接着会使用第二阶段得到的服务器公钥对报文进行加密。

3）整数验证（可选）：当发送客户机证书时需要发送本报文，包括一个用公钥进行的签名，用于身份验证。

4. 完成连接

完成连接是SSL握手协议的最后一个阶段。在该阶段，客户机和服务器分别发送2个报文，完成密码修改和连接确认的工作。

1）改变密码规格：客户机发送改变密码规格的报文，通知服务器之后，发送的报文将使用得到的对称密钥进行加密。

2）完成：客户机用新的算法和密钥发送一个“完成”的报文，表示客户机部分握手过程已结束。

3）改变密码规格：服务器向客户机发送改变密码规格的报文，通知客户机之后发送的报文将使用得到的对称密钥进行加密。

4）完成：服务器用新的算法和密钥发送一个“完成”的报文，表示服务器的握手过程已结束。至此，SSL 握手协议完成，可以开始通过记录协议发送应用数据。

7.3.2 SSL 记录协议

SSL 从应用层获取的数据需要重定格式（分片、可选的压缩、应用 MAC、加密等）后才能传送到传输层进行发送。同样，当 SSL 协议从传输层接收到数据后，需要对其进行解密等操作后才能交给上层的应用层。这个工作是由 SSL 记录协议完成的。

在 SSL 记录协议中，发送方执行的操作步骤如下：

1）从上层接收传输的应用报文。

2）将数据分片成可管理的块，每个上层报文被分成 16KB 或更小的数据块。

3）进行数据压缩。压缩这个步骤是可选的，压缩的前提是不能丢失信息，并且增加的内容长度不能超过 1024 字节，缺省的压缩算法为空。

4）加入信息认证码（MAC），这一步需要用到共享的密钥。

5）利用 IDEA、DES、3DES 或其他加密算法对压缩报文和 MAC 码进行数据加密。

6）增加 SSL 首部，即增加由内容类型、主要版本、次要版本和压缩长度组成的首部。

7）将结果传输到下层。

在 SSL 记录协议中，接收方接收数据的工作过程如下：

1）从低层接收报文。

2）解密。

3）用事先商定的 MAC 码校验数据。

4）如果是压缩的数据，则解压缩。

5）重装配数据。

6）将信息传输到上层。

7.3.3 SSL 加密过程

对于 SSL 加密，首先，服务端的用户需要向 CA 机构购买数字证书，然后客户端和服务端进行 SSL 握手，客户端通过数字证书确定服务端的身份。之后，客户端和服务端会生成并相互传递三个随机数，其中第三个随机数通过非对称加密算法进行传递。最后，双方通过一个对称加密算法（一般是 AES 算法）生成一个对话密钥，用于加密之后的通信内容。这一过程可以使用图 7-15 描述。

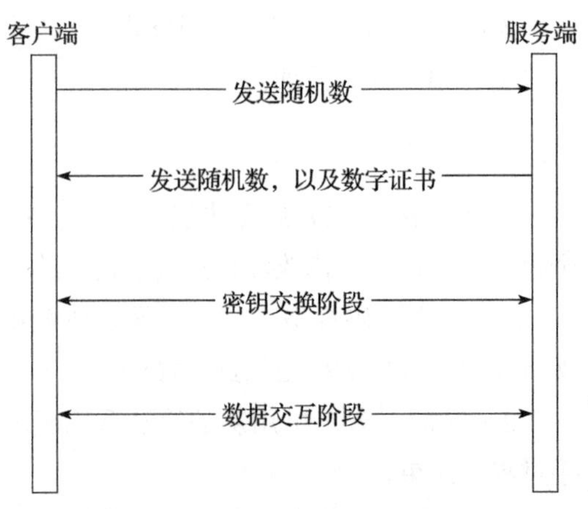

图 7-15 SSL 握手过程

第一步：客户端向服务端发送一个数据头，这个数据头包含的内容有：支持 SSL 协议版本号、一个客户端随机数（Client Random，这是第一个随机数）、客户端支持的加密方法等信息。

第二步：服务端接收到数据包之后，确认双方使用的加密方法，并返回数字证书（这个需要购买），然后生成随机数（Server Random，这是第二个随机数）等信息，并将其返回给客户端。

第三步：客户端确认数字证书的有效性，生成一个新的随机数（Premaster Secret），然后使用数字证书中的公钥加密刚生成的随机数，发送给客户端。

第四步：服务端使用自己的私钥，获取客户端发来的随机数（即 Premaster Secret）。

第五步：客户端和服务端通过约定的加密方法（通常是 AES 算法），使用前面三个随机数生成对话密钥（Session Key），用来加密之后的通信内容。

7.4 物联网常用的数据安全技术

物联网系统安全是物理安全、网络安全、信息内容安全、基础设施安全等的综合，最终目标是确保物联网中信息的机密性、完整性、认证性、抗抵赖性和可用性。因此，数据安全技术在物联网系统安全中具有极其重要的作用。在物联网系统中，保障数据安全会运用到 DES、RSA、MD5 等算法，本节仅选取部分与物联网场景密切相关的算法和技术进行介绍，其他常规的加解密方法请查阅信息安全的相关书籍。

7.4.1 RFID 安全场景下的轻量级密码算法

在物联网领域，无线射频识别（RFID）技术已经被广泛应用到各个行业，它具有成本低、效率高等特点。这类设备的计算能力、存储空间和能量来源都非常有限，信息交换也是在无线信道中进行。因此，如何提高 RFID 在信息传输过程中的安全性也成为日益重要的课题。

数据加密是保障信息安全的重要手段，但传统的加密算法消耗的硬件资源较多，RFID 标签的硬件资源无法满足要求。轻量级密码算法是为了适应物联网环境下的 RFID 标签、智能卡等资源受限设备而提出的一个算法。轻量级密码的目标不是为了提供更高级别的安全性，而是在有限的资源环境中提供足够的安全性。它们所注重的不是最佳性能，而是以更低的硬件要求、更少的资源需求（比如电量和计算能力），使 RFID 拥有更长的寿命、更小的外形，同时又能达到较高水平的安全性。

RFID 轻量级加密算法的目标是：少量的门数（在 IC 设计中，门数是指为了完成一个功能所需要的晶体管开关或逻辑门的数量，这是评价芯片总体指标与成本的一个重要参数），低功率，高安全性。目前，轻量级加密算法主要有 DESL、HIGHT 等。

1）DESL（DES 轻量级扩展）：这是 DES 为适应小型计算设备（如 RFID 设备或智能卡）而开发的一种扩展，它是由 A.Poschmann 等人在 2006 年作为超低成本加密算法的一种新替代而提出的。与 AES 在 RFID 中的实现相比，DESL 对芯片大小的需求降低了 49%，对电量的需求降低了 90%，运行时的机器周期数减少了 85%。为了降低对芯片大小的要求，这种算法仅使用了一个改进的 S-Box，将其重复八遍。因此，与已发布的最小的 DES 实现相比，其对晶体管数目的要求也降低了 38%。

2）HIGHT：这是由 Deukjo Hong 等人提出的一种分组加密算法，它使用 64 位的分组块和 128 位的密钥，子密钥只在加密和解密的运行过程中被生成。从某种意义上讲，HIGHT 是面向硬件而非面向软件的，因为它只对硬件提出了极低的资源要求，适用于低成本、低功耗、轻量级的实现，比如传感器或者 RFID 标签。

7.4.2 物联网中同态加密技术的应用

同态是离散数学中的概念，是指如果在两个集合中存在 a、b 属于集合 A，c、d 属于集合 B，只要有 $a \rightarrow c$，$b \rightarrow d$，就有 $a \circledcirc b \rightarrow c \circledcirc d$（其中◎表示集合中元素的运算），那么从集合 A 到集合 B 的映射为同态映射，如果为满射，就称 A 和 B 同态。

同态加密是基于同态原理的特殊加密函数，在大多数应用场合中，同态加密方案需要支持加法和数量乘法两种基本运算。实现同态加密的关键是对于任意复杂的明文操作，都能构造出相应的加密操作，使得加密算法在复杂环境下对于加法和数乘都有良好的同态性。目前尚没有真正用于实际的全同态加密算法，现有的同态加密算法有对加法同态的 Paillier 算法，对乘法同态的 RSA 算法，以及对加法和少数标量乘法同态的 IHC 算法和 MRS 算法。

随着云计算技术的广泛应用，人们在享受云计算带来的便捷的同时，其安全性却令人担忧。用户希望云计算平台能够保证数据的机密性与完整性。全同态加密算法由于其同态特性，可以在云端实现对任意加密数据进行运算，即可以直接对密文进行操作而不需要将密文解密后再处理。利用这种同态特性，可以在不可信的云端对加密数据进行可信计算。因此，同态加密在云计算、物联网、移动代理和密钥协商等领域中有广泛的应用前景。

1. 海量数据信息处理

海量数据信息的存储与处理是物联网面临的关键问题之一。随着物联网的不断发展和应用，用户（个人或企业单位）的机密信息和隐私数据越来越多，比如个人资料、保密数据文件等，这些信息往往需要加密后存储在服务提供商的服务器上或者要求服务提供商的服务器处理后再返回给用户。如何保证这些机密信息不被别人知道（包括服务提供商）是用户最关心的问题之一，而如何在用户数据信息不被别人知道（包括服务提供商自己）的前提下对这些数据进行准确有效的处理，并从中提取有价值的信息是服务提供商最关心的问题。这些问题是传统加密方案难以解决的。

全同态加密是解决数据处理与隐私保护问题的一种新技术。它不需要解密就能对已加密的数据进行处理，实现与对原始数据直接进行处理相同的效果。利用同态加密技术，用户可以将需要处理的数据以密文的形式交给云端服务器，服务器可以直接对密文数据进行处理而不需要用户来解密数据。处理后，服务器以密文的形式将处理结果返回给用户，用户收到处理结果后对其进行同态解密，得到已经处理好的明文数据。同样，为了在确保用户隐私安全的前提下“刺探用户隐私”，以获取不涉及用户隐私而对服务提供商有用的信息，可以利用同态加密技术对用户的隐私信息进行加密后存储在云端服务器上，服务提供商可以对加密的隐私信息进行处理，从而获取有价值的信息而不必知道用户的隐私内容。

2. 信息检索

随着物联网的发展，越来越多的加密数据信息存储在云端服务器上，当服务端存储的加密数据形成一定规模后，如何检索加密数据就成为一个迫切需要解决的问题。现有的加密信息检索算法包括线性搜索、公钥搜索和安全索引等，这些算法都可以对加密数据进行快速检索，但是它们都只适用于小规模数据的检索，而且代价很高。基于全同态加密技术的数据检索方法可以直接对加密的数据进行检索，不但能保证被检索的数据不被统计分析，还能对被检索的数据做基本的加法和乘法运算而不改变对应明文的顺序，从而既保护了用户的数据安全，又提高了检索效率。

全同态加密的检索方法采用向量空间模型。提交检索之前，先对提交的待检索语句进行分词、词干化，得到关键词明文序列并对明文进行加密。云端服务器对提交密文序列进行检索时，提交加密后的检索词。

文档由每个关键词的权重向量表示，权重是词频与倒排文档频率对数的乘积的归一化。对用全同态加密后的词频、倒排文档频率进行操作可以得到权重。

对于检索词可以采用同样方法进行描述，取两者的内积即可得到两者的相关度。然后，根据大小进行排序，将有效排序后的文档返回给用户。用户得到加密文档后，用私钥对文档解密得到原始文档。

通过全同态加密算法加密的明文数据可以在不恢复明文信息的情况下被有效检索出来，既保护了用户的数据安全，又提高了检索的效率。

3. 版权保护（数字水印）

随着物联网在商业中的广泛应用，必然会有大量的数字产品在网络中流通，能否有效地保护这些数字产品的版权不受侵犯，将直接影响物联网在电子商业中的发展应用。目前，针对数字产品版权保护的信息隐藏与数字水印技术的研究已经比较成熟，并在互联网中得到广泛应用。因此，如何应对复杂网络环境下数据隐藏与数字水印系统的安全挑战，是目前需要迫切解决的问题。

然而，在多数水印系统中，普通的加密方法并不能有效抵抗非授权检测攻击。事实上，攻击者可以通过对检测统计量和相应阈值进行比较，从而判断水印的存在性。

7.4.3 物联网中区块链技术的应用

区块链（Block Chain）是综合了分布式数据存储、点对点传输、共识机制、加密算法等计算机技术的新型应用模式。所谓共识机制是区块链系统中在不同节点之间建立信任、获取权益的数学算法。狭义来讲，区块链是一种按照时间顺序将数据区块以顺序相连的方式组合成的一种链式数据结构，并以密码学方式保证不可篡改性和不可伪造性的分布式账本。

广义来讲，区块链技术是利用块链式数据结构来验证与存储数据、利用分布式节点共识算法来生成和更新数据、利用密码学的方式保证数据传输和访问的安全、利用由自动化脚本代码组成的智能合约来编程和操作数据的一种全新的分布式基础架构与计算方式。

区块链发展到今天，应用领域已从最初的金融交易延伸到所有需要中间人作保或认证的应用项目，比如房屋交易、汽车买卖等，甚至可经由 API 的串联，将区块链技术与其他应用服务内容加以整合，由此加速产生各种创新应用。当区块链应用于物联网时，区块链凭借主体对等、公开透明、安全通信、难以篡改和多方共识等特性，将对物联网系统安全产生重要影响。

区块链的优势在于它是公开的，每一个网络参与者都能看到区块以及存储在里面的交易信息。但这并不意味着所有人都能看到实际交易内容，这些内容通过用户的私钥被保护起来。

区块链是去中心化的。因此没有一种单一的机构可以批准交易或者为交易的接收设定特殊的规则，这就意味着参与者之间存在着巨大的信任，因此所有的网络参与者都必须达成共识来接收交易。

更重要的一点是，区块链是非常安全的，其上的数据只能不断被扩展，但之前的记录是无法被改变的。而且，区块链所使用的账本是防篡改的，无法被不法分子操纵，因为这种账本并不是位于某个具体的地点，没有任何单一的通信线程可以被截获，所以无法对中间商进行攻击。

区块链可以用于物联网的信息安全。比如，设备仪器的制造商可以借助区块链技术追溯每一个零部件的生产厂商、生产日期、制造批号以及制造过程的其他信息，以确保整机生产过程的透明性及可追溯性，有效提升整体系统与零部件的可用性，继而保障设备仪器运作的安全性。

区块链特有的共识机制支持通过点对点的方式（而不是通过中央处理器）将各个设备相互连接起来，各个设备之间保持共识，不需要中心验证，这样就确保了当一个节点出现问题之后，不会影响网络的整体数据安全性。

7.4.4 工业控制网络中的安全技术

随着“中国制造 2025”战略的提出，以及物联网、大数据等新技术、新应用的大规模使用，工业控制系统逐渐由封闭走向开放，由自动化走向网络化、智能化。伴随这一趋势，作为国家关键基础设施的工业控制系统网络，其安全问题也日益凸显。

目前，工业控制网络的通信协议往往是专用、私有的控制性协议，目的是满足大规模分布式系统的实时运作需求。这类通信协议在设计之初就是以效率为主，忽略了安全性等其他方面。例如，Modbus、Profinet、OPC 协议等为了保证通信的实时性和可靠性而放弃认证、授权和加密等需要额外开销的安全措施，存在严重的安全隐患。因此，物联网中间件需要针对工业控制网络存在的安全问题，采取必要的安全防护手段，以确保整个工业控制网络的安全性。

下面以工业控制网络中应用广泛的 Modbus 协议为例，进行相应的分析。Modbus 协议中可能存在的安全问题主要包括：

1）设计安全问题：Modbus 协议设计者重点关注的是功能实现问题，安全问题在设计时很少被注意到。

2）缓冲区溢出问题：缓冲区溢出是指在向缓冲区内填充数据时超过了缓冲区本身的容量导致溢出数据覆盖合法数据，这是也软件开发中常见的安全漏洞。

3）功能码滥用：功能码是 Modbus 协议中的一项重要内容，几乎所有通信都含有功能码。功能码滥用是导致 Modebus 网络异常的一个主要因素。例如，不合法报文长度、短周期的无用命令等。

4）Modbus TCP 安全问题：Modbus 协议可以运行于 TCP/IP 之上。这样 TCP/IP 协议自身存在的安全问题不可避免地会影响 Modbus 网络安全。

从上述分析可以看出，目前 Modbus 存在很多安全隐患。因此，物联网中间件需要采取相应的安全措施，以降低风险。主要安全措施包括以下几种。

1）异常行为检测：针对 Modbus 系统，分析其存在的各种操作行为，按“主体、地点、时间、访问方式、操作、客体”描述成一个六元组模型，进而分析其行为是否异常，最终决定采取记录或者报警等措施。

2）安全审计：对 Modbus 协议数据进行深度解码分析，记录操作时间、地点、操作源和目标对象、操作行为等关键信息，为安全事件的事后追查提供依据。

3）网络安全防卫：通过设置地址白名单，只允许特定地址访问服务器，禁止外部地址访问服务器；同时检测并阻止来自内部 / 外部的各种异常操作和渗透攻击行为，对上层提供保护。

7.5　物联网微处理器架构中的安全问题

在物联网场景中使用的处理器往往对功能、功耗、成本以及可靠性有一些特殊的要求。物联网中使用的微处理器无法像桌面机乃至服务器那样可以提供足够的计算能力，从而无法将安全问题考虑在内，进而导致了很多安全漏洞的出现。这部分内容对于物联网安全非常重要，也是从根本上解决物联网核心安全问题，实现自主可控的目标所需要的。但是，相关内容属于比较前沿的研究，还没有成熟的物联网中间件支持对此类安全风险的防护。

现有的针对物联网的安全工作聚焦于数据安全、保护通信网络和目标系统上操作系统的安全，这些已有的工作没有从微处理器层面对系统进行保护。对物联网的安全保护始于对硬件的保护，因为一旦硬件不安全，无论有多少安全软件都没有用。例如，在安全启动过程中，如果相关的安全特性都建立在硬件上，那么第一个运行的软件从系统上电开始，伴随着安全启动，其他恶意软件无法通过篡改启动过程而绕过软件自身的安全机制。相反，如果系统安全启动过程无法由硬件保证，即无法确定软件自身的安全机制是否被恶意软件绕开，没有一个信任根，那么系统上的所有软件都无法提供认证。

7.5.1 基于软件漏洞的安全问题

物联网系统中的很多子系统都是针对特定的功能进行设计的，因为这些子系统的计算资源有限，所以面临的安全挑战会更加严峻。由于系统中的固件很难被更新，因此固件生命周期往往很长，即使发现了软件漏洞，也不一定会被及时修复。随着攻击向量的不断发展，系统受到的安全威胁更多样。其中，针对软件漏洞的攻击尤为明显，该类攻击相对容易实现，同时变种也较多。

1. 基于控制流的攻击

基于控制流的攻击包括改变程序指令的执行顺序和代码注入等方式，该类攻击的终极目标是使攻击者可以控制程序的执行，对系统安全有非常严重的影响。该类攻击的本质是向程序计数器（Program Counter，PC）中注入恶意的数据，进而达到改变程序控制流的目的。经典的例子是缓冲区溢出攻击（buffer overflow），该攻击利用缓冲区溢出来跨越缓冲的边界向指定的内存位置写入数据，进而破坏程序数据。其原理如图 7-16 所示。

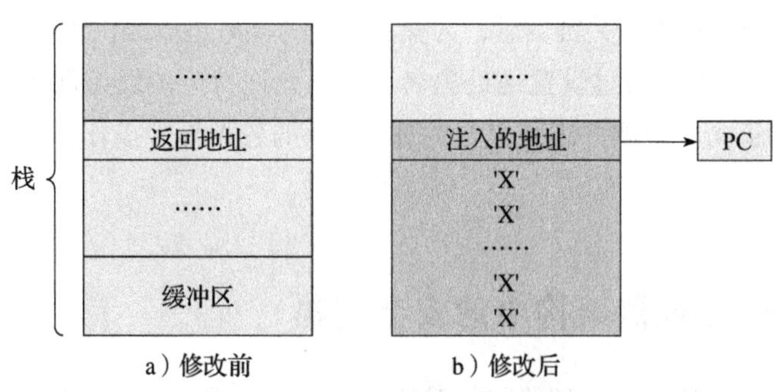

图 7-16 基于程序栈的攻击示意图

以基于程序栈的攻击为例，通过缓冲区溢出来重写程序栈中保存的返回地址，函数的返回地址会被重写为指定的值。在一个函数执行后，注入的地址被加载到程序计数器中，函数会返回到攻击者设计好的位置，整个程序的控制流就被修改和破坏了。除此之外，常见的控制流攻击还有基于堆的攻击、return-to-libc、整数溢出等。

确保程序控制流的完整性是抵御该类攻击的一个有效技术，该技术的基本思想是确保程序的执行按照控制流图（Control Flow Graph，CFG）中的有效路径来执行。控制流图是通过对程序进行静态分析而得出的，该图中记录了程序所有可能的执行路径。但是阻碍该技术实际应用的原因有两个：

1）很多特定的基于控制流完整性的方法需要程序的源代码和一些调试信息，对于商业软件来说，这是很难获取的。

2）该技术会造成较大的运行时开销以及 20% ～ 25% 的额外开销。

2. 基于权限提升的攻击

现代物联网系统中通常有多个用户，每个用户针对不同的资源实体都有其特定的权限，包括读、写、执行。权限提升意味着用户可以获得没有分配到的权限，利用这些权限可以对文件和资源进行各种操作。在物联网场景中，攻击者可以利用操作系统或软件程序中的漏洞来执行权限的提升，进而可以非法访问很多本不该被访问的资源和内容，更严重的是攻击者甚至可以执行很多未授权的操作。

通常，权限提升分为垂直权限提升（Vertical Privilege Escalation）和水平权限提升（Horizon Privilege Escalation）。其中，垂直权限提升指的是低权限的用户和程序可以获得较高的权限，而水平权限提升表示低权限用户和程序可以访问其他低权限实体。

在物联网场景中，往往会使用嵌入式处理器，如 ARM 处理器。应用级的 ARM 处理器上支持了 TrustZone 等安全框架，该安全框架可用来隔离安全程序和非安全程序，为程序的执行提供一个可信执行环境。在很多物联网设备中，攻击者可以利用操作系统内核中的一些漏洞来提升自己的特权等级，进而访问一些安全程序的数据和代码。比如，很多高权限内核程序假设仅提供与其接口规定相匹配的输入，而不对输入进行验证。此时，攻击者能够利用该漏洞来运行未授权的代码。

7.5.2　基于硬件处理器架构的安全问题

物联网系统的实施和运行离不开各种芯片的应用，而随着对终端算力要求的提高，大量高性能处理器芯片逐渐深入到物联网系统的各个层级。为了追求高性能，现代处理器架构中增加了很多优化机制，这也增加了处理器架构设计的复杂程度和出现漏洞的可能性。基于处理器架构的漏洞问题逐渐浮现出来，引入了很多潜在的风险。

1. 基于处理器特性的硬件侧信道攻击

基于处理器特性的硬件侧信道攻击原理如下：攻击者通过泄露硬件的相关特性（计算时间、功耗、电磁辐射）来提取系统中的敏感信息（密钥、隐私信息），攻击者不需要破坏目标设备，只需要对设备的物理特性进行观察和收集就可以建立相应的攻击，如基于时间差异的微架构攻击（timing based microarchitecture attack）。

我们以基于高速缓存（Cache）的侧信道攻击为例来介绍侧信道攻击的基本原理。该类攻击通过测量 Cache 的使用模式来推测目标程序中的敏感信息。L1 Cache 和 L2 Cache

通常是私有 Cache，被处理器核心所独享，而末级 Cache 通常是共享 Cache，被所有处理器核心所共享。因此，针对末级 Cache 的攻击更加具有广泛性，即使攻击者和目标在不同的处理器核心上，依然可以建立该攻击。在这里，我们具体介绍两种较为常见的基于末级 Cache 的侧信道攻击：PRIME+PROBE 和 FLUSH+RELOAD。

1）PRIME+PROBE：该攻击依托两个进程针对资源的竞争，使得攻击者可以测量目标进程的 Cache 使用情况。如图 7-17a 所示，攻击者首先构建一个剔除缓冲（Eviction Buffer），其中包含与目标程序映射到相同 Cache 组的 Cache 行。为了分析出目标程序什么时候访问了指定的 Cache 行，攻击者需要执行重复的测量，整个测量过程包含三步：首先，攻击者通过访问剔除缓冲中的缓冲行来填充 Cache 组；然后，目标程序执行；最后，攻击者再次访问剔除缓冲，通过 Cache 访问的时间差异来分析目标程序访问了哪些 Cache 行。

2）FLUSH+RELOAD：该类攻击适用于攻击者和目标共享同一个内存页（该页包含目标 Cache 行），该攻击也包含三步（如图 7-17b 所示）：首先，攻击者清空 Cache 上的目标 Cache 行；然后，目标程序执行；最后，攻击者测量重新加载的目标 Cache 行的时间，如果时间变少，则表明目标 Cache 行被加载。

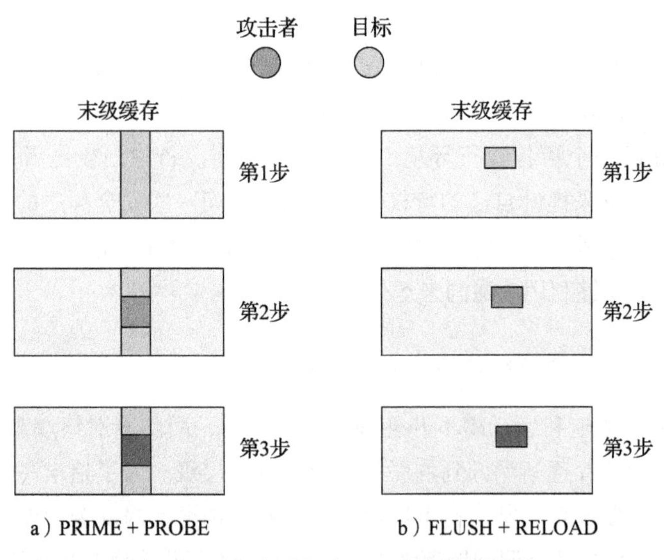

图 7-17 高速缓存（Cache）侧信道攻击

2. 基于处理器乱序执行部件和分支预测部件的攻击技术

乱序执行和推测执行 / 分支预测是现代 CPU 中采用的优化设计。乱序执行指的是处理器不按照程序中的指令顺序执行，而是乱序执行。分支推测则是为了优化在判断分支条件时造成的延迟，在还没有决定分支条件时，根据历史经验或特定的设计预先进行决策，根据决策的结果继续执行。上述两种机制可能导致执行的指令错误，但是 CPU 会丢弃不正确的运算结果，从而保证不会对程序的正确性产生影响。

由于处理器中的乱序执行部件的漏洞，处理器可能遭受 Meltdown 攻击，其本质是利用安全检查和乱序执行之间的竞争条件的时间窗口来建立攻击。比如，CPU 中的某些指令在等待一些资源或特定条件时，会存在一个时间窗口，直到资源或特定条件满足后才可以继续执行。为了保证程序的正确性，指令在提交时需要进行安全检查，保证指令按照顺序提交。在 CPU 对某一条指令进行安全检查之前，一部分指令会被提前执行。Meltdown 攻击利用用户特权的指令对内核进行访问，进而产生异常，该异常只在提交时才会被处理，而那些由于乱序执行被提前执行的指令可能会对一些敏感数据进行访问，进而可以通过侧信道将这些敏感数据泄露出去。

另外一种攻击手段则利用处理器中的分支预测部件建立 Spectre 攻击。该类攻击包括两个阶段：一个是准备阶段，攻击者通过训练分支的预测历史来间接影响分支的推测执行；另一个是攻击阶段，攻击者将敏感数据发送到处理器中的侧信道，通过侧信道将这些敏感数据泄露出去。

从某种意义上讲，这两种攻击也属于侧信道攻击，其主要目标是获取敏感信息，并将其通过侧通道传递出来。这两种攻击本质上利用的是 CPU 的漏洞而不是软件漏洞。利用这两种攻击，攻击者能够以用户权限访问内核空间的敏感数据。很多商业处理器中都包含该漏洞，如 Intel 处理器、ARM 处理器。

7.5.3　相关的防御机制和措施

在分析具体的防御机制和措施之前，我们需要先分析一个安全的微处理器需要包含的关键特性：

1）需要包含反入侵和对入侵检测的机制。

2）能够提供一个可信的执行环境，即把需要保护的程序放在全区域执行，与可能有风险的程序执行相隔离。

3）对数据和代码的访问的安全保护，即阻止对数据和代码的非法访问。

4）安全的通信通道，即提供专门的安全 I/O 通道，同时需要对不安全的 I/O 通道进行隔离。

5）需要为一些安全 IP 预留可扩展的接口，如加密模块。

本节我们主要从微处理器的运行时安全（可信执行环境、安全存储、外部内存保护）、调试安全以及可信根（Root of Trust）的基础（安全启动、设备 ID、加密保护）三个方面进行分析。

1. 运行时安全

保护运行时安全中最重要的一项任务就是对系统的各个方面进行监控，进而判断攻击是否发生以及是否可以抵御。可信执行环境为系统提供了对安全程序和不安全程序进行区分和隔离的能力，确保安全程序的代码和数据在运行时不会泄露给其他程序。

系统中的密钥、隐私数据以及其他对安全敏感的数据需要被保护起来以抵御非法访问。有很多种方法可以为安全存储提供保护，比如对特定的内存位置进行加密、只有拥有密钥的实体才可以进行访问。当开发人员将一个程序添加到系统中时，需要将外部存储挂载到内存总线上，因此不仅需要对内部存储进行保护，还要考虑对外部存储进行保护以抵御破坏和替换。可以考虑的措施是，对外部存储整体进行加密，当数据和代码从外部内存加载到微处理器时进行解密，从微处理器输出到外部存储时再进行加密。

2. 调试安全

随着调试系统的发展，开发人员可以访问处理器的内部状态，进而对固件和软件进行访问。多数情况下，用于访问的端口是 JTAG，在一些特定的场景中，调试端口需要被封装或者只能通过密钥进行访问，否则调试端口就会轻易地被攻击者利用，从而访问敏感数据、获取非法权限进行非法操作。

3. 可信根的基础

在可信根的建立过程中，最重要的是安全启动。当从外部 Flash 中读取出程序时，一个安全的启动程序会使用多种手段对固件的完整性进行检测。安全启动可以有效地抵御攻击者对系统内部 IP 进行克隆和对系统中的固件进行替换。通过对特定的 IP 进行加密，同时将其拷贝到安全的内存中，为代码的可信执行提供了安全基础。为了进一步对系统的安全提供保护，很多片上系统提供了协处理器或硬件加速器来对加密过程进行加速。

为了保证网络通信的安全，网络中的每个设备必须有唯一的 ID，这个 ID 是共享的，并且能被其他设备识别。进行通信的设备可以使用该 ID 对设备的可信性和有效性进行验证。

4. 代价

在考虑微处理器安全时，不可避免地要考虑和分析代价。对于物联网系统来说，要考虑的代价包括将特定的安全机制集成到系统时的系统性能、功耗、成本方面的开销。

本章小结

本章介绍了物联网系统面临的主要安全问题及常用的安全技术，包括异构设备互联的安全机制、访问控制技术、安全连接协议、数据安全技术，并且介绍了比较前沿的物联网微处理器架构下的安全技术。此外，本章介绍了不同的安全技术的应用场景，并以 Niagara 平台为例介绍了如何利用物联网中间件平台搭建安全的物联网系统。

习　题

1. 简要介绍异构设备安全连接面临的关键问题。

2. 说明物联网各个层次在数据安全方面采用的主要机制。
3. 列举物联网访问控制的几种常用模型，以及各个模型的特点。
4. 简述SSL握手协议的主要过程。
5. 列举几种物联网系统常用的数据安全技术，并加以说明。

拓展阅读

1. “Internet-of-Things Security and Vulnerabilities: Taxonomy, Challenges, and Practice”，作者：Kejun Chen、Shuai Zhang、Zhikun Li、Yi Zhang、Qingxu Deng、Sandip Ray、Yier Jin（2018）。
2. “Category:Attack”，网址为 https://www.owasp.org/index.php/Category:Attack。
3.《物联网环境下信息融合基础理论与关键技术研究》，作者：周津（2014）。
4.《工业控制网络安全技术与实践》，作者：姚羽、祝烈煌、武传坤，机械工业出版社出版（2017）。
5. “Speculative Execution Attack Methodologies (SEAM): An overview and component modelling of Spectre, Meltdown and Foreshadow attack methods”，作者：Johnson A, Davies R（2019）。
6. “Spectre Attacks: Exploiting Speculative Execution”，作者：Kocher P、Horn J、Fogh A等（2019）。

第 8 章　物联网中的分布式架构

现代物联网系统架构的演进呈现出越发明显的分布式趋势。一方面，物联网的规模效应日趋明显，大规模系统在资源汇聚调度和数据汇总分析上有着巨大的优势；另一方面，在云计算的助力下，同质系统的快速复制、部署在商业化进程中获得了极大的成本优势。无论何种原因，作为物联网系统集成性平台的物联网中间件对于分布式系统的支持成为必备的要素之一。

8.1　分布式系统概述

随着物联网中接入设备数量的增加以及要处理的问题规模的不断增大，传统的集中式的中心控制架构无法应对实际的应用需求，此时就要引入分布式架构。

8.1.1　分布式系统的定义

分布式系统的定义是：分布在联网的计算机或者电子设备上的各组件之间通过传递消息进行通信和动作协调所构成的系统。构造分布式系统的物联网设备可以分布在不同地区，空间和距离上没有限制。分布式的架构设计使得许多属于不同种类、不同提供商、不同区域的物联网设备可以像一个中心式系统那样有机结合、互相合作，从而提供多种多样的物联网服务。

如图 8-1 所示，整个物联网其实就是一个庞大的分布式系统，可以由工业物联网、车联网、移动设备网络、传感器网络和云平台等部分有机结合而成。值得注意的是，物联网中的每个部分本身也可能是一个分布式系统。例如，智慧工厂的生产流水线上装配有不同种类、不同功能的电子设备：监控设备实时监测各个生产线的运行情况，生产设备执行不同的生产步骤，控制设备根据当前的需求控制生产设备的动作。这些设备可能分布在不同

的厂房或厂区，通过有线和无线网络互相通信，从而构成了一个分布式的工业物联网系统。

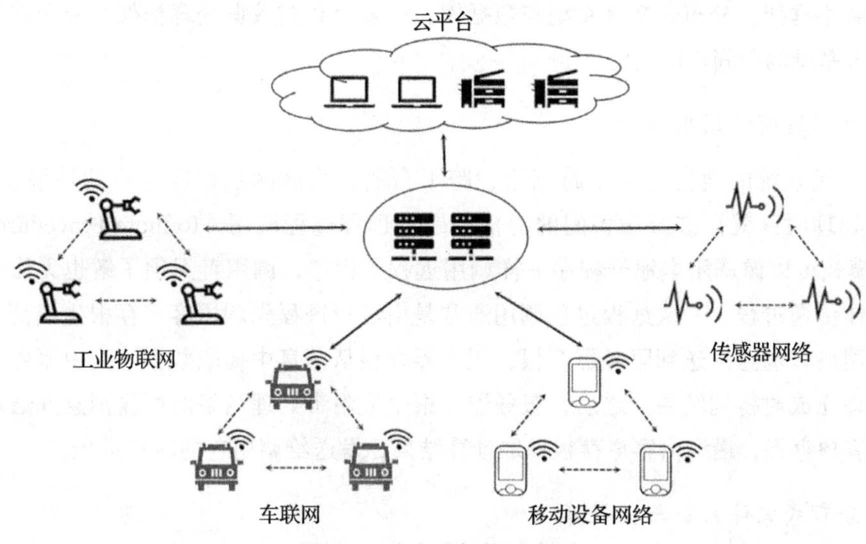

图 8-1　分布式架构示意图

从物理硬件的角度而言，分布式系统中的每个设备都是可以独立工作的，一个设备可以是一个简单的硬件，也可以是多个硬件组合成的复杂物联网系统。从用户服务体验的角度来说，分布式系统和集中式系统的区别不大，分布式系统中的物联网设备之间的差别以及多系统之间的通信对用户是完全透明的。用户无法直接感受到分布式系统内部的组织方式，但是用户和应用程序随时随地都能够与分布式系统进行交互。与采用中心控制的集中式系统相比，分布式系统改善了物联网设备的利用率，增强了物联网的可扩展性和灵活性。当前设备性能低下时，可以立即通过增加新的设备来提升性能，且对于新设备的硬件和软件的统一性要求不高。

8.1.2　分布式系统的特点

一个标准的分布式物联网系统一般具有以下几个主要特征。

1）地理分散：在分布式系统中，设备之间不存在中心主机和从机之分，它们在空间位置上可以随意分布并处于平等的地位。

2）用户透明：在分布式系统中，资源由用户共享。用户无须在意硬件的部署，可以使用系统中的所有资源。

3）资源协同：分布式系统中的设备可以通过合作完成一个任务。同时，当某个设备出现故障或者资源短缺时，该设备上的任务可以被迁移到另一台设备执行。

4）系统通信：在分布式系统中，设备之间的数据和信息交换都通过网络通信来进行。相比于集中式系统，分布式系统的处理能力更强、灵活性更好、可靠性更高、扩展性更强。

8.1.3 分布式系统中的中间件

由于分布式系统具有的地理分散性和资源异构性的特点，在构建过程中需要考虑远程过程调用框架、分布式文件系统与数据库，以及分布式数据处理框架和分布式资源管理平台等基础的中间件的支持。

1. 远程过程调用框架

分布式系统的通信常常是跨网络、跨平台的。当联网数据在这样的环境下存储、传输和处理时，就会涉及设备间的通信问题。远程过程调用（Remote Procedure Call，RPC）模式可以像调用本地子程序一样调用远程子程序，调用者无须了解也无法看到消息的具体传递过程。一次远程过程调用通常是由客户进程先调用客户存根生成消息，然后通过网络将消息发送到服务器存根，服务器存根从消息中提取数据，交由服务器处理并在处理完成时得到结果。之后，服务器存根生成附带处理结果的回复消息并通过网络发送回客户存根，最终由客户存根提取计算结果，发送给调用它的客户进程。

2. 分布式文件系统与数据库

由于分布式系统中数据的来源分散且数据量巨大，因此数据存储通常采用分布式的形式，即分布式文件系统（Distributed File System，DFS），一般包括多个网络连接的地理上分散的存储硬件节点，并通过一系列应用接口完成文件或目录的创建、移动、删除和读写等操作。选用适当的数据库类型可以保存并灵活运用数据，通过数据库提供的多种方法可以管理其中的数据。在当今的物联网中，常用的数据库模式有关系型和非关系型两种类型。在关系型数据库中，对数据的操作是通过对关联表格的关系运算来实现的；非关系型数据库抛弃了表式的存储结构，而采用“键值”(Key-Value) 或者“扩展的键值”结构，可以应对大量数据的高访问负载。

3. 分布式数据处理框架

物联网中产生的数据需要被计算和处理才能体现其价值。不同的数据源会产生不同的数据类型，包括：

1）批数据，是指在一段时间内收集的数据。由于批处理通常用于大量、持久的数据，一般都具有高延迟性。Apache Hadoop 或 Apache Spark 等开源框架可以支持大数据批处理。

2）流数据，是指一系列连续的不断变化的数据。相对于批处理，流处理的响应时间更短，通常以毫秒（或秒）进行计算。Apache Storm、Apache Flink、Apache Samza 等开源框架都是流行的流数据处理平台。

4. 分布式资源管理平台

云平台和边缘计算平台都提供数据的存储和处理能力，如何管理不同平台上的硬件资源和调度计算任务是协同架构中的一个重要问题。根据不同平台使用的虚拟化和隔离技术，目前主流的资源管理架构包括 OpenStack 和 Kubernetes。OpenStack 是一个广泛使用的基于虚拟机的分布式平台资源管理架构。Kubernetes 则是一个新兴的资源管理平台，用于在分布式平台中实现简单高效的容器化应用的部署和相关资源的管理。

总体来讲，分布式系统的各项中间件技术的目标在于打破硬件结构的束缚，将分散的、多样化的资源打包隔离并分配给各个应用程序。通过中间件的技术支持，实体资源可以脱离现有硬件架构和地域的限制，而平台管理员和应用开发者能够更高效地应用这些资源，快速地搭建出符合需要的分布式物联网系统。

图 8-2 是一个基于 Niagara 的大型设施的部署，它基于分布式边缘计算架构，很好地解决了地理分散性和资源异构性的问题，并且很容易根据项目规模横向扩容。其中，算力的分布式部署保证了整体系统的可靠性，数据的分布式存储保证了数据的安全性，标准化平台保证了实施的可复制性，向上的数据一致性保证了上层平台的稳定性。

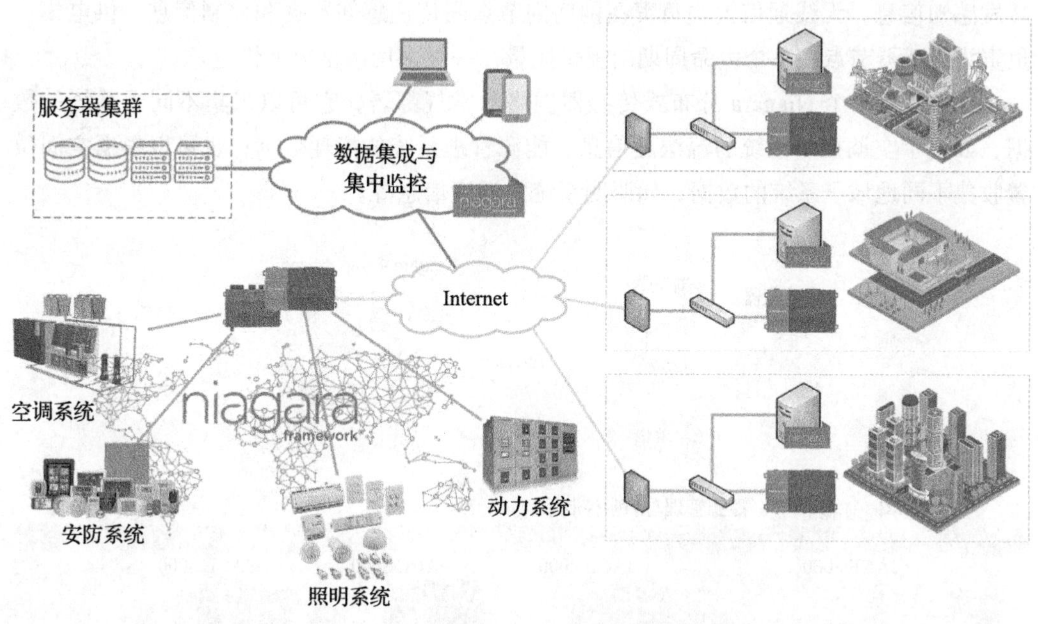

图 8-2　基于 Niagara 的大型设施联网部署

8.2　分布式架构在物联网中的应用

物联网中存在着很多不同种类、不同规模的分布式系统，其中最常见也最实用的是传感器网络（Sensor Network）和车联网（Internet of Vehicles）。

8.2.1　传感器网络

传感器网络是由大量传感器组成的网络，从空间上而言，它可以被视为一个分布式的网络结构，一般采用自组织或者多跳形式进行数据传输，包含数据采集、处理和传输三个基本功能。

1. 传感器网络的分类和特点

根据网络连接方式，传感器网络分为有线传感器网络和无线传感器网络（Wireless Sensor Network，WSN）两类。在实际的工业应用中，无线传感器网络具有部署成本低、覆盖范围广、灵活性高等特点。随着无线通信技术的发展，现在的传感器网络主要以无线传感器网络的形式出现。因此，本节主要对无线传感器网络进行介绍和讨论。在无线传感器网络中，信息由多个传感器共同感知，并经由自组织形式组建的无线网络传递到数据存储或分析节点。

无线传感器网络中的各个传感器节点一般包含传感器件、数据处理、无线通信和供电电池 4 个模块。传感器件模块通过传感器采集信息并完成数据格式转换的工作。数据处理模块通过包含在其中的多个嵌入式设备控制节点的操作，通过嵌入式存储器存储和转发感知信息。无线通信模块负责在网络的节点间传递感知数据和控制信息。供电模块负责为传感器节点在整个生命周期内提供能量，一般采用微型电池供电。

图 8-3 是一个 Niagara 分布式传感器网络的常规部署，它可以采集不同子系统的数据，如楼宇空调控制系统的温湿度信息、能源管理系统的能耗数据；也可以根据空间位置收集不同地域子系统的数据，如照明系统的温度信息等。

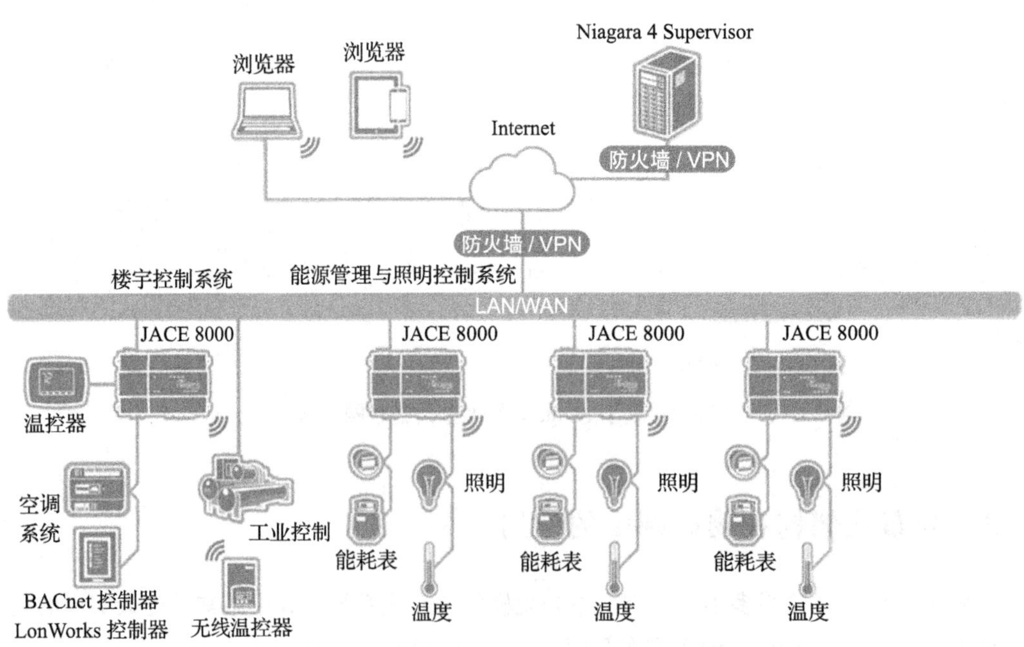

图 8-3 Niagara 分布式传感器网络部署示意图

与其他无线通信网络相比，无线传感器网络有其自身显著的特点。

1）大规模性：一方面，传感器节点覆盖区域大，如覆盖大范围的树林、山地；另一方面，某个区域内部署传感器节点的密度大。大规模的传感器部署对部署位置的选择和传感器的控制提出较大的挑战。

2）能源受限：无线传感器网络中的每个传感器所配备的供电电池有限，并且很难定时进行电源更新，因此要求降低网络功耗来延长其生命周期。

3）自组织性：无线传感器网络中的节点是对等的，没有中心节点和从节点之分。因此，可以更好地适应网络的变化，实现灵活的网络配置和管理，具有高度的灵活性和实用性。

4）路由多跳：无线传感器网络覆盖范围大，数据传输受距离影响较大，所以常采用多跳路由转发的方式。如何制定合适的路由转发策略来减少节点发送功率和降低网络能耗是无线传感器网络应用中的一个重要问题。

5）健壮性：在大规模无线传感器网络中，节点的工作受环境影响较大，需要一定的抗干扰能力来对抗环境的干扰和改变。比如，在某些节点无法正常工作的情况下，网络内其他节点需要保证整个网络的正常工作。

2. 传感器网络的发展趋势和关键技术

近年来，无线传感器网络发展迅速，已经广泛应用于军事、工业和学术领域，成为无线网络的热点研究领域之一。传统的无线传感器网络由具有感知监测能力的传感器节点组成，根据所集成的传感单元的能力，可以对目标的物理和化学属性（如环境温度、湿度、加速度、浓度等）进行监测。

传统的传感网络搭建过程复杂、搭建费用高昂，使得传感器网络无法适应不断发展的资源监测需求，其问题主要体现在以下几个方面：

1）部署及管理复杂、缺乏管理弹性。如果需要监测同一区域的不同目标，就需要部署多个专用传感网络。

2）协作性差、资源利用率低。在同一区域，不同的部署方案使用各自的协议与标准，相互之间缺乏协调，无法进行资源共享与协作，导致全局资源利用率较低。

3）自适应性不足。传统的专用传感网络的器件功能一般是在出厂时设置完成的。在其部署后，若因需求发生变化而需要修改节点功能，则在操作上比较困难、成本高，且容易出错。

随着硬件技术的发展与硬件成本的降低，在同一个传感器节点上集成多种不同的传感单元，用于检测不同的环境参数（包括温度、湿度、光强、压力、风速、风向、磁场与加速度等）已成为趋势。同时，FPGA 和 TinyOS 等技术已经实现了可通过空中编程来灵活配置功能与属性的传感器节点。在此基础上，软件定义传感器网络（Software Defined Sensor Networks，SDSN）的概念应运而生。软件定义传感器网络综合了多种新技术与概念，包括软件定义网络（Software Defined Network，SDN）、隔空编程（Over-the-Air Programming，OTAP）、现场可编程逻辑门阵列（Field Programming Array Field，FPGA）、无线传感器操作系统等，它通过软件定义的方式，动态地管理、协调各种传感器网络资源。通过 SDN 技术，可以将网络控制层与数据层剥离，以软件定义的方式抽象网络并对其进行定制；利用 OTAP 技术，可远程更新设备软件；FPGA 使得传感器节点的可定制性得以增强；针对资源受限的传感器节点的操作系统，例如 TinyOS、LiteOS 等，增强了传感器节点的管理能力。因此，SDSN 是随着电子技术、传感技术、网络通信技术的发展和融合而产生的一种新型网络。软件定义传感器网络使得传感器网络中的传感功能和数据传输可以根据用户需求进行定制，提升了传感器的利用率，同时降低了数据传输的时延。

8.2.2　车联网

1. 车联网的概念

车联网（Internet of Vehicle）是把实时采集的车辆静态属性和动态信息通过装载在车上的通信模传输到其他车辆所建立起的车辆之间互联的网络。车联网可以根据应用需求对所有车辆进行协同，从而提供多样化的物联网服务。随着无线通信技术和蜂窝通信技术的发展，现在车联网中的计算和存储设备有望应用于以下领域。

1）数据收集：利用数据源附近经过的车辆来收集数据。

2）数据传输：通过车辆的移动性将不同的数据带到处理或存储节点。

3）内容缓存：利用车辆的空闲存储来缓存部分数据。

另外，车联网不只是把车辆连接在一起，还可以扩展到连接车与行人、车与移动设备、车与道路基础设施（例如信号灯、基站等）、车与网络、车与云平台，甚至实现车联万物。例如，车辆还可以与道路设施和云平台相连。利用车辆收集到的行驶状态和道路信息来辅助交通控制、自动驾驶、导航应用和车流量分析等物联网应用。图 8-4 给出了一个车联网示例图。

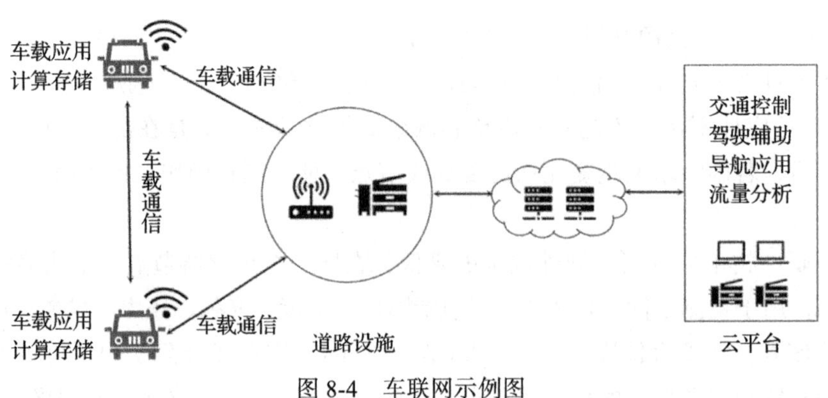

图 8-4　车联网示例图

2. 车联网的分类和特点

车联网属于物联网中的一种重要的网络架构，可分为前装车联网和后装车联网。一辆车中有很多可以产生车辆实时数据的部件，车辆独立地收集这些信息并对信息进行处理和应用，就组成了一个车内的局域网。由车辆内部预装的各种传感器、控制设备和软件系统组成的网络通常称为前装车联网。随着通信技术的发展，专用短程通信技术（Dedicated Short Range Communication，DSRC）被引入车联网，以实现多个车辆之间的联网，即后装车联网。与传感器网络相似，车联网有其自身显著的特点。

1）自愿性：一个区域内所有具备通信能力的车辆都可以自愿加入或离开车联网。因此，有效的激励机制一直是车联网研究和实践的一个重点内容。

2）自组织性：车联网是一种分布式自组织的网络，它没有中心控制管理，而是由对等节点构成的网络。在网络内的车辆节点发生变化时，网络可以自动进行调整和再组织，灵活性和实用性较强。

3）移动性：网络中的每个车辆都可能发生移动，在每个时刻都有新的车辆加入网络，也有车辆离开网络，所以预测车辆的移动趋势可以更好地管理车联网。

4）延迟性：由于车联网的覆盖范围很大且车辆节点随时移动，因此车联网中的通信通常采用多跳路由转发的方式。但因为数据的收集、传输的路径和距离不确定，导致数据分析和处理的延迟不能得到有效保证。

3. 车联网的发展趋势和关键技术

车联网的发展依赖于互联网技术、传感技术、射频识别技术、云计算、实时系统等 IT 技术的发展。在网络通信方式上，车联网提供多种车内、车外、车路和车间通信技术，例如蜂窝网、蓝牙、红外等。车联网中的每一辆车可以根据自己、邻居车辆的硬件配置和通信需求选择不同的通信方式，实现高功低耗的数据传输。

在车联网应用管理优化方面，延迟容忍网络（Delay Tolerant Network，DTN）和网络编码（Network Coding，NC）技术为车联网的未来发展提供了更广阔的空间。其中，延迟容忍网络是一种自组织网络模式，其相关研究为车辆网提供了数据传输、数据处理、数据缓存等多方面的解决方案。在车联网中，由于车辆的移动性，源节点到目的节点的路径通常不稳定，网络中的消息传播具有很大的不确定性，无法使用基于 TCP/IP 协议的网络模式。延迟容忍网络放松了 TCP/IP 的一些假设条件，使得网络能够容忍长延迟及连接中断，同时使得异构的车辆可以互联。延迟容忍网络在传输层之上增加了一个消息（Bundle）层，利用车辆连接机会，对来自车联网应用的数据进行汇聚，并在网络节点之间进行存储转发传输（Store-and-Forward）。同时，由于车辆间的连接不稳定，数据传输的丢包率大，使用传统互联网的发包模式会造成大量的数据包重发，甚至导致网络瘫痪。因此，现在有一些研究尝试在车联网中引入网络编码技术，使得数据收集节点只要采集到一定数量的数据包就可以还原出有效数据，从而有效降低数据包的传输数量。

车联网被认为是下一代物联网最重要的应用之一，但是由于产业规模和通信带宽等技术因素限制，还没有大规模普及。因此，大多数物联网中间件对于车联网尚未提供专有的支持，在物联网中间件平台上仍需将车联网视为普通物联网系统进行设计和管理。

8.3 边缘计算概述

如前所述，随着万物互联时代的到来，越来越多的用户端设备接入互联网之中，随之带来了巨大的服务需求以及海量的数据信息，分布式架构在物联网中的应用日趋广泛。

对于这些设备而言，其地理分布往往呈现出分散性，使得中心式的云计算平台的传输时延和代价快速增长。同时，各类在线控制和决策问题对数据处理的实时性提出了更高要求，例如自动驾驶需要通过大量的车载传感器来采集数据，并对数据反馈和周围的环境做出快速反应，才能使车辆安全行驶。在这样的场景下，任何原因导致的决策延迟都可能造成严重的后果。而在传统的云计算模型中，大量的数据处理是在云平台中进行的。用户需求和处理结果数据需要在云平台服务器和用户之间来回传送，会有秒级的时延，这个量级的时间延迟会导致用户设备无法有效应对各种突发事件。同时，物联网中的很多数据都是用户隐私数据，如患者个人信息数据和医疗检验数据等。传统架构下，用户数据也必须上传到公共的云平台存储，增加了用户数据和隐私泄露的风险。分布式物联网系统的出现为解决上述问题提供了重要的手段。

为更好地支持分布式物联网系统，需要提出一个处理时延小、隐私性高的分布式计算框架来实现实时物联网数据的计算和处理。边缘计算（Edge Computing）便是继云计算之后提出的一种新型解决方案。通过边缘计算，物联网数据能够在本地或就近的计算资源上进行处理，从而减小服务时延并提升数据安全性。本节将介绍边缘计算的概念、特点和使用的关键技术，并通过案例说明边缘计算在物联网中的典型应用场景。

8.3.1 边缘计算的定义

边缘计算是一个分布式的计算范式，它利用靠近数据源或用户端的网络边缘设备（基站或者小型数据中心），形成一个集网络、计算、存储、应用等核心功能为一体的开放平台，为用户提供实时的数据分析与处理，其架构如图 8-5 所示。边缘计算可在工业物联网、智慧城市和车联网的多个场景中提供自动控制、数据分析、服务优化等应用。由于更靠近用户和应用程序，边缘计算能产生更快的服务响应，提供位置服务、省份识别、AR/VR 渲染等功能，满足行业客户在实时业务、用户安全与隐私保护等方面的基本需求。

相比于传统的云计算，边缘计算具有如下优势：

1）响应快速。用户端设备的计算可以卸载到本地或者临近的边缘节点，信息传送速度快，通信时延低，大大了提升物联网服务的响应速度。

2）利用率高。边缘计算打破了传统的完全由云平台处理大型计算任务的壁垒，将任务可以分割成多个部分并分散到边缘节点进行并行处理，提高了设备的利用率。

3）通信量小。把计算任务放到边缘计算可以大大减少物联网设备和云平台的通信数据量，同时降低了主干网络的拥堵。

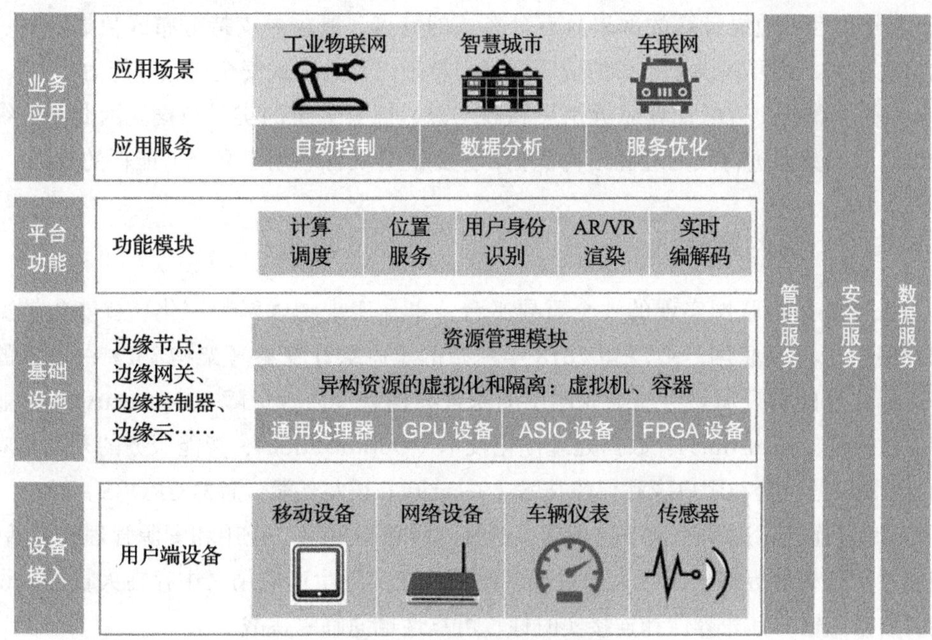

图 8-5 边缘计算参考架构

4）健壮性高。云平台的计算任务可以同时分散到一个或多个边缘节点上，大大降低了出现单点故障的可能。

5）数据安全。边缘节点在本地处理和分析敏感的隐私数据，降低了数据泄露的风险，保障了用户的数据和隐私安全。

得益于上述优势，边缘计算可以更好地支持物联网应用，因此在近年来得到了迅速发展。

8.3.2 边缘计算的特点

边缘计算有如下特点。

1）异构性：包括硬件的异构性、软件的异构性和数据的异构性。从硬件角度来说，边缘计算中存在大量异构的网络连接和平台，而且一个边缘平台往往涉及异构的边缘节点以及设备，造成了硬件层面的异构性。从软件角度来说，由于不同生产厂商的预设和后期服务提供商的维护升级，不同设备上的操作系统、应用软件的种类和版本存在着巨大的差异。从数据角度来说，用户端设备采集到的数据通常有不同的数据结构和数据接口，其传输协议、底层平台甚至生产厂商等也不尽相同，使得采集到边缘平台的数据信息有极大的不同。所以，异构性是边缘计算平台的天然属性和突出的特点。

2）连接性：连接性是边缘计算的基础特性。由于用户端设备和应用场景的丰富性，边缘计算需要支持多种不同的软硬件的连接，实现各种网络接口、网络协议网络部署与配置等。

3）分布性：边缘计算的部署具有分布式的特点，既需要支持分布式数据计算、分布式信息存储，还要提供分布式的资源调度与管理以及分布式安全保障等能力。

4）靠近数据：边缘计算靠近用户和数据源，拥有大量的实时数据。因此，边缘计算可以对原始数据进行预处理和结构优化，达到提升资源利用率和降低能耗的目标。

8.3.3 边缘计算的要素

边缘计算是物联网实现的一个重要平台，也是实现物联网数字化、智能化转型的基础。根据工业互联网产业联盟 2018 年发布的《边缘计算参考架构 3.0》白皮书的要求，边缘计算的实现需要考虑物联网中的海量异构联接质量保障（Connectivity)、业务的实时性保证（Real-time)、数据处理优化技术（Optimization)、智能服务的开发与应用（Smart）和数据安全和用户隐私保障技术（Security）五大要素，简称 CROSS。

1）海量连接：边缘计算中越来越多的接入设备对网络、应用和资源管理的灵活性、可扩展性和鲁棒性等提出了巨大的挑战。此外，在实际生产应用之中存在大量异构设备连接和数据传输，其兼容性和连接实时性、可靠性也面临着挑战。

2）实时业务：实际生产场景中调度和控制的实时性对物联网系统中的边缘平台的设备监测、流程控制和决策执行等方面提出更高的要求。

3）数据优化：物联网中采集到的数据往往是海量、多样化、异构的数据。为确保数据能够灵活高效地服务于实际应用，需要对数据进行一系列优化措施来实现数据聚合和格式统一。

4）智能应用：物联网设备的运维必将走向智能化，而实现边缘平台的智能应用有高效性和低成本的特点，能进一步推进物联网智能化进程。

5）安全保护：边缘平台更加靠近联网设备，对访问控制和安全防护的要求高。同时，边缘平台需要提供物联网设备、互联网络、多源数据和物联网应用等方面的安全保障措施和技术。

8.4 云边协同的物联网模式

8.4.1 云边协同的架构

边缘计算作为在网络边缘设备（例如基站和小型机房等）执行数据计算和处理的一种新型分布式运算的架构，通常不是独立存在的。在物联网中，边缘计算平台和上层的云平台以及下层的用户端设备共同组成云边协同的三层结构，如图 8-6 所示。

在这种架构中，边缘计算作为云和端的连接层，提供计算、网络和存储资源，可以实时存储和处理从云端传输来的下行数据以及物联网设备采集到的上行数据。这样的架构将原本集中在云平台的海量数据和计算任务分散至网络的边缘节点，大大降低了云平台的压力，提高了网络的利用率和通信量。

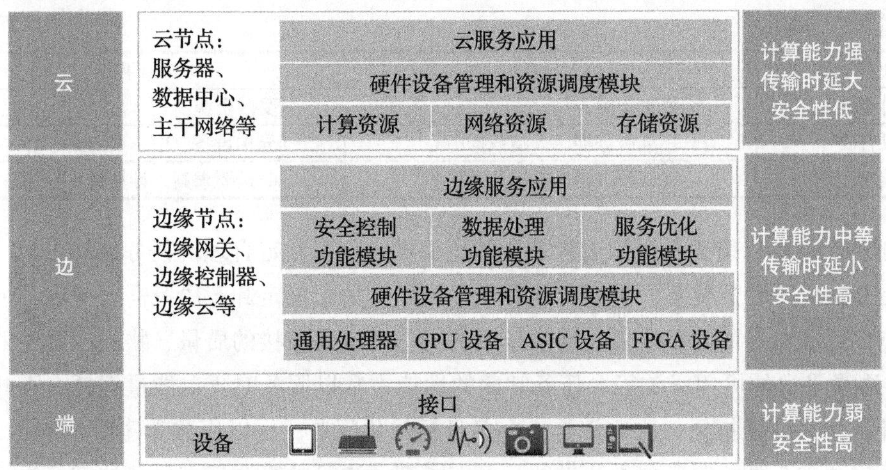

图 8-6　云边协同的计算架构

目前的协同架构主要包括云、边、端三层，其中边缘层作为核心层位于三层的中间位置，向上与云层数据和计算任务进行实时交互，向下与用户端设备相连以获取实时信息。在此架构中，边缘层和云层为主要的计算和数据处理平台。相较于云层而言，边缘层的计算能力较弱，但其数据传输的时延小、安全性高。同时，无论是边缘计算层还是云层，都需要对资源进行合理调配，从而实现模块化功能的统一管理，为用户提供一体化敏捷开发的业务资源。

近年来，随着互联网中各种设备和用户数量的激增，产生了多样化的应用服务。不同服务的资源需求和服务质量要求各不相同，比如物联网中常见的计算密集型和时间敏感型应用。物联网中的部分设备由于本身的计算资源以及计算能力受限，往往需要借助云平台或者边缘平台的资源。云边协同架构的出现为高效解决上述问题提供了新思路，但同时也面临着如何充分发挥边缘计算平台与云平台的优势这一重要问题。简而言之，就是要考虑哪些数据和任务分配到云平台，哪些分配到边缘平台。传统的云平台是一种集中式的计算模式，由成千上万的标准服务器组成的大型数据中心提供海量的存储和计算资源，可以处理极其复杂和庞大的计算任务。但云平台中海量的计算资源是多个用户和应用共享的，所以每个用户的数据安全和隐私安全得不到保障。再者，云平台距离用户较远，将任务卸载到云平台中需要较长的传输时延。相比之下，边缘平台具有隐私安全性高和传输时延低的优点。但是，边缘平台的资源碎片性和异构性强，资源总量受限，适合处理比较简单的计算任务。云平台和边缘平台的特点比较如表 8-1 所示。

表 8-1　云平台和边缘平台的特点比较

比较项目	云平台	边缘平台
计算模型	集中式	分布式
硬件规模	大规模	中规模到小规模
隐私保护	资源共享程度高，安全性差	资源共享程度低，安全性好
传输时延	距离用户远，传输时延高	距离用户近，传输时延低

（续）

比较项目	云平台	边缘平台
计算时延	海量资源	受限资源
硬件类型	标准服务器、大型数据中心	异构设备、中小型数据中心
典型应用	大规模数据分析和计算任务	时延要求高、计算量小的任务

通过比较和权衡云平台和边缘平台的优缺点，可以制定合理的任务卸载决策，发挥云平台和边缘平台的优势，更高效地利用平台的资源。制定卸载决策需要考虑不同因素的影响，比如用户的隐私要求、网络信道的通信、设备连接的质量、物联网设备的性能和云 / 边缘平台的可用资源等。任务卸载的性能常常以服务时延、能量消耗、吞吐量和服务开销作为衡量指标。这通常是一个多目标优化问题，可以用数学建模 / 解模、机器学习算法和贪心算法等典型方法求解。确定了卸载决策的算法后，设备的卸载决策模块首先会根据物联网应用程序类型、代码架构和数据分布确定该物联网任务是否能被拆分和卸载。然后，决策模块会根据系统监控其提供的各种参数，比如可用带宽、卸载的数据大小和本地执行的预计开销等，进行当前卸载方案的决策求解和性能评估。最后，决策模块确定是否要卸载、如何卸载以及卸载多少任务量。总体而言，任务卸载的决策有以下三种方案：

1）本地执行，即整个计算任务都在本地物联网设备内完成，该方案只适合少数轻量级的计算任务。

2）完全卸载，即整个计算任务都卸载到云平台和边缘平台进行处理，比如隐私要求高、计算量小的任务可以分配到边缘平台来处理；反之，计算量大、资源需求高的任务可以放到云平台处理。

3）部分卸载，即一部分任务在本地物联网设备处理，其他任务卸载到云和边缘平台处理。

同时，成熟高效的云边协同架构在层间必须提供标准化的开放接口来实现架构的全层次开放，提供服务应用、数据生命周期、数据安全和隐私安全的管理机制，保障业务全流程的智能化和自动化。值得注意的是，边缘计算平台和云计算平台虽然都提供计算和存储服务，但它们不是取代的关系，而是协作关系。在协作的情形下，云计算平台提供强大计算能力和海量存储资源，边缘计算平台提供本地数据以及隐私数据的计算分流和处理能力。以智慧医疗为例，云平台相当于一个公共的超级计算机，一般用来处理复杂的计算任务，比如医疗影像的 3D 渲染；而边缘计算平台可以存储和处理涉及患者隐私的个人病例和医疗数据，提供快捷方便的本地数据读取和操作。这类隐私数据只存在于医院本地的边缘设备，不会和云平台及其他边缘节点进行交互，在提供更优质的用户体验的同时，保障了用户和数据的安全。

8.4.2 云边协同的实践

云边协同计算可以广泛地应用在物联网中，应对有低时延、高带宽、高可靠性要求的大量设备和网络连接的业务应用场景。目前，云计算的主要提供商包括亚马逊、谷歌和微软，以及阿里巴巴、腾讯和百度等公司。这些公司以公有云的形式提供了海量的计算和存储资源，用户可以以虚拟机的形式租用这些资源或者基础的应用。同时，在万物互联的场景下，大量的公司和团队也为支持各自的业务，在不同的地区构建或租用不同规模的数据中心资源，形成了大量互联或者独立的边缘平台。边缘云计算从覆盖范围上可以分为以下两大类：

1）全网覆盖类应用，即借助边缘计算平台的多个节点来补充和优化全网的网络链路、数据传输和存储的效率。

2）本地覆盖类应用，即利用临近的边缘平台来优化本地应用的数据安全、处理效率和服务时延。

本节将介绍几种物联网中较常见云边协同应用。

1. 智慧楼宇

目前，各个城市的建筑越来越多，且地理上分散。如何在分散的建筑之间进行高效、安全的沟通和互联是建筑行业面临的一项巨大挑战。以前，各个楼宇的管理（再生能源管理、照明管理等）和维修主要依靠人工和现场检查，这意味着维护成本较高，而且一旦出现故障，业务中断时间过长，会给用户带来极大的不便。因此，智慧楼宇的核心问题是如何及时发现建筑中潜在的隐患、增强安全性，同时降低运行和维护成本。由边缘计算协调的智慧楼宇管理和维护解决方案将有效解决上述难题。以 Niagara 边缘网关设备为例，该边缘网关利用网络实现不同楼宇的连接和数据交互，并提供以下基础的数据预处理和存储等功能：

1）在楼宇内或附近部署好边缘计算网关，通过中间件提供的接口访问各种传感器并连接云平台。

2）楼宇内部运行产生的海量数据需要在边缘计算网关进行初步处理，降低数据传输量和传输时延。

3）云平台提供总体的控制、管理机制和数据分析功能，管理边缘计算网关设备、数据中心资源、边缘和云平台的应用周期等。其架构如图 8-7 所示。

2. 设备管理和优化

在云边协同的物联网应用中，设备的管理和优化起着至关重要的作用。为确保设备能够正常且高效地运行，需要实时监测系统的运行状态，并及时发现设备存在的性能瓶颈，不断从设备的状态以及性能两个方面进行优化。具体而言，需要借助从用户端设备采集的数据信息进行智能分析和优化处理，该过程通常涉及以下三个方面的云边协同能力。

1）数据协同处理：边缘平台采集和存储本地设备信息，而云端则针对多个边缘收集的海量数据，尤其是故障和异常数据进行统计和存储。

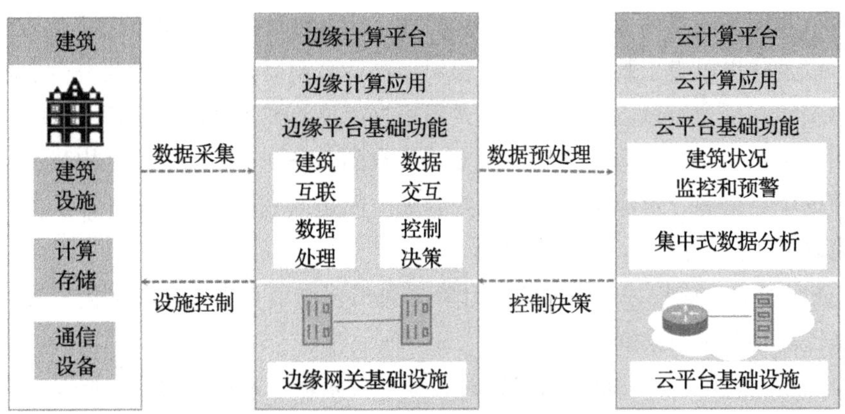

图 8-7　云边协同的智慧楼宇解决方案

2）数据协同分析：边缘平台将本地收集到的数据输入到分布式训练模型中，获得本地的模型训练结果并汇报给云平台。云平台综合多个边缘设备的训练结果，通过持续训练获得总体的设备优化模型，用于对现场设备进行优化，从而提高生产效率。

3）应用协同管理：边缘平台为边缘应用提供运行环境和生命周期管理能力，云平台综合各个边缘平台上的资源和应用状态，对整个网络中的应用进行统一管理。其架构如图 8-8 所示。

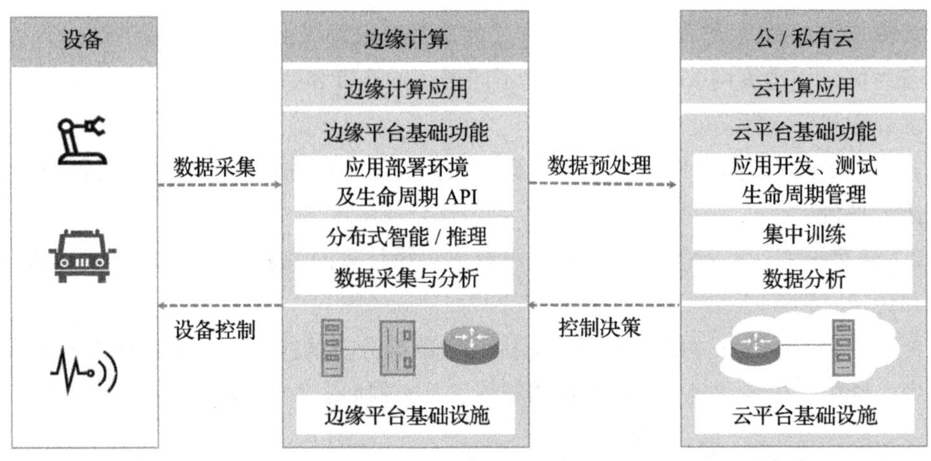

图 8-8　设备优化和管理

3. 智慧交通

大数据、人工智能、物联网等技术的不断发展为城市交通的智能化发展提供了有力的技术支撑，智慧交通的概念也应运而生。为了保障道路运行畅通，降低事故发生的风险，最大化地提高道路利用率，为驾驶员提供良好的驾驶体验，可以借助云边协同的技术对采集的实时数据进行分析处理，通常包括以下三个方面。

1）车内信息监测：为了全面监测车辆的状态信息，车辆通过车身装载的多种车载传感器和控制器对车辆系统进行实时监控，并将部分信息上传到边缘平台实现驾驶辅助和事故预警等本地服务。

2）道路状态收集：车辆可以把车载雷达和摄像头等设备收集到的周围车辆或道路的状态传输到边缘平台，进行实时的道路监控和事故预警，有效地降低事故发生的概率。

3）协同交通管理：车辆、道路设施、边缘平台和云平台协同进行数据交互，通过对交通大数据的分析来预测车流量变化，提前预测拥堵路线并通过控制交通指示灯状态达到道路的最大利用率，避免道路拥塞，减少燃油消耗。其架构如图 8-9 所示。

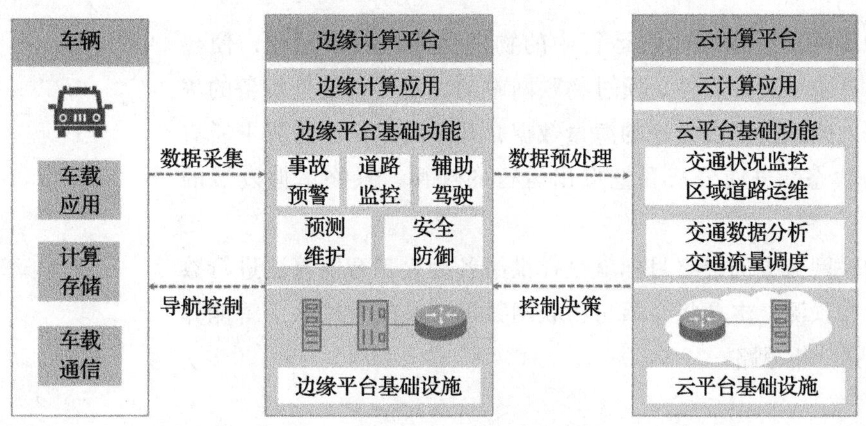

图 8-9　智慧交通

本章小结

随着物联网中互联互通的设备不断增加，物联网多以分布式系统的形式组成，并呈现出越来越明显的硬件异构化和资源分散化特征。分布式系统为更广泛的物联网服务的实现提供了可能，但同时带来了更高的数据传输带宽和任务处理能力需求。对于数据实时性处理和隐私安全要求高的应用，由于传输时延长和隐私泄露问题无法部署在传统的云计算平台上，因此，引入了边缘计算作为物联网的另一种处理数据平台，并列举了物联网中边缘计算的典型应用场景。利用边缘计算，物联网用户可以获得更快速、更安全的服务和应用。

习　题

1. 什么是分布式系统？它有什么特点？请列举出生活中常见的分布式系统。
2. 边缘计算的特点是什么？它与云计算相比，优势和劣势分别体现在哪里？
3. 在云边协同的物联网系统中，边缘计算和云计算平台的典型应用有哪些？
4. 在云边协同的物联网系统中，任务卸载有哪几种类型？

第 9 章　物联网中间件与人工智能

物联网的价值在于将运行中的物理世界进行了量化，使整个世界具备了可计算性。通过物联网中的传感器等硬件设备的集成和嵌入式软件平台发来的海量数据，几乎可以洞悉世界上所有事物的状态，进而分析和挖掘出运行的规律，最终掌握发展的趋势。

物联网数据的最终目标就是提供给各种人工智能算法进行数据分析和预测，本章将介绍与物联网数据相关的常用人工智能算法和数据分析思路。

9.1　物联网系统与智能化

当越来越多的设备连接到物联网之后，与物联网设备相关的数据量及其生成的数据量呈指数级增长。同时，随着物联网系统智能化的发展，这些数据的价值日益彰显，如何分析和利用这些数据成为物联网智能化的首要问题。

例如，在智慧农业中，可以利用植入土壤的传感器来监控土壤状态，也可以将传感器直接部署在空气中观测环境状况，通过分析采集到的数据来判断农作物的生长态势，继而利用金融工具进行农产品期货交易的预测，或者利用自动化农具进行灌溉、灭虫等操作。

在智慧医疗中，可以利用可穿戴设备采集心率、血压、血氧量等数据，供医生分析个人的健康状态，并提出合理运动饮食建议，或者提早进行干预，防止疾病发生。

在智慧工厂中，通过监控生产制造过程中收集到的数据，可以对各生产环节的状态进行评估，进而保障生产的顺利进行。

几乎所有的领域都需要人工智能和数据分析的赋能，而这一切的基础就是从物联网采集而来的数据。

9.2　人工智能与中间件

当前，大多数中间件支持的物联网系统虽然没有集成人工智能模块，但也为开发者提供了控制接口。系统管理员和控制算法开发者可以通过该接口向平台注入符合用户需求的智能算法。但智能算法本身纷繁复杂，物联网中的应用场景千变万化，如何实现不同场景下智能算法的快速开发成为智慧物联网发展中的一个重要问题。为解决该问题，人工智能平台提供商集成了智能算法的基础功能，开发者可以直接使用模块化的学习模型和智能算法，并在此基础之上形成专有的人工智能中间件。开发者可以依托人工智能中间件进行个性化算法开发，大幅提高生产效率，快速推动人工智能技术在物联网中的应用。

目前，比较成熟的工业化应用的人工智能中间件（Machine Learning as a Service，MLaaS）大多集中在传统机器学习领域（例如回归算法和决策树算法等），包括亚马逊的 SageMaker 平台、微软的 Azure ML Studio、谷歌的 ML Engine 和 Niagara 的 Analytics 等。以 Analytics 为例，当设备和系统互相通信时，Niagara Analytics 提供了多种算法库来实现复杂的算法，从而简化数据分析。这些智能算法可以主动识别问题并提供更多的上下文信息，减轻地方和企业两级的问题。Analytics 的分析规则可以根据不同应用的需要进行自动配置，无须技术人员介入。Niagara Analytics 提供开放的接口来支持第三方应用程序，从而方便地使用库中的已有算法或者向库中导入新算法。

Niagara Analytics 的核心是一个高级的高性能计算引擎。有了它，实时数据可以被应用在 Niagara 的 Wiresheet 视图中，进行可视化的算法编程。和传统的逻辑编程不同，这种 Analytic 算法可以被封装起来，并根据需要应用在不同的系统中。图 9-1 显示了一部分 Niagara Analytics 自带的算法库。

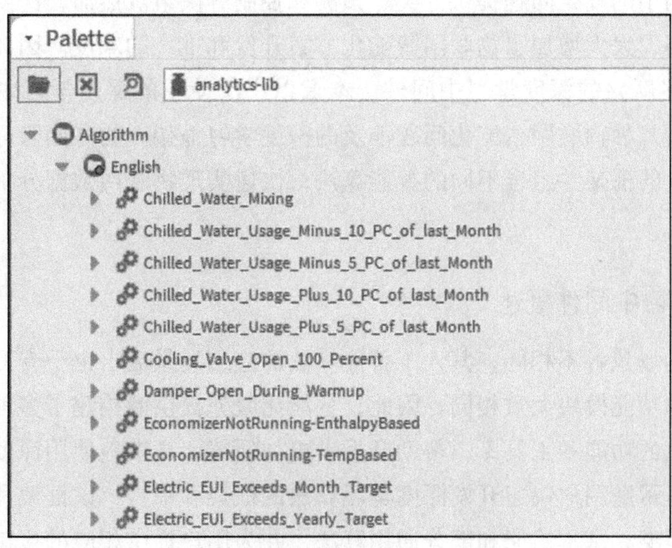

图 9-1　Niagara Analytics 算法库

Analytics 的计算引擎可以用于故障检测和诊断，相应的分析规则就是分析算法，可以配置它们来监控系统的运行，而分析产生的报警也可以传送到 Niagara 报警平台或其他第三方工具。

我们以一个简单的空调出风低温检测算法为例。基本算法要求是：当一个楼宇正在使用时，空调机组按照控制要求打开风扇。风扇正常打开时，如果检测到的出风温度小于设定值 5℃且当以上条件都满足并持续 30 分钟时，会产生一个“True”结果，提示系统有异常发生。

算法的流程如图 9-2 所示。

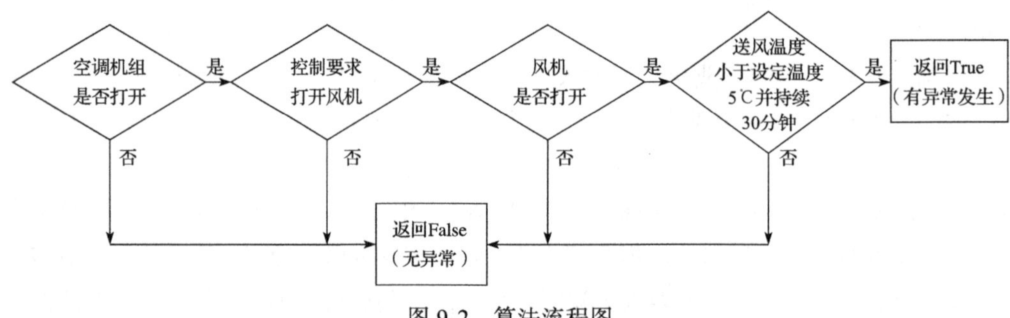

图 9-2 算法流程图

算法组件的连线如图 9-3 所示，可以通过逻辑模块组件搭建一个简单的应用算法。

大多数物联网中间件平台目前都尚未提供人工智能算法直接相关的部件，但是在实际系统开发中，仍可以将人工智能模块部分作为第三方组件使用。随着物联网规模的扩大、个人用户的需求增长和数据分析难度的增加，传统的机器学习算法已无法完全满足物联网数据分析的需求。近年来，深度学习作为一种更加高效的解决方案被广泛应用，可以面向物联网中的复杂问题提供分类、预测和控制等决策。然而，深度学习需要构建复杂的神经网络，大大增加了物联网智能化方案开发和推广的难度。因此，学术界和工业界出现了许多新兴的深度学习中间件。本章以广泛使用的深度学习中间件为例，从概念入手，介绍几种物联网智能化问题涉及的深度学习框架。物联网管理员和开发者可以按需选择合适的框架并组合不同的智能算法，快速实现物联网数据分析应用和模块的搭建。

9.2.1 深度学习中间件概述

物联网中的场景各不相同，其人工智能算法的应用场景需求也千变万化，但主体思路和需要使用的功能模块大致相同。因此，智能化服务提供商构建了多种深度学习中间件并提供模块化的功能和工具库，帮助开发者更加便捷、高效地使用深度学习模型。深度学习中间件是帮助用户快速开发深度学习算法的框架和平台，该框架和平台提供了深度学习的基础模型、基本功能和部分通用算法，并为用户提供相应的接口来实现基础功能的快速调用和组合。智慧物联网开发者只需专注物联网智能化问题本身，利用这些中间件，针对不同的物联网智能化问题选择和组合模块化的深度学习基础功能，加速智慧物联网的开发过程，实现物联网的自动、自主控制。

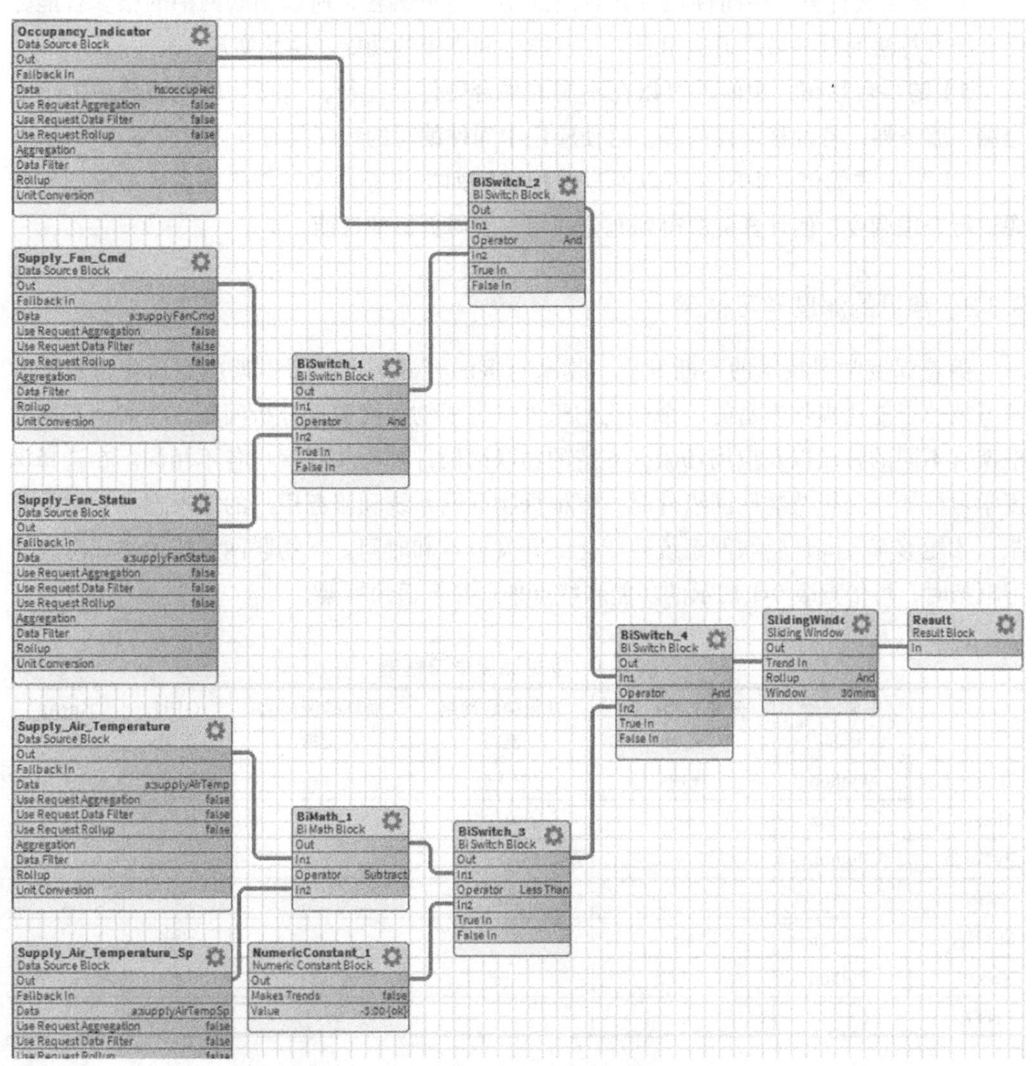

图 9-3　算法的组件的连线图

人工智能中间件虽然不是物联网系统的必要组成部分，但仍可以通过物联网中间件提供的接口成为智慧物联网的可选组件，从而应对不同物联网场景下的智能分类和控制问题。通常情况下，一个典型深度学习框架具有以下特点。

1）**高效率开发**：深度学习中间件一般都提供了基本的库函数，简化了程序开发的流程，开发者无须理解和编写底层代码，只需专注于物联网智能化问题本身。

2）**可视化界面**：中间件一般会提供丰富的可视化工具和多样化的数据呈现方式，可以帮助用户理解和梳理代码等内容。部分可视化的结果也可以直接应用到物联网系统中。

3）**多语言支持**：主流的中间件一般支持多种编程语言，比如 C++、Python、Java 和 Go 等，用户可以选择物联网系统支持的语言或者自身熟悉的的语言进行编写。

4）**自定义计算**：中间件通过计算图的结构进行编程，所以物联网中的很多智能分类和控制算法问题都可以通过组合人工智能中间件中的功能和模块实现。

5）**跨平台移植**：中间件可以在不同的平台硬件上运行，包括物联网系统中的个人电脑、服务器、各种移动设备等，这使应用中间件编写的程序具有高度的可移植性。

6）**集中式优化**：中间件可以通过线程和队列操作等方式对物联网系统中的硬件资源进行合理调度，使计算资源得到充分利用，获得更好的性能。

9.2.2 常见的深度学习框架

随着深度学习技术的不断发展，越来越多的开源深度学习框架应运而生，为物联网系统的智能化提供丰富的、个性化的组件来完成物联网数据分析问题。然而，不同的框架有不同的特点以及应用场景，支持的物联网硬件种类和程度也各不相同。在选择深度学习框架作为智慧物联网组件时，要根据物联网系统和服务用户的需求选择合适的框架，才能够有效降低物联网系统智能化的开发成本和时间。在物联网系统中集成深度学习框架时，可依据表 9-1 展示的功能和特点来选择合适的框架。

表 9-1 常见深度学习框架

	主要编程语言	开发文档社区支持	卷积神经网络支持	循环神经网络支持	GPU 支持	Keras 支持
Tensorflow	Python	+++	+++	++	++	+
Theano	Python	++	++	++	+	+
PyTorch	Python	+	+++	++	+	
Caffe	C++	+	++		+	
MXNet	Python	++	++	+	+++	
Neon	Python	+	++	+	+	
CNTK	C++	+	+	+++	+	

接下来简要介绍这些常用的深度学习框架。

1. TensorFlow

TensorFlow 是由谷歌人工智能团队——谷歌大脑（Google Brain）在神经网络算法库 DistBelief 的基础之上开发的用于数值计算的深度学习框架，它本质上是一个基于数据流进行编程的符号数学系统。它使用 Python API 编写，并利用 C/C++ 进行引擎加速，是目前人工智能领域应用最为广泛的深度学习框架之一，已经用于物联网系统中的语音识别、图像识别、自然语言处理、计算机视觉等领域。

TensorFlow 的最大优势是拥有丰富的库函数和接口，包括 TensorFlow Hub、TensorFlow Research Cloud 等，可以为训练深度神经网络等提供需要的计算，如矩阵乘法和自动微分。同时，由于其核心使用的C/C++编程，这使得模型运算的速度很快，不需要担心因为高度封装而耗费大量额外的时间和资源。此外，作为深度学习框架，它不局限于深度学习，还支持强化学习和其他算法，具有广泛的应用范围。但是，它也存在一定的缺陷，由于其内存占用较大，运行速度明显低于其他框架。

2. Caffe

Caffe（Convolutional Architecture for Fast Feature Embedding）是由美国伯克利大学的学者开发的一个主流工业级深度学习框架，它以表达式、速度和模块化为核心，具有出色的卷积神经网络实现。其核心是由C++编写而成，支持Python、MATLAB和命令行接口，可以实现CPU和GPU之间的无缝切换。目前，广泛应用于物联网系统中的计算机视觉等领域，例如人脸识别、图片分类、位置检测、目标追踪等。

Caffe的主要优势是易于上手。Caffe框架内的网络结构都是以配置文件形式定义的，用户无须深入理解深度学习知识，也无须重新编写任何代码，与此同时，Caffe提供了Python和MATLAB接口，用户可以根据熟悉程度选择语言部署算法；其次，Caffe的底层是基于C++的，因此可以在各种硬件环境编译并具有良好的移植性。此外，Caffe能够快速训练新型的模型和大规模的数据，并且Caffe将功能组件模块化，方便用户拓展应用到新的模型和学习任务上。但是，Caffe也存在一定的缺陷。由于Caffe最初是为图像领域而开发的，因此缺少对语音和视频等时间序列数据分析的支持。

3. PyTorch

PyTorch是由Facebook公司在Torch的基础之上利用Python语言开发的深度学习框架。它使用功能强大的GPU加速的张量计算，且可以根据计算需要实现动态的神经网络，具有较大的应用空间。目前，PyTorch应用于物联网系统中的自然语言处理、计算机视觉、控制等应用领域，例如机器翻译、问答系统、图像识别、工业控制等。

与其他主流的深度学习框架相比，PyTorch的主要优势在于能够建立动态的神经网络，这样在进行代码调试时可随时通过控制流操作构建图。其次，PyTorch简洁高效，仅利用张量、变量以及神经网络模块这三个抽象层次相互联系，即可同时进行修改和操作。此外，PyTorch继承了Torch的设计，符合人们的思维模式，开发速度快。但是，由于PyTorch复用Python的执行模型，导致模型无法把整个Python函数变成一个GPU Kernel整体放入GPU执行，必须频繁切换回CPU以使其在CPU上成功执行。

4. MXNet

MXNet是DMLC（Distributed Machine Learning Community，分布式机器学习社区）开发的一款轻量、可移植的开源深度学习框架，它让用户可以混合使用符号编程模式和指令式编程模式来使效率和灵活性最大化。它支持 C++、Python、R、Scala、Julia、MATLAB 及 JavaScript 等语言，也支持命令和符号编程，可以在 CPU、GPU、集群、服务器、台式机或者移动设备上运行，目前是亚马逊官方使用的深度学习框架，可以应用于物联网系统中的图像分类、目标检测、图像分割等领域。

MXNet 因其支持 CPU、GPU 分布式计算，且具有巨大的内存、显存优势而为人所称道。在分布式环境下，对于同样的模型，MXNet 的扩展性能明显优于其他框架。其次，MXNet 的一个优点是支持多种语言的 API 接口，方便不同用户使用。此外，MXNet 有预训练的模型，通过微调即可出色地完成一些任务。但是，MXNet 的缺点也很明显，它不支持自动求导，也不适合循环网络。

5. Theano

Theano 是由蒙特利尔理工学院为处理大型神经网络算法所需的计算而专门设计的开源深度学习框架。因其产生时间较早，被认为是深度学习研究和开发的行业标准。它利用 Python 以及 Numpy 搭建深度学习框架，可以将用户定义、优化以及评估的张量数学表达式编译为高效的底层代码，装载至 GPU 等平台，并连接用于加速的库，比如 BLAS、CUDA 等，可应用于物联网中各个与深度学习相关的领域，比如图像识别、语音识别和流程控制。

Theano 的主要优势在于集成了 Numpy，故可以直接使用 NumPy 的 NDArray，API 接口简单、易于上手。而且，它的计算稳定性好，可以精准地计算输出值很小的函数。此外，它可以动态地生成 C/CUDA 代码，用于编译成高效的机器代码。值得注意的是，在 Theano 的基础之上派生出大量的上层封装库，例如 Keras、Blocks、Deepy、Pylearn2 和 Scikit-theano 等，故 Theano 是深度学习库的基石。但是，由于 Theano 仅支持单个 GPU，没有实现分布式。同时，对于大型模型的编译而言，需要将用户的 Python 代码转换成 CUDA 代码，再编译为二进制可执行文件，其消耗的时间可能较长。此外，Theano 在导入时也比较慢，而且一旦设定了选择某块 GPU，就无法切换到其他设备。

除了上述几种深度学习框架以外，还有很多类似的框架，例如谷歌的 Keras、百度的 PaddlePaddle、Eclipse 的 Deeplearning4j 以及 Chainer、Lasagna 等，这些框架都可以作为物联网系统的可选组件。不同的深度学习框架有不同的特点，用户可以根据自身的需求选择合适的框架，甚至组合使用多个框架作为物联网中间件的辅助组件，从而实现物联网的智能化。

9.3 物联网智能化算法和案例分析

通过对物联网中纷繁复杂的现象和信息进行处理，并对物联网中产生的各种数据进行分析，可以为人们的决策提供直观和强大的支持，实现物联网的智能化。在物联网架构比较简单或数据量比较小的情况下，传统的数理统计模型分析算法可以为物联网的趋势预测和后续决策提供参考。当物联网应用数据日渐复杂且物联网系统动态性增加时，统计分析模型的价值将降低。为了解决此问题，可以将以深度学习为代表的机器学习方法应用于历史或实时数据，通过学习、训练数据集，发现模型的参数并找出数据中隐含的规则，从而对物联网数据进行分析和评估。所以，如何选择和组合人工智能中间件中提供的基础算法和模块来处理物联网中产生的海量数据信息成为实现物联网智能化的关键。本节将结合人工智能领域常见的算法，针对物联网中常见的应用场景，对经典的数据分析算法和模块进行简要的介绍。

9.3.1　常用的智能算法与应用场景

根据物联网中的数据形式以及应用的需求，需要使用不同的分析思路和算法，如图 9-4 所示。根据数据分析的目的，可分为离线分类 / 聚类算法和在线控制算法两大类，其中离线分类 / 聚类是指基于已有的历史数据针对新数据（例如温度和湿度等传感数据、工厂消耗和产出等）进行预测和分类。离线回归 / 分类 / 聚类是一类传统的数据分析问题，广泛存在于智慧农业、智慧工厂等物联网场景中。该类问题通常通过学习大量的形式为 < 特征，标签 >（<feature, label>）的历史数据来训练智能模块。以图片识别为例，要找出图片的类型标签（比如风景、花卉），必须要有大量图片和对应的类型标签。如果所有的历史图片都有类型标签，则可按照分类思路使用有监督学习方法；反之则以聚类的思路使用无监督学习方法。根据数据的结构性和问题的复杂度，又可以选择使用传统的机器学习算法或者神经网络的相关算法。

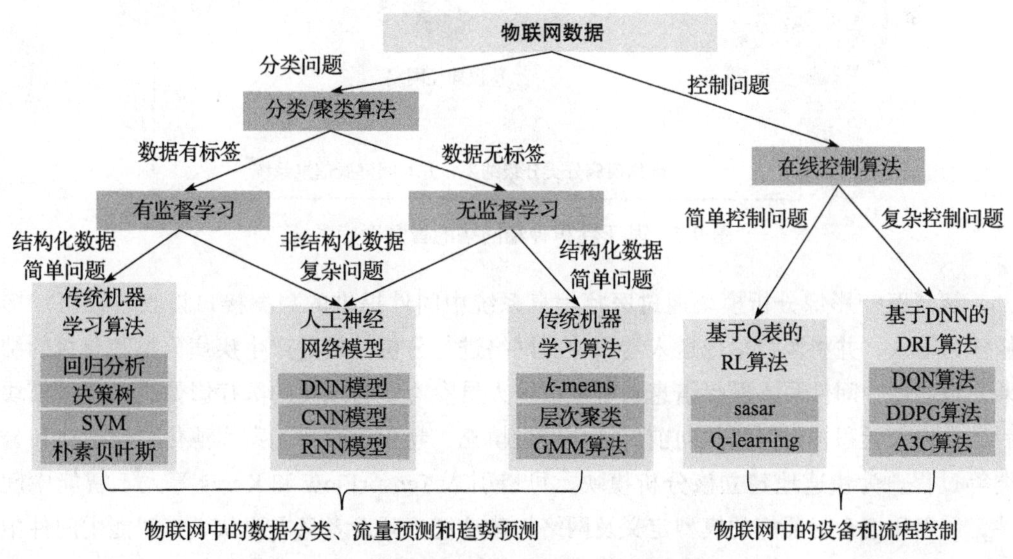

图 9-4　物联网中的智能算法与应用场景

在线控制是一类新的问题和解决思路，是指在没有历史数据或者既有经验的基础上，让智能体学会通过和系统交互，实现基于现有的系统状态来控制系统行为的目的。

该类问题通常是从零学起，无须大量的历史数据积累。以交通控制为例，在线控制算法通过探索不同的红绿灯控制方案，产生正反馈（拥堵缓解）/负反馈（拥堵加剧），再传递到交通控制模块更新控制方法。该类算法可以广泛应用到智慧工厂控制、交通控制等场景。

9.3.2 智慧医疗影像分析案例

本节我们以物联网中最常见的影像识别问题为例，学习如何把人工智能模块引入物联网当中。在智慧工厂、智慧农业和智慧交通等场景中的很多应用都涉及影像识别问题。通过连接的摄像头设备，物联网可以获取大量的实时图像信息。这些图像可以通过各种物联网中间件被加工成有效的信息并传输到不同的设备和节点。然而，面对海量的影像信息，如何实现快速处理和分析成为制约物联网发展的瓶颈。

以智慧医疗系统为例，医疗信息系统中存在大量患者的医疗影像，医护人员可以从患者的医疗影像（例如X光片和胃镜图像）中看出疾病类型和发病状态。传统的医疗系统一味地依靠医生来读取所有的医疗影像，不仅速度慢，而且判断准确率受医生经验的影响较大。在智慧医疗系统中，可以利用卷积神经网络来建立一个智能医疗影像分析模块，实现自动化的影像分析和疾病分类（如图9-5所示）。

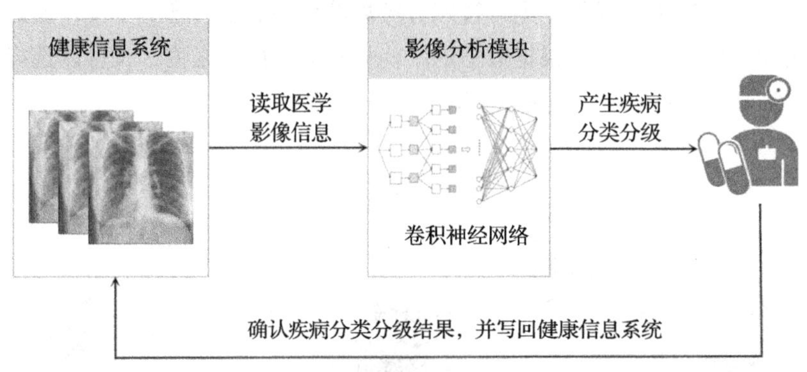

图9-5 基于卷积神经网络的智慧医疗系统

智慧医疗影像分析模块通过医疗信息系统中间件提供的数据接口接收各种医疗影像作为输入，并将医疗影像送入卷积神经网络进行分析，最后产生疾病分类和分级的结果，再通过中间件写入医疗信息系统供医护人员参考。当患者的医疗影像进入分析模块后，会进入卷积神经网络并向前传播，经过填充、卷积、激活函数、池化、全连接和分类等过程。为快速地建立该分析模块，可以引入TensorFlow和Keras等人工智能中间件，调用和组合封装好的模型定义及网络构建功能。开发者只需要从人工智能中间件中引入需要的功能函数，就可直接构建卷积层、池化层，通过组合和参数设定可实现自定义的神经网络模型，并按照医疗影像数据的类型、大小和精度改变卷积层的层数、神经元的个数等分析参数。

在智能分析模块的构建过程中，开发者可以根据疾病的严重程度和致死率来调整训练的次数和对分析的精度要求。随着训练轮次的增加，医疗图像分析模块的准确率会不断提高，直至达到预设的精度要求。此时，该分析模块就可以被广泛地应用到疾病诊断中，从而实现疾病分级和治疗方案的自动化制定。

此外，基于神经网络的智能影像分析模块可以作为一个组件广泛应用到各个物联网中间件中，从而应对不同场景下的影像分类和识别问题。比如，在智慧农业中按照蔬果的外观进行品级分类；在智慧交通中通过摄像头判断当前的交通状况；在智慧工厂中监控人员、设备和厂区的运作状态。在开放的中间件支持的物联网系统中，开发者可以快速地通过中间件接口获取影像信息，构建并植入个性化的影像分析模块，并在获取分析结果后快速制定物联网控制决策。

9.3.3　智慧交通控制案例

物联网系统除了利用收集到的历史数据来进行分类，还需要解决实时控制问题。不同于分类问题有明确的类别定义和数量，控制问题的决策空间更加庞大、复杂。在物联网中，系统管理员可以轻松地使用中间件获取摄像头或者传感器采集到的设备（例如机械手臂）和环境（例如温度湿度）的状态。但如何根据当前的状态，自动地做出合适的决策是智慧物联网要回答的重要问题。

以图 9-6 所示的智慧交通系统为例，可以通过路边架设的摄像头实时获取当前路口的车辆拥堵影像，并通过影像分析模块判定当前的拥堵程度。接着，控制模块需要根据当前的拥堵情况决定红绿灯的调控策略。例如，在空闲的情况下，可以适当地压缩绿灯的时长，在拥堵时刻则适当地延长绿灯的时长。这样的控制算法可以利用强化学习的思路来完成。

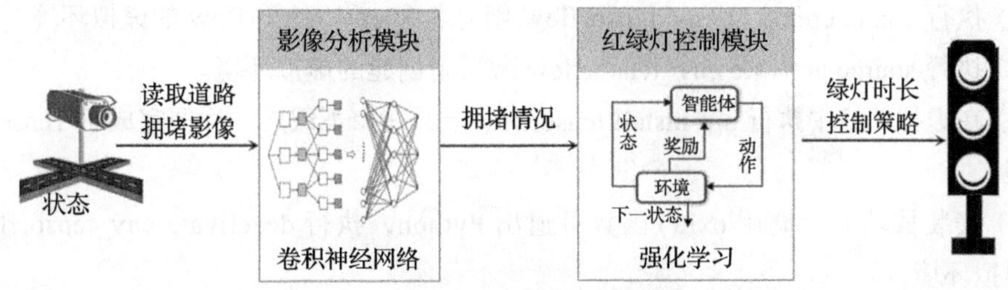

图 9-6　基于强化学习的智慧交通系统

通过 TensorFlow 和 Keras 等人工智能中间件的函数功能调用，可以快速初始化交通控制模块的模型和网络。控制模块通过中间件接口和感知分析模块对接，从分析模块读取当前拥堵程度作为控制的当前状态，利用强化学习算法针对当前状态做出决策。然后，从感知分析模块获取该决策施行后的奖励（是否缓解拥堵），再通过奖励值来评判决策的优劣并定时更新网络。该过程不断重复直至控制算法能够学会在不同的拥堵情况下做出正确的决策。此时，该强化学习算法就可以应用到各个交通路口实施红绿灯的控制管理了。

基于强化学习的控制算法不仅可以应用到智慧交通的控制中，还可以作为基础控制算法被移植到物联网的各个场景中，实现自动化的控制管理。例如，在工业物联网中，根据不同零件的制造步骤实时决策机械手臂运动的角度和距离；在智慧农业中，根据不同的温度和湿度决定灌溉设备的起停和灌溉的水量。这些物联网中的控制问题都需要人工智能算法的辅助。在中间件支持的物联网中，管理员可以通过控制接口向物联网控制模块注入个性化的智能控制算法来改变物联网系统的控制决策，实现自动、自主的智慧物联网控制管理。

9.4 物联网中间件上的人工智能实践

9.4.1 环境安装

本节的目标是基于 TensorFlow 和 Keras 建立一个卷积神经网络的智能图片识别模块，并实现物联网中的手写数字识别功能。首先，我们需要安装 Python、TensorFlow 和 Keras。下面将介绍 Python、TensorFlow 和 Keras 的安装步骤。

1. Python 的安装

我们推荐使用 Anaconda 安装和配置 Python。Anaconda 是一个开源的 Python 发行版本，包含了 Numpy、SciPy 等 180 多个科学包及其依赖项，可以便捷地获取包并对包进行统一管理。

2. TensorFlow 安装

使用 Anaconda 管理 Python 使得 TensorFlow 等科学包的安装非常简便，步骤如下：

1）执行 conda create -n env_tensorflow 创建名为 env_tensorflow 的虚拟环境。

2）执行 source activate env_tensorflow 激活新创建的虚拟环境。

3）在虚拟环境中执行 pip install tensorflow==2.0.0，下载成功后便完成了 TensorFlow 的安装。

4）安装成功后，调用 exit() 函数可退出 Python，执行 deactivate env_tensorflow 可退出虚拟环境。

3. Keras 的安装

Keras 是一个高层神经网络 API，用 Python 编写而成并使用 TensorFlow、Theano（已停止开发维护）及 CNTK 作为后端。它提供了一致而简洁的 API，能够极大地减少用户的工作量，用户可以很快上手。

TensorFlow 2.0.0 版本已经集成了 Keras，执行 from tensorflow import keras 即可使用 Keras，输入 keras.__version__ 并执行可以查看 Keras 版本。如果 TensorFlow 版本低于 2.0.0，需要另外安装 Keras。回到上述虚拟环境 env_tensorflow 中，直接执行 pip install keras 便开始了 Keras 的下载与安装。

4. HDF5 安装

在神经网络训练完成后，我们需要保存权重参数以便重复使用。HDF5 是一种存储相同类型数值的大数组的机制，适用于可被层次性组织且数据集需要被元数据标记的数据模型，神经网络的权重参数非常适合以 HDF5 格式来保存。执行 pip install h5py 即可安装 HDF5。

9.4.2　基于深度神经网络的智能数字识别系统

在本节中，我们将利用广泛使用的 MNIST 数据集来建立和训练一个简单的深度神经网络。步骤如下：

1）根据原始 MNIST 手写数字识别程序，并训练模型，结合前面介绍的神经网络在物联网中的应用内容理解程序。

2）使用 model 类的 save 或者 to_json、save_weights 方法，保存训练过的模型以及权重参数。熟悉相关函数的使用方法。

3）使用 model_from_json 和 load_weights 方法，将已经保存的手写数字识别模型加载到物联网系统中，实现手写数字识别功能。

4）下载 MNIST 手写数字字体图片（黑白或者灰度的正方图片），并通过加载的模型对下载的图片进行识别，输出识别结果。

5）改变神经元数目、训练时的迭代次数这两个参数，分别绘制模型训练的时间、准确度与这两个参数之间的关系。

1. MNIST 数据集简介

MNIST 数据集是美国国家标准与技术研究所（National Institute of Standards and Technology，NIST）采集的。该数据集由来自 250 个人手写的数字 0 ～ 9 构成。在 MNIST 数据集中，每张图片都是用 28 × 28 个灰度值表示的像素点。MNIST 数据集的训练集包含 60000 个样本，测试集包含 10000 个样本。

2. 数据预处理

要实现图片的识别，首先要对数据集进行预处理，即将 28 × 28 像素的图片展开为一个一维的行向量，并使用每行 784 个值代表一张图片。

```
from tensorflow import keras
from tensorflow.keras.datasets import mnist
num_classes = 10
(x_train, y_train), (x_test, y_test) = mnist.load_data()
x_train = x_train.reshape(60000, 784)
x_test = x_test.reshape(10000, 784)
x_train = x_train.astype('float32')
x_test = x_test.astype('float32')
x_train /= 255
x_test /= 255
```

```
y_train = keras.utils.to_categorical(y_train, num_classes)
y_test = keras.utils.to_categorical(y_test, num_classes)
```

3. 构建神经网络模型并进行训练

要搭建的神经网络的层数以及每层神经元的个数需要根据具体问题来确定。原则上说，量过少不能很好地拟合训练数据；数量过多则会造成过量计算，浪费计算资源，降低训练效率。本问题的图片相对简单，因此搭建一个四层的神经网络，设置每层的神经元个数为 num_neuron=256 即可。在训练过程中使用 Dropout 正则化，使一些神经元不参与更新，防止训练集数据量过少而导致过拟合。最后，使用 softmax 激活函数作用于神经网络的最后一层，进而预测当前图片属于每个数字的概率。将这个概率矩阵与实际概率矩阵（预处理阶段已转换为 One-Hot 编码）的交叉熵作为 loss，使用 RMSprop 优化器更新神经网络参数。

```
from tensorflow.keras.models import Sequential
from tensorflow.keras.layers import Dense, Dropout
from tensorflow.keras.optimizers import RMSprop
num_neuron = 256
model = Sequential()
model.add(Dense(num_neuron, activation='relu', input_shape=(784,)))
model.add(Dropout(0.2))
model.add(Dense(num_neuron, activation='relu'))
model.add(Dropout(0.2))
model.add(Dense(num_neuron, activation='relu'))
model.add(Dropout(0.2))
model.add(Dense(num_classes, activation='softmax'))
model.summary()
model.compile(loss='categorical_crossentropy',
              optimizer=RMSprop(),
              metrics=['accuracy'])
```

搭建完神经网络后，就可以开始训练了。设定 batch_size=128，训练迭代次数 epochs=20，可以比较不同的设定对最终识别准确率的影响，看是否 epochs 越高，最终测试的准确率越高，各位读者可以自行思考为什么会产生这样的结果。

```
batch_size = 128
epochs = 20
history = model.fit(x_train, y_train,
                    batch_size=batch_size,
                    epochs=epochs,
                    verbose=1,
                    validation_data=(x_test, y_test))
score = model.evaluate(x_test, y_test, verbose=0)
print('Test loss:', score[0])
print('Test accuracy:', score[1])
```

4. 保存模型及权重参数

在实际应用中，往往需要将最终训练完成的模型和参数保存下来以便重复使用或者进行进一步训练来提高准确度，因此，要在模型训练完成时调用以下方法保存模型和权重参数。其中，模型以 json 格式保存在 mnist_model.json 文件中，对应的权重参数保存在 mnist_weights.h5 文件中。

```
model_json = model.to_json()
with open("mnist_model.json", "w") as json_file:
    json_file.write(model_json)
model.save_weights("mnist_weights.h5")
print("Saved model to disk")
```

5. 加载模型及参数并使用

有了 mnist_model.json 和 mnist_weights.h5 文件，在其他装有 Keras 的环境下无须构建神经网络并训练，只需调用 model_from_json 和 load_weights 方法分别加载模型和权重参数即可使用。

测试数据可以使用画图工具手写数字，完成后调整图片大小为 28 × 28 像素并保存，调用 model.predict() 方法即可获得概率矩阵。

```
from tensorflow.keras.models import model_from_json
json_file = open('model.json', 'r')
loaded_model_json = json_file.read()
json_file.close()
loaded_model = model_from_json(loaded_model_json)
loaded_model.load_weights("model.h5")
print("Loaded model from disk")

def  loadimage
    …
print(loaded_model.predict(loadimage('example0.jpg')))
```

训练好的模型可以导入物联网的不同场景中实现手写数字的识别功能。针对不同的图片识别场景和数据集，智慧物联网开发者可以重复利用和改造该神经网络的架构。使用不同的数据集进行训练可以快速形成不同的图片识别模块，该模块可以作为辅助组件通过物联网中间件注入物联网系统，从而实现个性化的图片识别功能。

本章小结

物联网实现了所有具有独立功能的普通物体的互联互通，以及现实世界的数字化。随着越来越多的物体连接到物联网中，物联网生成的数据量呈指数级增长，这些数据在系统后续的生产和控制决策中具有重要指导价值。要完成这些海量数据的分析和挖掘，提炼数据变化的规律和发展趋势，就需要借助人工智能中间件的辅助。人工智能中间件为物联网中各种系统的智能化提供了基础的人工智能算法模块和统一的调用接口。本章介绍了常用的深度学习中间件和人工智能算法以及它们主要特点和应用场景，读者可以选择合适的人工智能中间件和基础算法来加快物联网系统智能化的步伐，建立自主、自动的数据分析和事件响应模块。

习 题

1. 物联网中的数据分析和处理有什么作用？请举例说明。
2. 人工智能中间件的作用是什么？它们有哪些特点？
3. 物联网智能化算法有哪些类型？请选取一个算法分析其优势和应用场景。
4. 请参照智慧交通的案例，设计一个智慧农业的灌溉控制系统。详细说明其中可能用到的智能算法并解释原因。

第 10 章　物联网中间件综合案例

物联网中间件的终极目标是方便物联网系统的搭建，本章将通过智慧工厂、智慧园区两个典型的智能物联网应用场景来说明物联网系统的构建以及物联网中间件的运用。本章的重点在于从功能需求的角度审视物联网系统，给出的都是真实的工作场景，有兴趣的读者可以根据本章给出的系统和功能设计说明，利用 Niagara 等物联网平台自行尝试搭建系统。

10.1　智慧工厂

智慧工厂是目前物联网系统应用的热点之一。通常，工厂中的业务分为三类：产线管理、进销存的物料管理和工厂内部的 OA 办公系统。尽管不同的企业有不同的需求，例如重销售、轻加工的企业更重视进销存部分等，但总体而言，产线管理最为重要。本节介绍的系统便与产线的管理相关。

10.1.1　系统概述

智慧工厂是现代工厂信息化发展的新阶段，它是在数字化工厂的基础上，利用物联网技术和设备监控技术加强信息管理和服务，构建出的高效节能、绿色环保、环境舒适的人性化工厂。通过智慧工厂，用户能掌握产销流程，提高生产过程的可控性，减少生产线上的人工干预，即时采集准确的生产线数据，进行合理的生产计划编排并推进生产进度，集绿色智能的手段和智能系统等新兴技术于一体。一个完整的智慧工厂的构成如图 10-1 所示。

智慧工厂的特征体现在制造生产上。

1）系统具有自主能力：系统可采集与理解外界及自身信息，并分析、判断、规划自身行为。

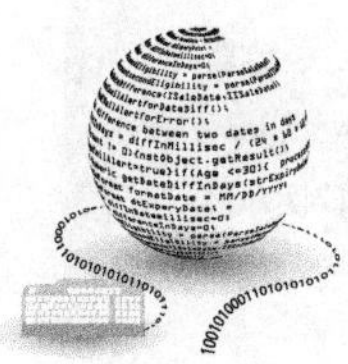

2）整体可视技术的实践：结合信号处理、推理预测、仿真及多媒体技术，展示实际生活中的设计与制造过程。

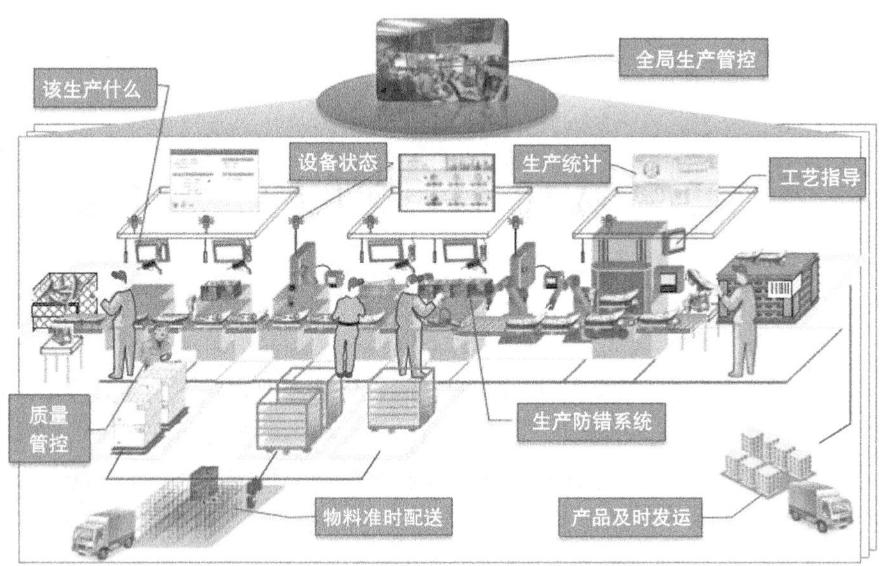

图 10-1　完整的智慧工厂

3）协调、重组及扩充特性：各组成部分可依据工作任务，自行组成最佳系统结构。

4）自我学习及维护能力：通过系统的自我学习功能，在制造过程中落实资料库补充，工艺的优化、更新，及自动执行故障诊断，并具备故障排除与维护或通知系统执行的能力。

5）人机共存的系统：人机之间具备互相协调、合作关系，在不同层次之间相辅相成。

智慧工厂的应用架构由边缘服务、IaaS、数据服务、组件服务、应用服务和前端展示六部分构成，如图 10-2 所示。通过泛在连接、数据采集、基础设施、平台服务、软件重构、数据应用等主要功能，构建完整的智慧工厂系统，将 IT 与 OT 紧密融合，实现人、机、物的全面互联，促进制造资源的泛在连接、弹性供给和高效配置。

图 10-2　智慧工厂应用架构图

本节将以预制构件（以下简称 PC 构件）工厂的生产管理信息化系统 PCMaster 为例，通过模拟系统中各组件的工作状态，反映真实的 PC 构件智慧工厂的运行过程，以便读者更好地理解智慧工厂系统的设计方案与工作原理。

10.1.2　系统设计

1. 功能需求与设计背景

随着装配式建筑产业的快速发展，PC 构件的产品种类与型号不断增加。PC 构件智能工厂系统是建筑行业和智慧工厂系统结合的产物。选用面向装配建筑领域的智慧工厂案例的原因在于：

1）该类智能制造系统的搭建是在最近两年开始的，便于说明智慧工厂或者智能制造采用的最新技术。传统制造业公司因为存在各个时期开发的各种信息化系统，很难在短期改造为一个符合要求的智慧工厂系统。

2）这个行业的制造工艺、流程比较简单，便于实现一个智慧工厂。

3）虽然这个案例中的智慧工厂系统并不完善，但是已经基本涵盖了智慧工厂的各个层面，便于读者在学习过程中获得较为全面的认识。

PC 构件模具主要以钢模为主，构件类型包括预制剪力墙、填充墙、叠合梁、构造柱、叠合楼板、楼梯等。PC 构件是建筑行业发展的趋势，它与传统的行业技术相比有以下优势。

1）产品标准化：在 PC 构件模式下，建筑行业生产商只需按照标准生产标准件即可，产品易生产，且避免了各厂家间的非良性竞争。

2）质量可监控：PC 构件生产流程统一，可以实现标准件生产过程的全程监督，且整个生命周期质量可监控，避免了过去难监督的情况。

3）安全且环保：产品按照标准流程生产，大大提升了生产的安全性。同时，标准化生产可以避免扬尘和噪音，更加环保。

4）材料可重用：传统的建筑材料寿命受房屋拆建时间的影响，使用寿命普遍偏低，拆旧下来的材料在造成浪费的同时也产生了大量的建筑垃圾。标准构件则不同，它具有可重用性，能够减少建筑垃圾，解决资源的浪费和消耗问题。

2. 系统架构

PC 构件智慧工厂的系统架构包括数字化工厂、MES（制造企业生产过程执行系统）两部分。下面分别介绍这两个部分的设计。

（1）数字化工厂设计

- 数据采集方案

数据采集方式涉及仪表 485 通信方式和 PLC 通信方式，数据采集方案如图 10-3 和图 10-4 所示。

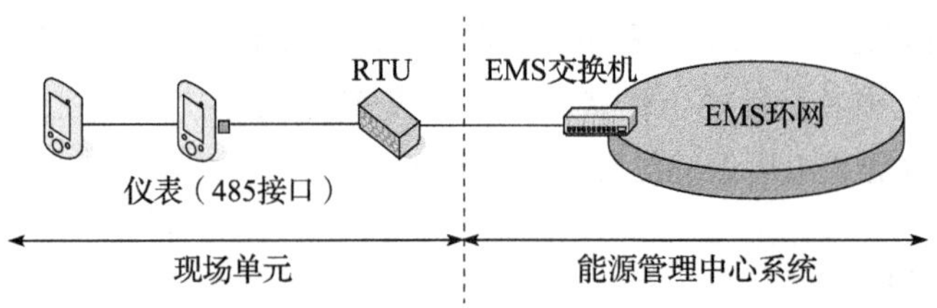

图 10-3 仪表 485 通信方式数据采集

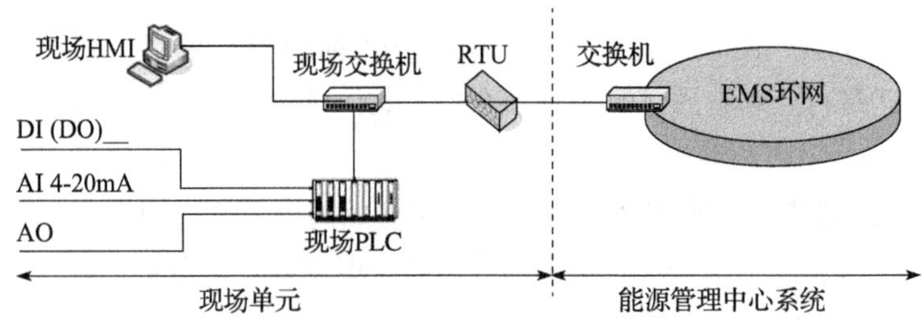

图 10-4 PLC 通信方式数据采集

- 网络及系统集成方案

根据现场调研情况，组织现场工业网络。如图 10-5 所示，在三号楼 1 楼网络机柜与 2 楼网络机柜分别设置一台交换机（24 电口），实现与各设备的通信。同时，在 2 楼增加 RTU，实现信息的汇总采集，并上行到 I/O 服务器。

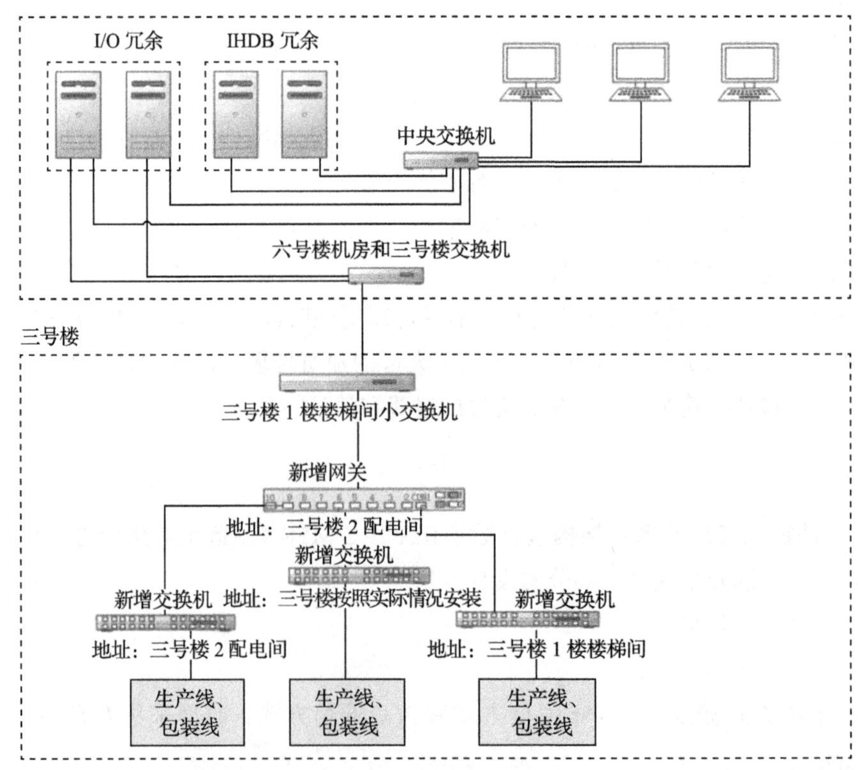

图 10-5 网络集成图

● 功能画面设计

项目监控系统在原 SCADA 系统基础上构建，属于统一平台、统一架构下的扩展应用。根据业务要求，基于模块化的设计与实施方式，系统具备可扩展性，方便新业务、新需求的实现。

详细介绍参见 10.1.3 节。

（2）MES 设计

● 代码设计

系统中的代码包括产品大类码、产品编码、物料类别代码、计量单位代码、检验类别代码、表面判定码、构件处置代码、综合判定代码、合格证证书号、工序代码、公差表示方法、生产订单号、任务单状态代码等。构件编码样例如表 10-1 所示。

表 10-1　构件编码样例表

<table>
<tr><td>代码名称</td><td colspan="7">构件编码</td><td>中文简称</td><td>构件编码</td></tr>
<tr><td>英文名称</td><td colspan="7">PROD_CODE</td><td>英文缩写</td><td></td></tr>
<tr><td>代码定义</td><td colspan="9">构件编码</td></tr>
<tr><td rowspan="2">代码构成</td><td>1</td><td>2</td><td>3</td><td>4</td><td>5</td><td>6</td><td>7</td><td colspan="2"></td></tr>
<tr><td colspan="3">A</td><td colspan="4">B</td><td colspan="2"></td></tr>
<tr><td rowspan="3">各项定义</td><td colspan="2">项目</td><td colspan="2">位数</td><td>类型</td><td colspan="3">中文简称</td><td>独立定义</td></tr>
<tr><td colspan="2">A</td><td colspan="2">3</td><td>C</td><td colspan="3">构件分类</td><td>N</td></tr>
<tr><td colspan="2">B</td><td colspan="2">4</td><td>N</td><td colspan="3"></td><td>Y</td></tr>
</table>

● 流程图设计

流程图设计包括全厂总体业务流程图、生产订单、任务单状态变化流程图等。图 10-6 给出了任务单状态变化流程图的例子。

● 数据库设计

数据库中包含系统表、基础数据管理、质量管理、原料管理、订单管理、生产计划管理、构件跟踪与实绩管理、堆场管理等功能模块。其中的数据表清单包括代码表（TSY01）、代码内容表（TSY02）、流水号表（TSY03）、产线表（TBIFM01）、工序操作表（工艺卡，TBIFM02）、工位定义表（TBIFM03）、工序定义表（TBIFM04）、工艺路径定义表（TBIFM05）、模台定义表（TBIFM06）、堆场货架定义表（TBIFM07）等。数据表清单如表 10-2 所示。

● 接口设计

接口设计指对系统外部接口的功能的设计。本例涉及的外部接口功能清单如表 10-3 所示。

● 其他功能模块设计

系统中其他的重要模块包括质量管理模块、原料管理模块、生产订单管理模块、项目管理模块、生产订单管理模块、生产计划管理模块、生产实绩管理模块、堆场管理模块、设备管理模块等。质量管理总体功能流程图和过程检验功能流程图如图 10-7 和图 10-8 所示。

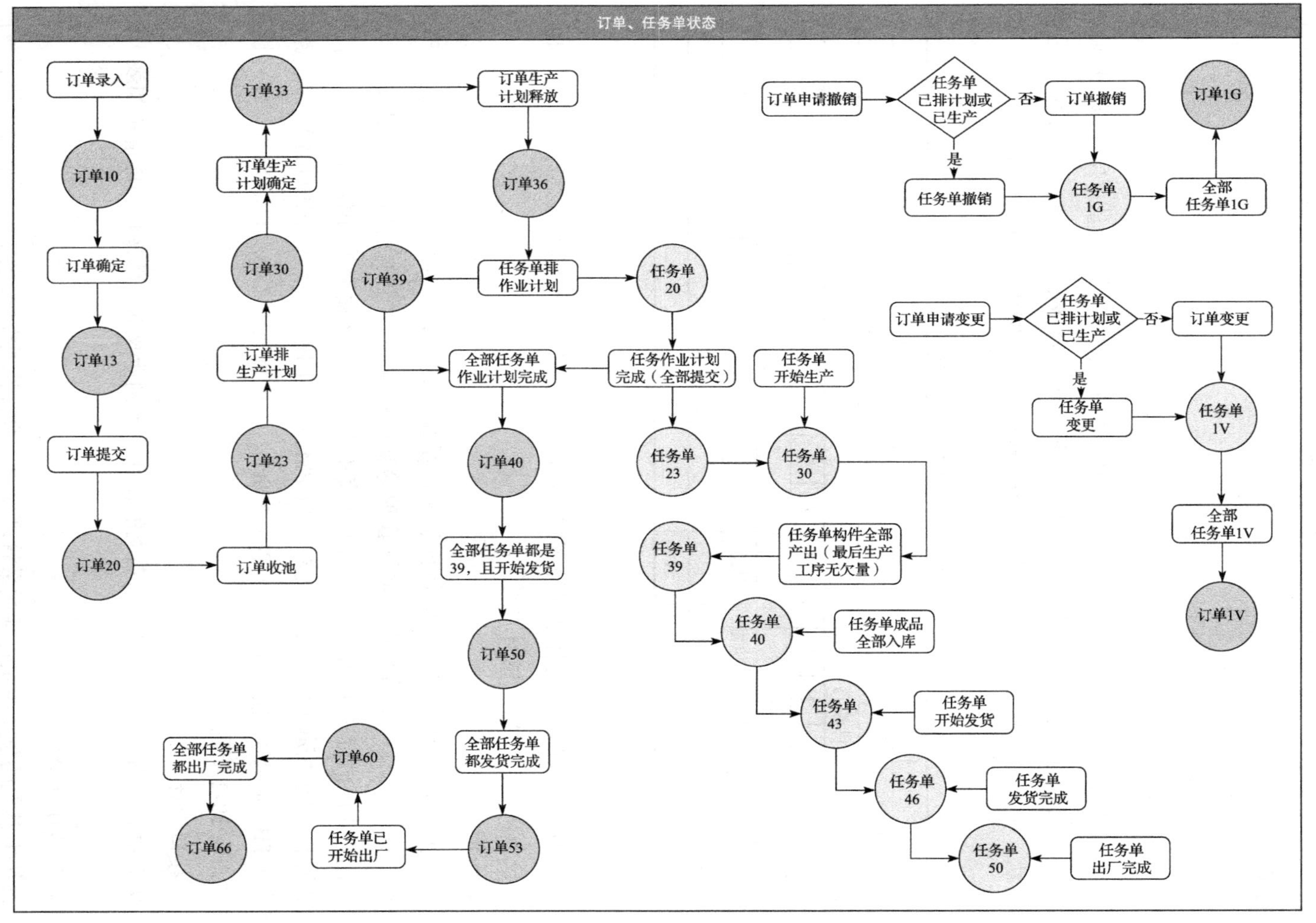

图 10-6　任务单状态变化流程图

表 10-2　数据表清单

序号	功能模块	表名	名称	备注
1	系统表	TSY01	代码表	
2		TSY02	代码内容表	
3		TSY03	流水号定义表	
4	基础数据管理	TBIFM01	产线定义表	
5		TBIFM02	工序操作定义表（工艺卡）	
6		TBIFM03	工位定义表	
7		TBIFM04	工序定义表	
8		TBIFM05	工艺路径定义表	
9		TBIFM06	模台定义表	
10		TBIFM07	堆场货架定义表	
11		TBIFM08	堆场库区定义表	
12		TBIFM09	主从关系对照表	
13		TBIPM01	构件定义表	
14		TBIPM02	构件定义明细表	
15		TBIPM03	构件工艺表	
16		TBIPM04	构件检验项目表	
17		TBIPM05	构件 BOM 表	
18		TBIMM01	物料编码表	
19	质量管理	TQMIM01	混凝土配方主表	
20		TQMIM02	混凝土配方子表	
21		TQMIM03	缺陷代码表	
22		TQMIM04	检验项目定义表	
23		TQMCK01	原料检验报告配置表	
24		TQMCK02	原料检验结果表	
25		TQMCK03	过程检验项目配置表	
26		TQMCK04	过程检验结果表（工序自检、工序巡检、隐蔽性检验、成品检验）	
27		TQMBM01	构件不合格表	
28		TQMBM02	构件返修表	
29		TQMBM03	构件报废表	
30		TQMBM04	产品合格证	
31	原料管理	TRMPL01	磅单表	
32		TRMPL02	原料入厂申请单（非过磅原料）	
33		TRMPS01	入库单主表	
34		TRMPS02	入库单子表	
35		TRMPS03	库存表	
36		TRMAM01	领料单主表	
37		TRMAM02	领料单子表	

（续）

序号	功能模块	表名	名称	备注
38	订单管理	TOM01	生产订单表	
39		TOM02	生产订单明细表	
40		TOM03	生产订单变更记录表	
41		TOM04	生产订单明细变更记录表	
42		TOM05	生产订单原料需求表	
43	生产计划管理	TPMTM01	任务单表	
44		TPMTP02	组模计划表	
45		TPMTP03	作业计划表	
46		TPMTF01	任务单跟踪主表	
47		TPMTF02	任务单工序跟踪表	
48		TPMTF03	任务单跟踪履历表	
49		TPMTF04	任务单跟踪事件表	
50		TPMTF05	任务单跟踪事件参数配置表	
51		TPMTF06	任务单跟踪事件规则表	
52		TPMTF07	任务单跟踪事件参数定义表	
53	构件跟踪与实绩管理	TMMPC01	构件定义表	
54		TMMPC02	构件履历表	
55		HMMPC01	构件历史表	
56		TMMRT01	准备工序实绩表	
57		TMMRT02	搅拌实绩表	
58		TMMRT03	布料实绩	
59		TMMRT04	灌浆实绩	
60		TMMRT05	养护窑实绩	
61		TMMRT06	表面处理、脱模、起吊、冲洗实绩	
62		TMMRT07	缺陷实绩表	
63	堆场管理	TYM01	发货计划主表	
64		TYM02	发货构件表	
65		TYM03	出入堆场履历表	

表 10-3　外部接口功能清单

序号	触发模块	接收模块	接口功能	信息交换时刻	主要信息	函数名
1	ICV	MES	模台跟踪信号接收	模台工位变化时	RFID 阅读桩号、模台 RFID 号	1101
2	ICV	MES	养护仓温度数值	定时发送	温度值	1201
3	ICV	MES	养护仓湿度数值	定时发送	湿度值	1202
4	MES	二维码设备	生成构件号标签	预构件贴标签时	构件号	发送表或 1301
5	二维码设备	MES	识别实物，与发货计划确认	预构件装车时	构件号	1302

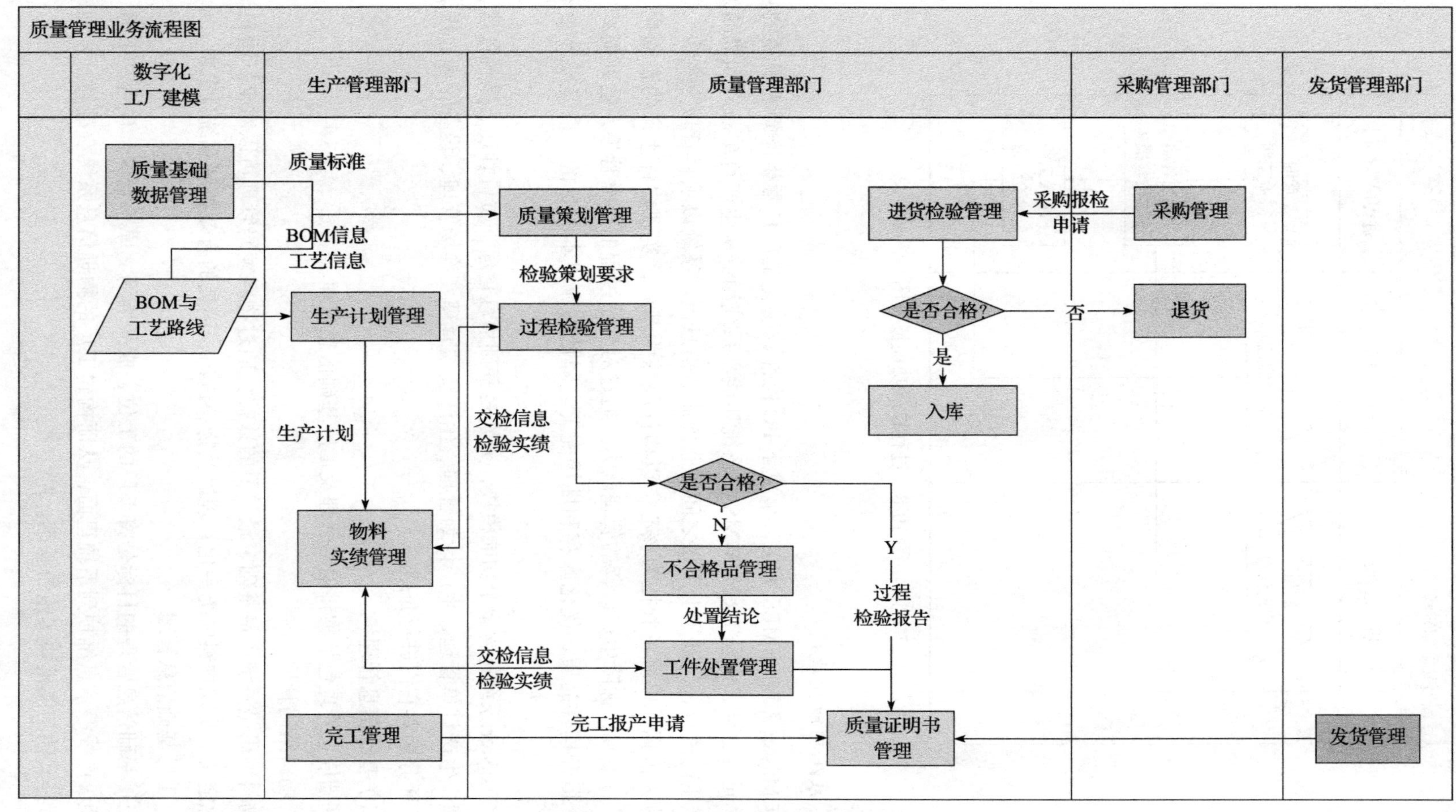

图 10-7　质量管理总体功能流程图

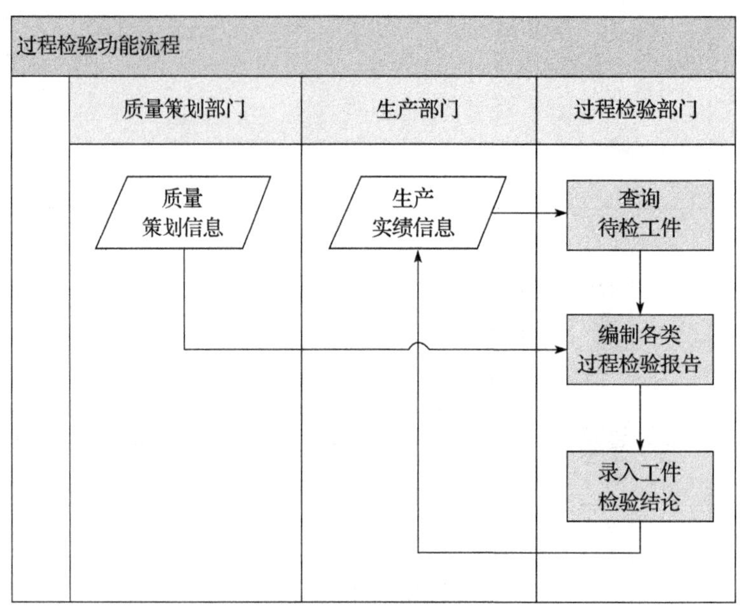

图 10-8　过程检验功能流程图

3. 系统功能模块设计

PCMaster 系统以 MES 为主，集成了 PC 构件数字化工厂日常生产管理所需的功能模块，同时融合了部分 ERP、WMS 的系统功能。系统涵盖从生产订单录入到成品发货的整个生产过程，打通了上下游之间的业务流和信息流。系统以项目管理为主线、以生产订单为依据、以质量管控为核心、以构件跟踪为基础，实现构件生产的自动化、可视化、可追溯，保障生产运营的管理能力。通过对生产过程的科学管控，达到提高生产效率、提升构件品质、优化库存和堆场配置、降低物流成本的目的，最终提升企业竞争力。

PCMaster 系统包含十个功能模块，分别是基础信息管理、质量管理、原料管理、项目管理、生产订单管理、生产计划管理、生产实绩管理、堆场管理、设备管理、报表管理，下面分别对它们进行介绍。

（1）基础信息管理

基础信息管理包括物料编码管理及工厂基础信息管理。

- 物料编码管理

物料编码是系统中最基础、最重要的数据。通过物料编码管理可以对全厂物料进行规范化定义，实现物料的统一化管理以及物料进出、消耗的有效控制和统计分析。

- 工厂基础信息管理

工厂基础信息管理的目标是将工厂的工位、成品堆场、原料仓库、模台、工序、工艺路径、产线等信息维护到系统里面，从而构建工厂的物理信息系统。准确、合理的信息配置是其他功能模块实施的基础。

（2）质量管理

PC 工厂质量管理系统是根据现有质量管理体系，结合国内预制构件质量监督法规要求而搭建的。质量管理包括质量检验管理、缺陷管理、产品质量档案、客户质量异议管理等。质量管理是 MES 的核心模块，对 PC 预制构件的质量控制起着至关重要的作用。

- 质量检验管理：包括检验项目的定义、取样和全厂的质量控制，功能上包括原材料检验、生产过程中的检验和成品检验，只有当前阶段所有检验项目均合格才能进入下一阶段，从而有效地保证了最终产品的质量。
- 缺陷管理：主要是定义缺陷并对缺陷进行统计，通过分类、规范的缺陷定义和有效的统计，为生产管理提供决策支持。判定处置包括检验实绩的收集、物料封锁和结合放行标准对检验实绩进行判定，如果判定为不合格则要对物料进行封锁。然后，可以进行处置，处置方式包括返修和判废。此外，还可以进行生成修复工单、归档分析、跟踪验收等工作。
- 产品质量档案：通过唯一的构件编码，将构件图纸与工艺文档、原材料文档、生产过程数据、质量检验数据、安装信息等链接在一起，形成产品档案。通过产品质量档案，可以实现构件质量追溯。
- 客户质量异议管理：处理客户对质量的投诉及后续处理追踪。

（3）原料管理

原料管理模块负责对全厂原料进行管理，包括原料出入库管理和原料消耗异常及安全库存管理。

1）原料出入库管理。

- 入库：对购入的原料按批次检验，检验合格后方可进行入库操作，包含磅单、收料单、入库单等单据。
- 出库：生产部门根据生产计划提出领料计划，仓库部门按需配送。对于砂石、水泥、外加剂等并非按领料模式消耗的原料采取倒冲的方式抵消原料库存。
- 出入库明细：对每笔原料出入库均做记录，方便后续对原料数据统计分析或追溯。

2）原料消耗异常及安全库存管理。

通过对生产过程中原料消耗的情况分析，可以及时掌握异常情况。通过安全库存控制，可以有效地将原料数量保持在一个合理的水平上，从而实现连续、稳定、高效的运行。

（4）项目管理

项目管理模块负责对项目全过程进行管理，包括构件维护、项目维护和项目进度管理等。

1）构件维护。

构件维护包括接收、录入构件深化设计后的信息，包括产品的规格尺寸、原料需求和加工工艺要求。构件维护不仅规范了最终交付产品的物理形态，还定义了产品的加工方法，是组织生产的基础数据，只有经过技术质量部门确认的构件才能录入相应的生产订单。构件维护主要包括以下工作：

- 构件编码——每个构件均有唯一的编码，以便通过唯一编码索引到相关的设计图纸及工艺文档。
- 图纸管理——对订单图纸进行管理。
- BOM 清单——构件的原料清单。
- 工艺文档管理——包括 PC 构件的作业标准指导书、工艺流程图、各工序的工艺要点、构件的施工指导方案。

2）项目维护。

在系统中维护好项目信息，包括项目基本信息、户型、楼栋、楼层以及每个楼层包含哪些构件，维护好项目信息后就可以根据项目需求来组织生产。

3）项目进度。

通过项目进度功能可以方便、快捷地了解项目进展情况，各个部门的业务人员可以根据项目的总体进度情况来安排、调整本部门的工作。进度信息包括每栋楼、每个楼层、每种类型构件的生产和发货信息。

（5）生产订单管理

生产订单管理模块负责对生产订单进行全方位管理，包括订单录入、订单跟踪和订单变更管理等。

- 订单录入：对企业接收到的订货需求进行准确、快捷的录入，选择对应的产品和订货数量、产品技术图纸及工艺质量要求、交货进度等重要参数。
- 订单跟踪：系统通过现场生产数据，可以分层次地按工序查询订单的执行情况，根据信息反馈快速介入、快速决策。
- 订单变更：因订货需求发生变化导致需要重新组织生产。

（6）生产计划管理

生产订单生成好后，就可以为订单安排生产的相关计划。

- 生产计划：根据项目安装施工表，结合产线和产能安排月、周的生产计划。
- 车间计划：结合现场施工进度及车间实际情况制订车间每日计划。
- 组模计划：指定多个构件的模台分布方式，通过图形化拖曳和自动校验保证模台的优化配置，实现资源的充分利用。通过模台分配将生产日计划转化为可以执行的作业计划，对于车间无法组织生产的计划也可以做计划退回操作。
- 计划调整：车间计划责任人结合现场生产情况、模台 / 模具 / 物料的可用情况、设备状态等对作业计划进行调整，使生产更加顺畅地执行。
- 计划跟踪：对下发计划的执行情况进行监控，通过底层 SCADA 系统采集现场相关数据，然后实时反馈到 MES，最后通过计划跟踪反映生产进度。
- 模台跟踪：模台作为构件的载体，在计划层面和构件关联到一起。跟踪模台可以掌握整个产线的模台运行情况，作为车间计划调度的依据。

（7）生产实绩管理

生产实绩管理是指对产出的预构件实物进行管理，包括预构件在生产过程中整个生命周期的过程数据收集。

- 构件查询：根据查询条件搜索满足条件的构件数据，同时支持即将下线构件的二维码生成和打印，下线后的构件的跟踪和处理通过扫码来完成。
- 构件跟踪：全程记录构件在生产过程中的产出时间、异动履历，如浇筑产出时间、养护时间、成品检验时间、入库时间等。
- 实绩收集：收集底层上传的构件生产数据，包括原料投入、检验结果、表面缺陷、质量判定结果等，根据收集到的数据，结合系统内部处理逻辑对构件的状态、属性等信息进行处理，确保只有正常的构件才能在生产线上流动，做到对构件的管控。

（8）堆场及发货管理

堆场管理指对堆场及成品的管理，包括成品入库、发货计划、成品发货、堆场信息化、堆场区域管理。

- 成品入库：对检验合格的成品进行入库操作，不同项目、不同类型的产品按要求存放到不同的库区、库位，提高成品堆场的利用率，快速查询库存情况，提高管理水平。
- 发货计划：预构件进入成品库后，即由在制品状态变为成品状态，自然养护完成的成品可以编制发货计划。编制发货计划时要根据客户项目实际进度按时间节点发货，规划托运车辆规格。
- 成品发货：根据发货计划安排成品出厂，之后要对构件信息、发运照片做归档处理，同时提供发货单据打印功能，最后完成出厂。
- 堆场信息化：直观展现堆场的库存情况，方便查询和定位，准确、快速地指导成品的出 / 入库操作。
- 堆场区域管理：划分堆场仓位区域及堆场仓位标识、定义仓位属性，指导堆场管理员快速定位待发货的成品构件。

此外，还可查询堆场内的构件养护信息、不合格品修补信息，标识合格 / 不合格品。采取分项目标识、分区域标识、相同规格构件采用先进先出的策略防止物流错发。

（9）设备管理

设备管理是指通过底层自动化接口或者人机界面，收集主要设备的工作状态和工作履历，建立设备运行台账，实现设备在车间范围内全生命周期的管理，包括设备保养、监控、报警等。

- 设备台账：记录设备基本信息，包括名称、型号、生产厂商、折旧率、净值、入厂时间等；记录设备工作履历，包括设备检修、设备故障信息。

- 设备保养：包括保养计划管理和保养记录管理两部分。保养计划管理实现保养计划制订、编辑、审核以及派发保养工单等功能；保养记录包括录入保养信息，查询保养记录等功能。
- 设备监控：PCMaster 系统底层的 SCADA 系统通过工业现场总线，对线上主要设备进行监控，实时获取设备当前的状态信息、报警信息、运动信息以及设置的关键参数等。

（10）报表管理

报表管理涉及对以下几类报表进行管理。

- 原料出入库报表：针对原料的出入库情况形成对应报表。
- 工序原料消耗与成品产出报表：针对预制件产品的工序原料消耗与成品产出情况形成报表。
- 模台原料消耗与成品产出报表：针对预制件产品的模台原料消耗与成品产出情况形成报表。
- 产品原料消耗与成品产出报表：针对预制件产品，按照时间周期统计、分析产品生产数量、立方数、重量、对应原料采购批次、对应的原料消耗量、对比理论消耗量计算损耗率。
- 质量分析报表：针对质量，按照时间周期统计分析预制品合格数量、不合格数量、修复件数量、报废件数量、一次合格率。
- 设备使用报表：记录设备备品备件、维修工时、设备状态、历史维修记录等。
- 生产订单执行报表：针对生产订单，按照时间节点统计分析交货量、欠交量、再生产量、堆场库存量、发货量等。

10.1.3 数字工厂系统的实现

数字化工厂是企业信息交互的枢纽，处于基础自动化层与信息化层（如 MES）之间，起到承上启下的作用，是实现企业信息化的关键环节。预制件数字化工厂主要包括八个模块：

- 全局总览（含室内大屏幕一体化监控）
- 摆渡车
- 模台立起机
- 模台跟踪
- 布料区
- 混泥土振动台
- 预养护仓
- 终养护仓

生产过程集中监控系统登录界面如图 10-9 所示。

图 10-9　生产过程集中监控系统界面

1. 全局总览（含室内大屏幕一体化监控）

全局总览涉及存取机层状态信息实时显示、摆渡车实时移动位置显示、摆渡车有无模台显示、摆渡车实时移动方向等功能。同时可以采购室内监控大屏幕，实现分屏控制，对整厂重点部位进行监控。室内监控大屏幕如图 10-10 所示。

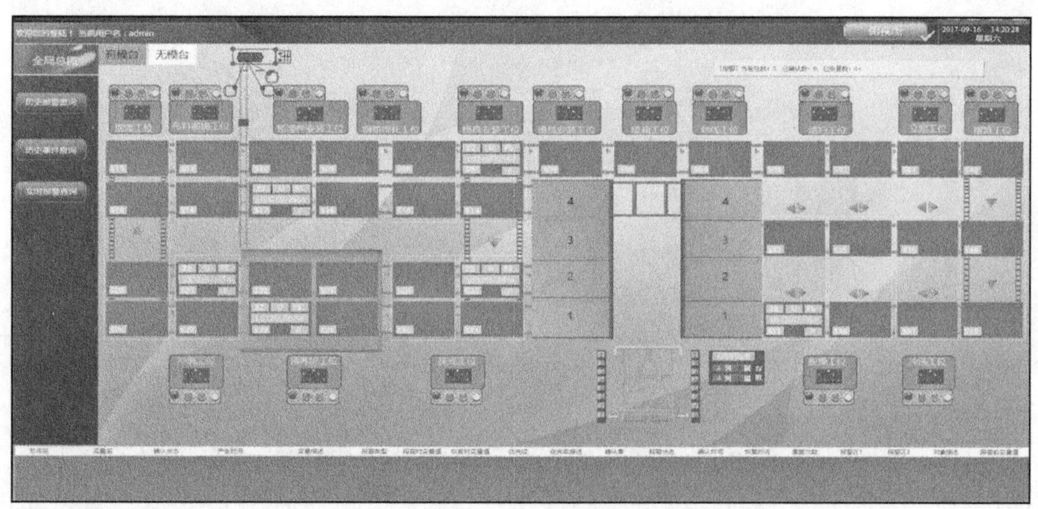

图 10-10　室内监控大屏幕

2. 摆渡车

系统可实时显示 3 个摆渡车的移动情况，实时监测摆渡车状态信息。摆渡车信息监控界面如图 10-11 所示。

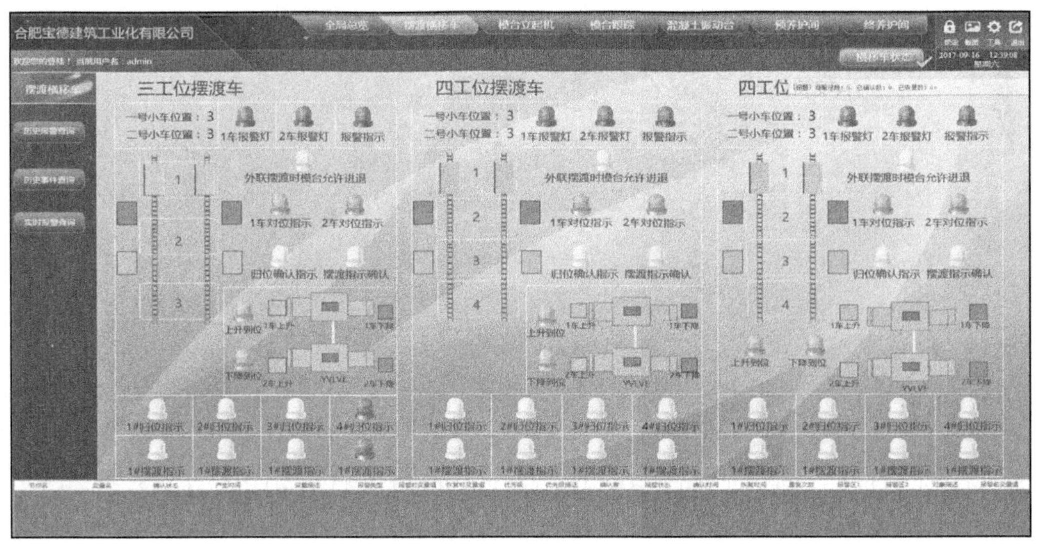

图 10-11　摆渡车信息监控

3. 模台立起机

系统可实时监测模台立起机的状态信息，模台立起机信息监控界面如图 10-12 所示。

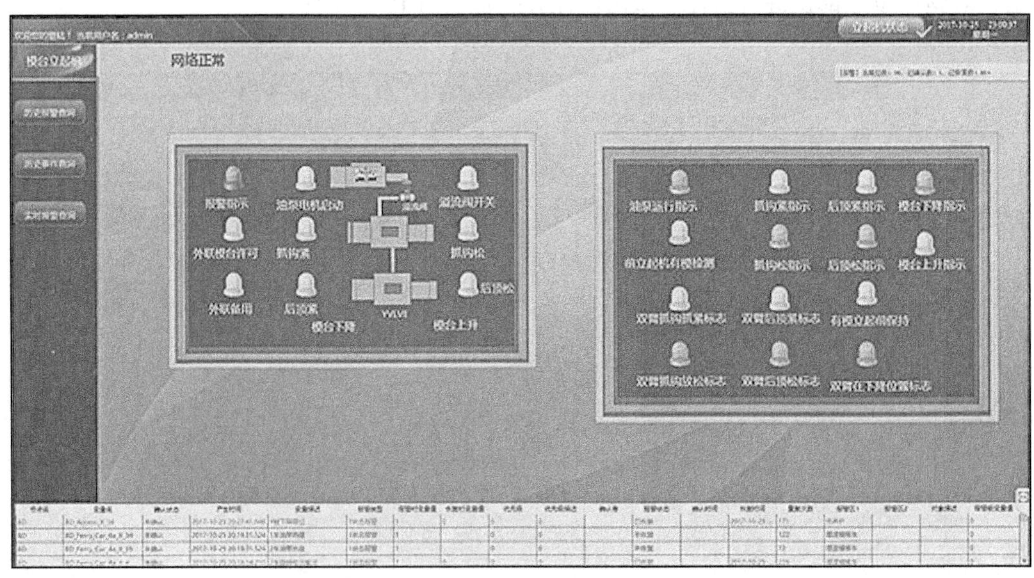

图 10-12　模台立起机信息监控

4. 模台跟踪

此模块用于实时监测模台上的构件信息。如果有模台监测到构件，可以点击查看当前模台上的构件的详细信息。模台跟踪界面如图 10-13 所示。

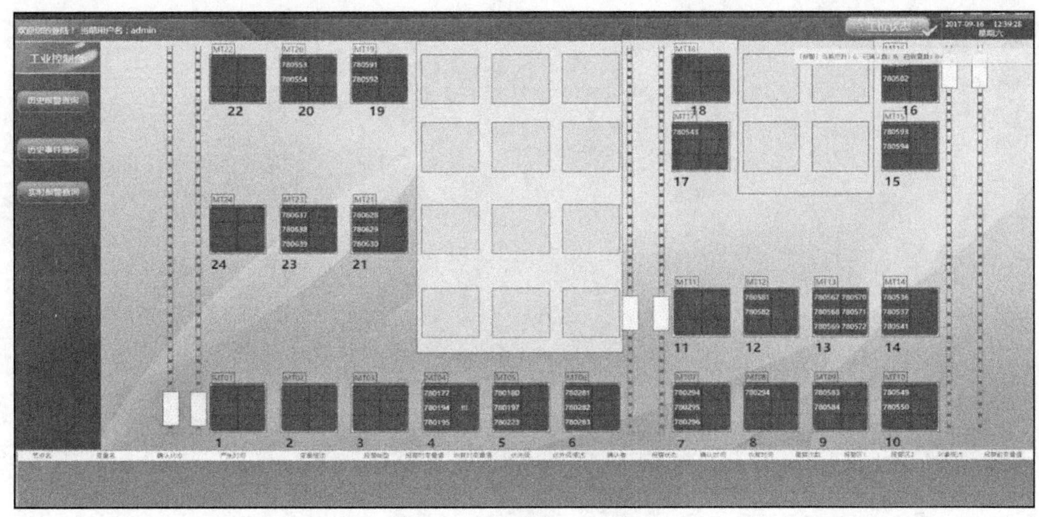

图 10-13　模台跟踪

5. 布料区

系统可实时监测布料区状态信息，布料区信息监控界面如图 10-14 所示。

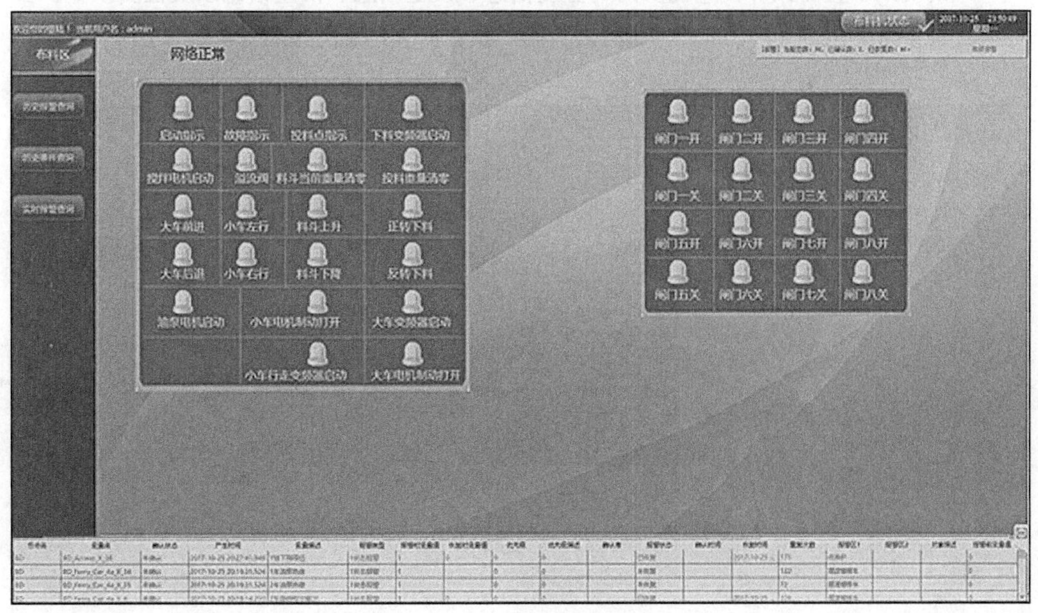

图 10-14　布料区信息监控

6. 混泥土振动台

实时监测混凝土振动台电机状态信息、工位控制台状态信息和变频器状态信息，查看两个振动台的状态信息。振动台信息监控界面如图 10-15 所示。

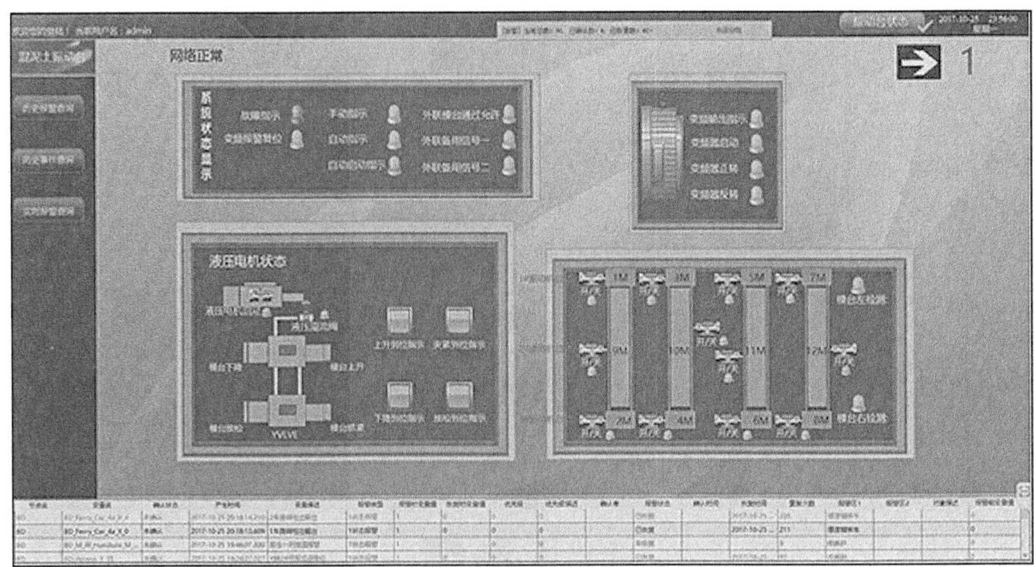

图 10-15 振动台信息监控

7. 预养户仓

此模块用于查看预养护仓内实时的温度信息、设定信息、偏差信息以及检测预养护实时数据趋势图（曲线图）中的实时和历史数据。预养护仓信息监控界面如图 10-16 所示。

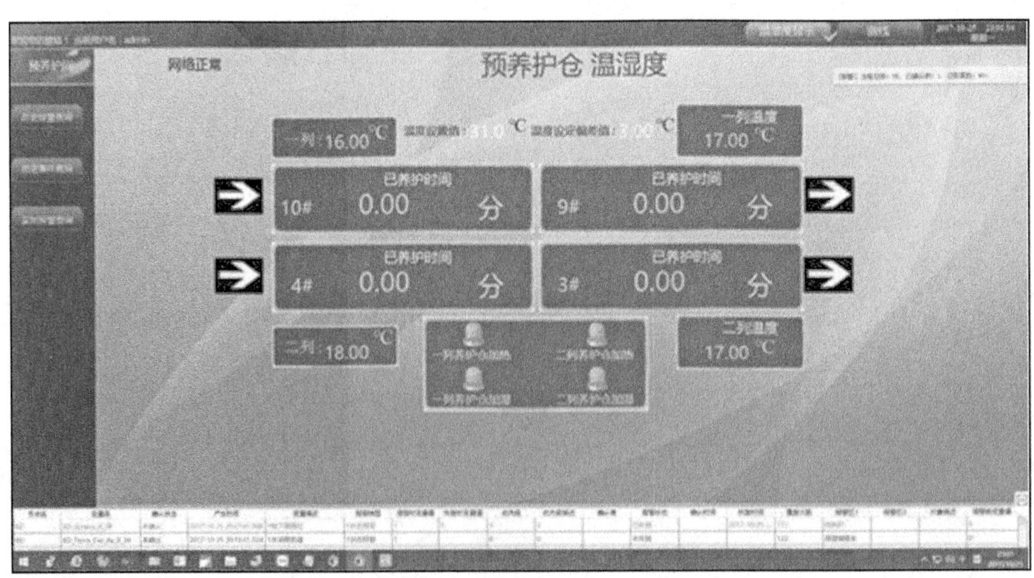

图 10-16 预养护仓信息监控

8. 终养护仓

此功能模块用于监测终养护时间、模台编号、存取机状态信息、仓内实时温湿度界面的设定值和偏差值，通过曲线图记录每个时刻的温湿度变化。终养护仓信息监控界面如图 10-17 所示。

图 10-17　终养护仓信息监控

终极养护前后仓温湿度显示如图 10-18 所示。

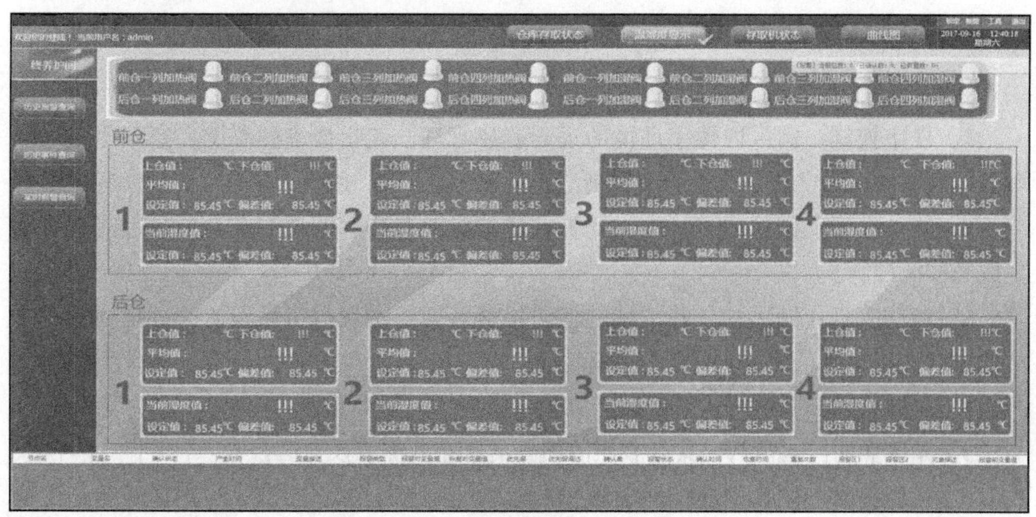

图 10-18　终极养护前后仓温湿度显示

10.2　智慧园区管理平台

在了解了智慧工厂的基础上，本节将通过一个智慧园区管理平台的案例来说明物联网中间件的应用。所谓智慧园区，是指融合新一代信息与通信技术，具备信息采集、高速信息传输、高度集中计算、智能事务处理和无所不在的服务提供能力，在园区内实现及时、互动、整合的信息感知、传递和处理功能，提高园区的产业集聚能力、企业竞争力，达到园区可持续发展的目标。在智慧园区，无论用户是哪种角色，都能享受园区内提供的各种智能服务。

10.2.1 系统概述

在智慧园区的实现中，园区智能化施建设一直起着非常关键的作用。智慧园区的智能化建设目前沿着“宽带、融合、泛在、安全”的方向发展，通过利用云计算、大数据、物联网、通信网络、云计算中心等技术，加强各类感知设施建设，包括视频监控、园区信息采集装置、楼宇内烟感等各类监测设备，实现智慧园区更透彻的感知控制和互联互通。同时，园区以集约化、可视化的管理平台为载体，通过加载 GIS 系统和三维仿真建模，无缝集成园区的视频监控、水电传感、环境监测、管网监测、设备远程监测、消防 / 人防感应监测、物品射频扫描等设备终端，对园区的设备自动化数据、环境数据、管网运作数据、人流数据、安全数据、视频通信数据等进行全方位、实时可视化管理，对园区的安全、环保、能源、物流、地理信息以及公共服务等做出准确、高效的智能响应，从而打造出运营者所期望的绿色节能和高效智能园区。

10.2.2 系统设计

1. 功能需求与设计背景

智慧园区主要实现七项功能。

1）楼宇控制：园区内楼宇环境的远程监控管理，包括楼宇温湿度、空气质量等环境参数的监测以及空调系统的智能控制。

2）能效管理：园区内水、电、气等资源的能耗监测、能耗的统计分析、能耗报表生成和节能控制。

3）消防管理：园区内公共区域的消防报警管理，实现消防设备的关键指标及状态的监测以及报警信息的及时推送与处理。

4）安防管理：园区内各门禁系统视频监控系统的集中管理。

5）园区照明：园区内公共区域照明回路的状态监测以及分区控制。

6）运维管理：园区平台的运营维护与管理，包括工单、巡检和维护保养等系统的管理。

7）其他系统集成，如停车场管理系统等。

传统的智能化建设存在以下问题：

1）设计、建设、应用同质化，难以满足个性化需求。

2）建筑物与建筑物之间、建筑物内各子系统间相对独立，存在“信息孤岛”，智能化水平低。

3）数据采集孤立，难以实现系统联动。

4）应用可扩展性差，扩展成本较高。

5）无法实现高效、便捷的集中式管理，运营成本高。

6）无法实时监控重要设备的运行状态，难以实现事故预警。

本节将使用Niagara Framework中间件技术打造一个改善以上问题的智慧园区管理平台，把园区中的子系统无缝融合在一起，如图10-19所示。Niagara可以提供一个统一的具有丰富功能的开放式平台，从数据接入、数据处理和数据应用3个层面为智慧园区提供统一的应用与管理服务。它可以简化开发的过程、降低产品和系统的开发成本、缩短系统的开发时间和工程的建设周期。Niagara还提供了一个通用的环境，几乎可以连接任何嵌入式设备或系统，而不用考虑这些设备的制造厂家和使用的通信协议。Niagara可以与各种设备和系统通信，将它们的数据和属性转换成为标准的软件组件，通过大量基于IP的协议、对XML数据处理的支持和开放的API为企业级应用提供无缝、统一的设备数据接入。

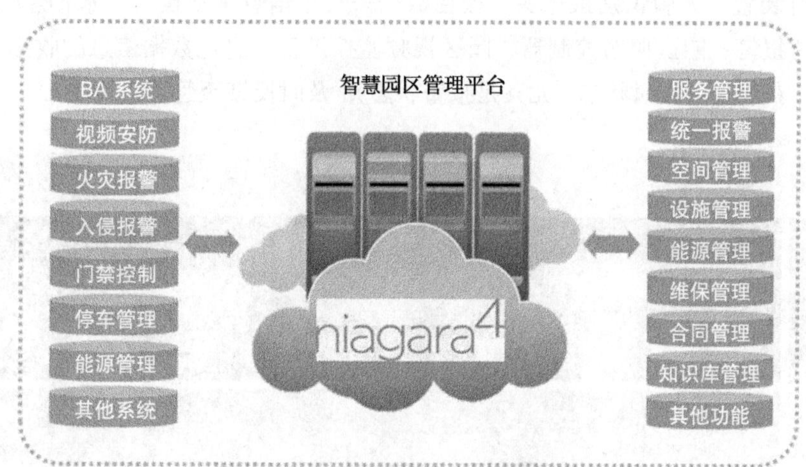

图10-19　智慧园区综合管理平台

2. 系统架构

在本设计中，采用Niagara技术作为总体解决方案的关键技术，利用Niagara Framework内置的丰富南北向接口，以及强大的二次开发工具，构建统一的园区级综合管理平台，从而有效接入常规系统，实现全局监视与控制，建立统一的服务及管理接口。系统的分层架构如图10-20所示。

各层的功能描述如下。

1）展现层：展现层主要指人机交互界面，用户可以通过各种终端（如电脑、手机和PAD等）的Web浏览器对管控平台进行访问。不同角色的人员被分配不同的权限，能够访问的页面内容也各不相同。

2）应用功能层：应用层是园区管理中各种智慧应用的逻辑实现，主要包括园区公共区域照明、消防与入侵管理、公共建筑智能楼宇（设备楼控、门禁、消防、照明、供配电等）的管理（实时数据显示、报警数据处理以及历史数据查询、分析与显示等）、停车场（出入口与车位引导等）管理、园区能耗管理、园区电子巡更和智能巡检。应用层采用面向服务的架构，以图形化的界面将获取并经过处理后的有效信息形象化地展示给用户。

3）支撑平台层：支撑平台层指利用当前先进的物联网技术平台，结合网络视频技术、第三方门禁与停车场管理系统、设备管理平台、融合通信、数据交换与集成平台（如 Niagara 技术）以及安全认证服务实现园区与楼控数据、设备信息、人员信息、视频信息、能源信息、管理业务等数据信息的远程网络传输，在实现即时数据传输的功能基础上保证数据安全。

4）IoT 基础设施层：主要是完成现场控制层异构系统设备的整合，打通各个物联网设备厂商之间的通信协议，实现设备间的互联、互通和互操作。主要设备为基于 Niagara 技术的网络控制器 JACE。

5）现场设备层：现场设备层是通过各种智能传感器、停车场控制装置、车位引导传感与执行装置、人脸识别摄像头、楼控数据采集等信息采集设备、水 / 电 / 热等计量仪表、消防报警、园区照明控制器、园区视频监控设备等进行数据信息的收集、规整和控制输出，获取现场实时状态（尤其是报警状态），及时反馈至管理决策中心。

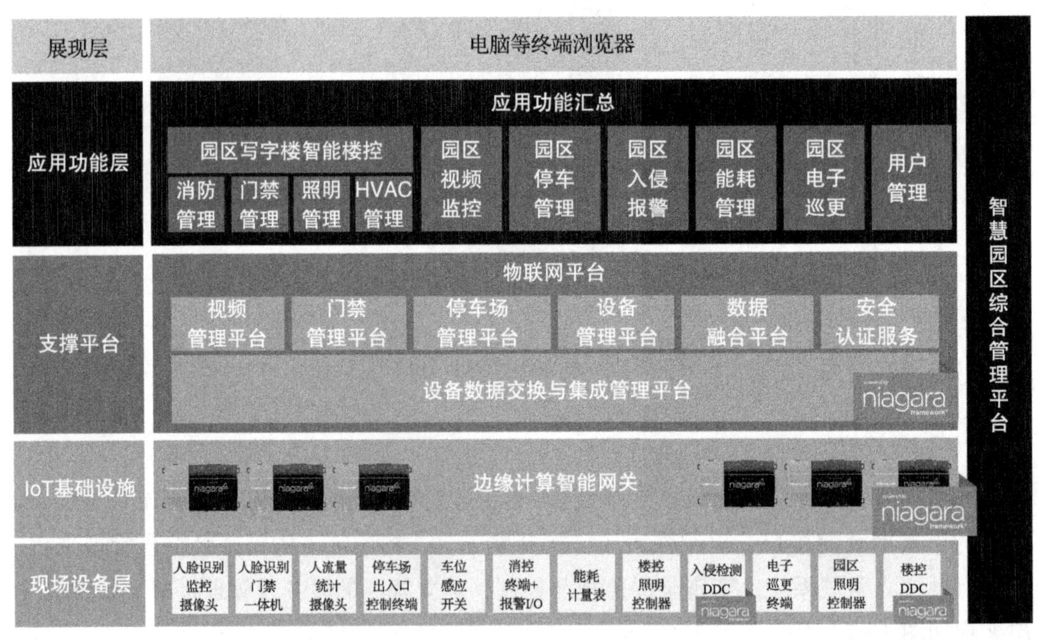

图 10-20　智慧园区综合管理平台的架构

3. 系统功能描述

（1）现场设备接入

来自不同子系统的设备包括传感器（温度、湿度、光照、空气质量、特殊气体、读卡器、红外传感器、水表 / 热表 / 电表等）、执行器（门禁开关，各种管道阀门等）、现场控制器（DDC、PLC、I/O 模块）以及摄像头等。不同设备的信号输入 / 输出类型也不同，有 0 ～ 10V 电压信号，也有 4 ～ 20mA 电流信号，这就需要将这些设备接入 DDC 控制器进行数据采集或输出控制，如图 10-21 所示。有的设备具有通信能力，可以通过现场总线直接接入边缘计算网关，有的设备（如摄像头）支持 TCP/IP 传输，也可直接接入支撑平台的服务器。

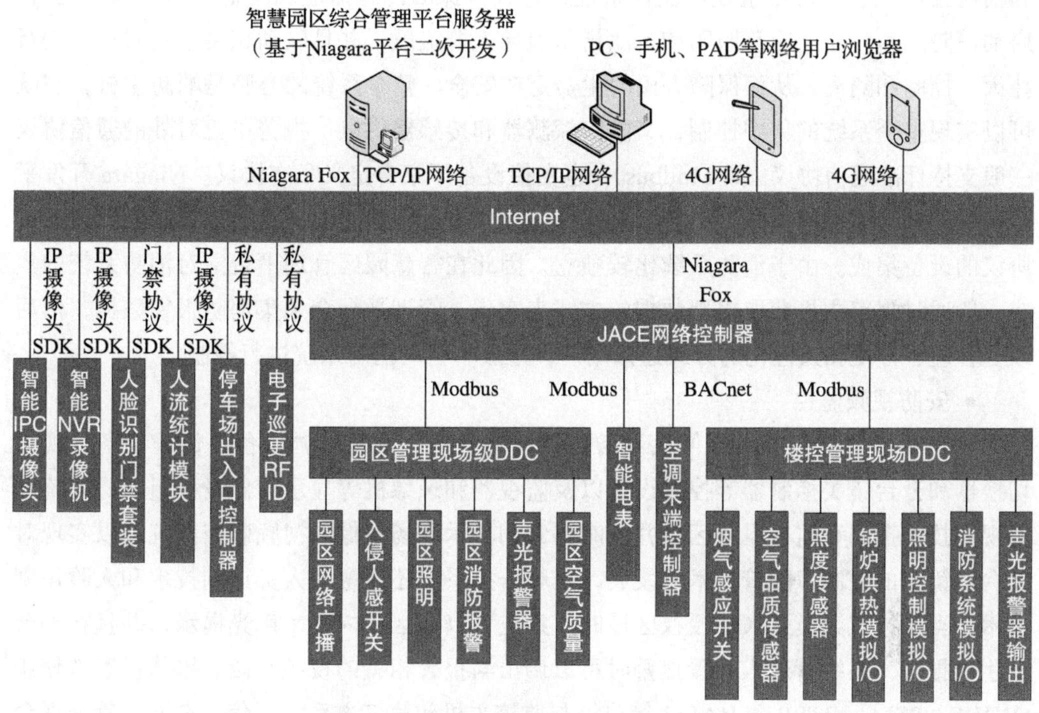

图 10-21　网络拓扑结构图

（2）边缘网关集成

现场的终端设备通过 Niagara 网络控制器 JACE 来集成，不同的子系统设备可能支持不同的通信协议，如 BACnet、Modbus、M-Bus 等。依托 Niagara 技术，这些异构系统的数据可以通过 JACE 控制器采集并上报给上层平台服务器，同时 JACE 作为一个边缘计算网关可以对现场设备进行控制和管理，降低系统对整体网络环境的依赖。当网络出现故障时，现场的控制器能独立自主地对现场设备进行控制和管理，增强了系统的可靠性。由于大多数控制都是在现场进行，一般只需要把一些重要的历史和报警信息上传到服务器，从而有效减小了服务器的压力。另外，系统中使用的 JACE 具有协议转换的功能，在边缘侧就能实现不同子系统的融合以及联动控制。

（3）支撑平台管理

基于 Niagara 技术，支撑平台既可以与 JACE 网关相连，也可以直接与视频监控系统或其他第三方子系统通过以太网通信，实现不同系统的数据采集与交换。支撑平台可以对来自设备的数据进行数据清洗、归档、聚合，以及数据标签的标定等处理，为上层应用软件的大数据分析、人工智能、系统呈现与交互等功能的实现打好基础。同时，基于 Niagara 的用户认证安全策略以及安全通信配置可以有效保证系统的安全。

（4）应用功能

- 消防监控与报警

消防监控是对整个消防联动控制系统的监控管理，主要由火灾监控探测器、传感器和消防控制主机等设备组成。监控系统通过火灾探测传感器监测险情，当险情出现后，启动消防广播，通过应急照明和疏散指示引导人群疏散，并且联动相关系统对火灾进行扑灭、控制和隔离，从而保障人民的生命财产安全。整个系统的心脏是消防主机，它既可以实现整个系统的集中控制，又能向探测器和传感器供电。报警主机对外的通信协议一般支持标准通信协议（如 Modbus），也支持设备厂家自定义私有协议。Niagara 开发平台集成的消防监控系统既可支持标准通信协议，也可根据需要开发通信驱动来实现私有协议的设备集成。由于消防系统比较独立，因此在智慧园区管理平台上对消防系统的集成一般通过报警主机获取报警数据的方式来实现，管理平台会采集消防报警数据，然后以更合理、方便和人性化的方式通知用户，一般不会对消防系统进行控制。

- 安防视频监控

安防视频监控一般由摄像机和云台等前端设备、调制解调设备等传输设备、视频切换器和云台镜头控制器等控制设备以及监视器和录像机等显示存储设备组成。系统利用视频技术探测和监视设防区域并实时存储和显示现场图像。视频监控系统可以实现对云台和镜头的控制。随着技术的发展，视频监控系统还能融入人员识别技术和人脸识别技术，当非授权人员进入非授权区域时，系统可以在区域内产生声光提示，并且在平台上生成报警，系统管理人查看报警时可以调出与报警相关的视频片段。摄像机通常使用 ONVIF、PSIA、RTSP 和 HAPI3 等协议与监控主机和第三方系统通信。在园区管理平台上集成安防视频监控系统时一般使用设备厂商提供的 SDK。

- 门禁管理

门禁管理在生活和工作环境的安全保障、办公考勤方面有重要作用，这类系统主要由门禁读卡器、门禁控制器和门禁管理软件三部分构成。在园区管理平台上，通常会与电梯控制系统、人员和访客管理系统、视频监控系统和物业管理系统等进行联动控制，从而实现园区内所有门禁设备、人员进出权限和操作员权限的统一管理。门禁系统与园区管理平台的集成一般使用 OPC 协议或者设备厂商提供的 SDK。

- 照明控制

照明控制不仅能对园区照明系统实现分区和分场景控制，实时监控整个园区照明回路的开闭实况，还能根据室内照度实现调光控制和串联控制。照明控制系统一般由灯具、调关模块、遮阳 / 百叶窗、带遥控的多功能面板、感应器、电源模块和耦合器组成，系统内部通常使用的协议有 KNX（也称 EIB）、DALI 和 C-Bus 等，并且能实时监视整个园区照明回路的开闭情况。照明控制系统对外提供 OPC、输入 / 输出模块、USB 和 RS232 等接口，集成商可以通过设备厂家提供的 SDK 将照明系统集成到园区管理平台。

- 环境控制

环境控制主要是通过传感器采集园区的环境参数，如温度、湿度、PM2.5 浓度、建筑室内光照度等，然后将这些数据集成到智慧园区管理平台。通过管理平台，园区用户可以随时查看园区环境情况，启动相应的设备做出响应，如监测到某房间的 PM2.5 浓度高于安全值时，打开房间的排风扇。根据传感器是否有通信能力，可以分为有通信能力传感器和无通信能力传感器。有通信能力的传感器一般使用 BACnet 或者 Modbus 协议，通过网关可以连接到园区管理平台；无通信能力的传感器需要借助 I/O 设备才能连接到平台。使用 Niagara 平台，可以连接以上两种传感器，并且具有控制、数据处理和清洗功能。

- 能源管理

能源管理就是对园区各企业的能源消耗（如电、水、气的使用）进行监测、记录和分析。实时监控各种能源的使用情况能够为节能降耗提供直观、科学的依据，促进园区和企业的管理水平、降低运营成本。通过监控重点能耗设备、分析能耗费率等工作，管理者能够准确掌握能源成本比重和发展趋势，制订有的放矢的节能策略。系统数据采集通过集成通信的能耗表来实现，如支持标准 Modbus 协议或 DL/T 645 规约的电表。常见功能包括生成能耗报表，可实现按年、月、日、时刻汇总能源消耗、能耗排名、能耗比较，可按不同时段、种类、位置进行比较，帮助用户找到能源消耗异常值。同时也可与其他关联因素进行比较，如通过从环境控制系统采集的温湿度数据，分析其他关联因素对能源消耗的影响，促进节能。

- 运维管理

运维管理主要用于实现园区设备管理与运营维护的数字化。一般来说，这类系统主要由工单管理、巡检管理和维保管理等功能模块构成。当连接到管理平台上的设备出现故障、掉线等异常情况时，平台会生成报警信息，并自动转发给运维管理系统。运维管理系统收到报警后，将自动生成工单，把设备相关的位置状态信息按照事先约定的某种规则以短信、微信等形式发送给维修人员，维修人员完成任务后可以用手机拍照或者录制视频，把工作结果通过客户端传回系统。

10.2.3　系统实现

智慧园区管理系统采用中间件技术把园区中各基础设施子系统通过平台网络集成到统一的管理平台，通过 Niagara Framework 来标准化和规范化各异构系统中的数据，为园区中其他应用（如合同管理和知识库管理）提供统一的数据来源。平台集成后，用户可以通过统一入口用浏览器访问园区中的物联网子系统、查看各系统运行状况、发出控制命令、处理设备报警等。

1. 用户登录

用户登录系统也是用户管理系统。由于园区中有许多用户，用户职责不同，因此在用户访问平台的时候需要限制其访问权限。对于用户访问权限的控制，可采用 RBAC 方式，先根据功能、位置等信息对平台中所有的组件进行分类，然后根据用户的类型创建角色并定义角色对各组件分组的操作权限。最后，把角色分配给用户，用户就能拥有角色所具有的权限，并且一个用户可以拥有多个角色，用户的权限是所属角色的权限总和。当某类用户的权限需要修改时，通过修改角色的权限就能修改这种类型的用户权限。由于对用户的权限进行了控制，不同的用户登录到同样的平台后，只能执行有授权的操作。在 Niagara 站点中，通过配置 CategoryServcie、RoleServcie 和 UserService 可实现这样的用户权限控制。图 10-22 和图 10-23 是用户登录智慧园区管理平台的界面和创建用户的界面。

智慧园区管理平台
admin

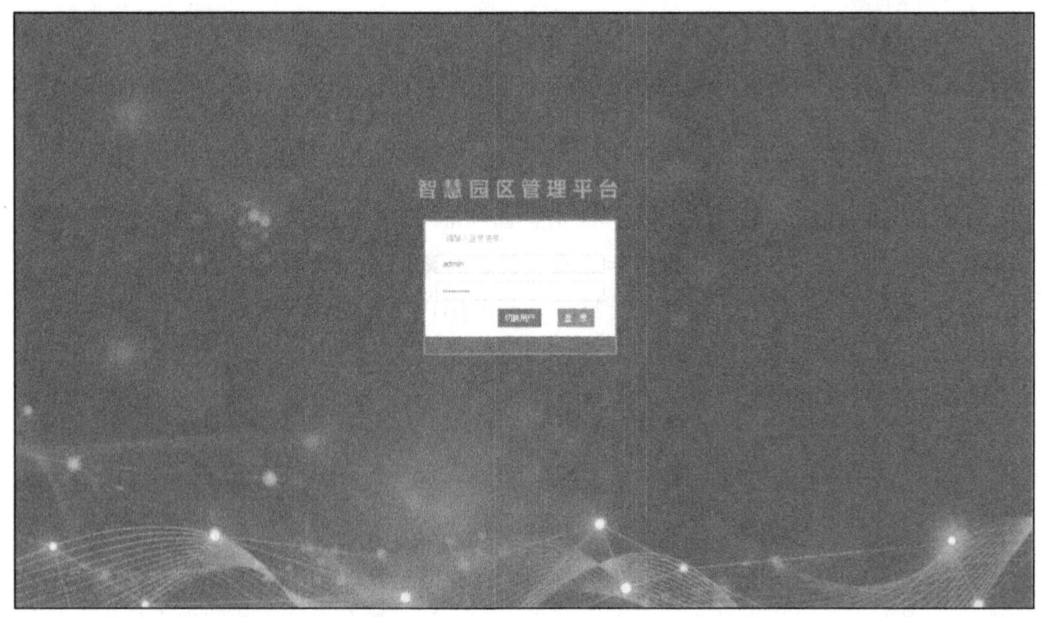

图 10-22　用户登录界面

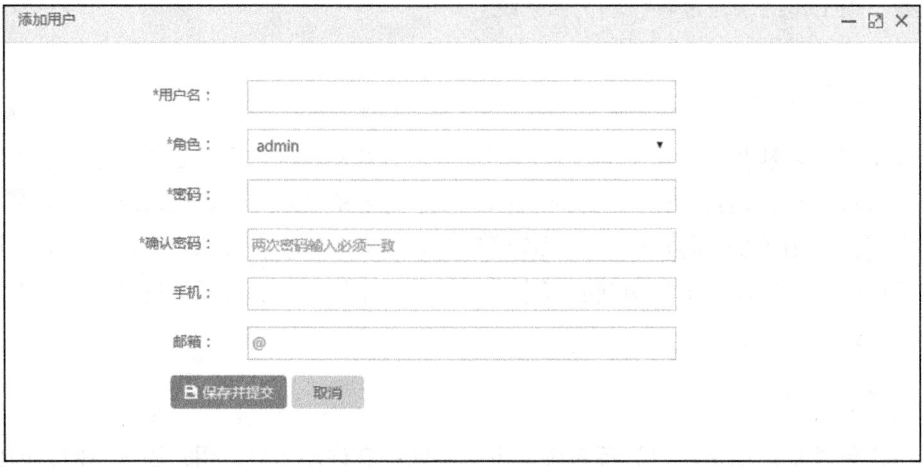

添加用户
*用户名：
*角色：
admin
*密码：
*确认密码：
两次密码输入必须一致
手机：
邮箱：
@
保存并提交
取消

图 10-23　创建用户界面

2. 消防报警

园区中的消防监控系统一般由消防控制主机统一处理和监控，其他系统不能干预消防系统的运行。在智慧园区管理平台上，集成的消防报警主机支持 Modbus TCP 通信，通过 Modbus 采集各防火分区的消防状态，以及消防设备的运行状态，并将数据推送到平台的消防报警系统。当有报警发生时，系统会发出报警提示。消防报警系统如图 10-24 所示。

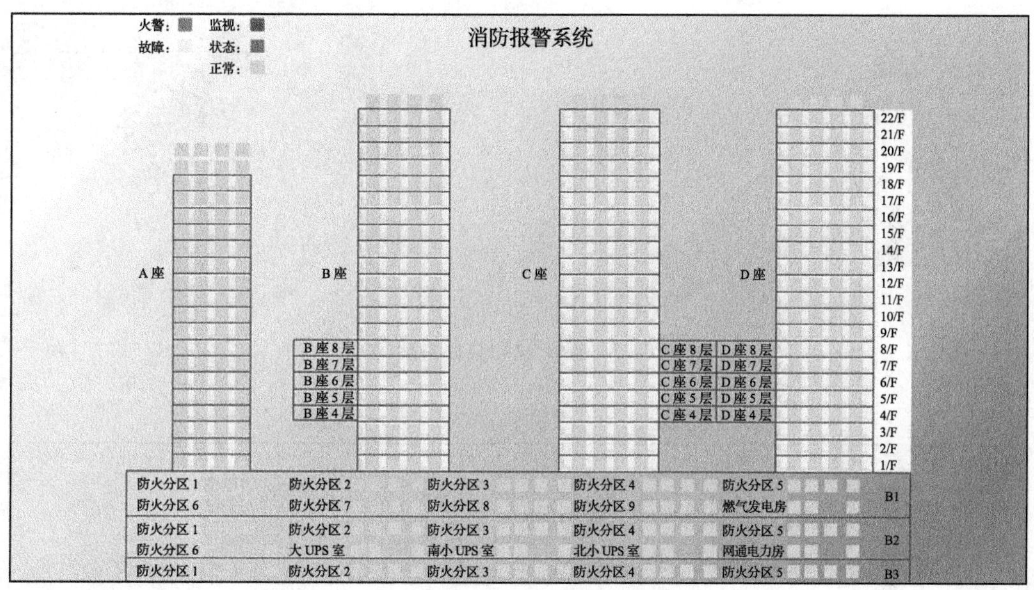

图 10-24　消防报警系统

3. 安防视频监控

由于园区的建设通常是分期进行的，招标和设备采购也会分期进行，因此相同功能的设备可能来自不同厂家、使用不同的通信方式。在物联网平台上，我们可以使用物联网中间件技术把各厂家的设备集成到同一个平台上，统一对视频监控系统进行管理。集成之后，通过园区电子地图既可以了解园区摄像头的部署情况以及摄像机当前的状态，也可以调取摄像机当前的视频监控画面。当摄像机监测到有人闯入防区时，系统会生成报警，在平台的报警管理中心既可以查看报警，也可以调出相关的报警视频。本例中选用某国产品牌摄像头，厂商提供相应的 SDK 开发套件，基于 Niagara 做二次开发后将视频流数据以及相应的报警信息引入平台。安防视频监控系统如图 10-25、图 10-26 所示。

4. 门禁管理

很多园区通常由多个机构共同使用，人员构成比较复杂。即使只有一个机构，每个人的职责、负责的财产也不尽相同，因此很多园区部署了门禁系统来限制人们可接触的物资。门禁系统采用的人员识别方式主要有门禁卡、指纹识别和人脸识别，也可以采用多种识别方式的组合。一般来说，园区的门禁管理系统是由设备厂家提供的一整套系统方案，大多数情况下园区管理平台主要是对园区门禁状态进行汇总呈现。如果需要，可以存储人员进出某区域的记录。本例中选用的门禁系统提供相应的 SDK 开发套件，可以基于 Niagara 做二次开发，从而将各区域门禁状态信息接入平台并进行界面展示。门禁管理系统如图 10-27 所示。

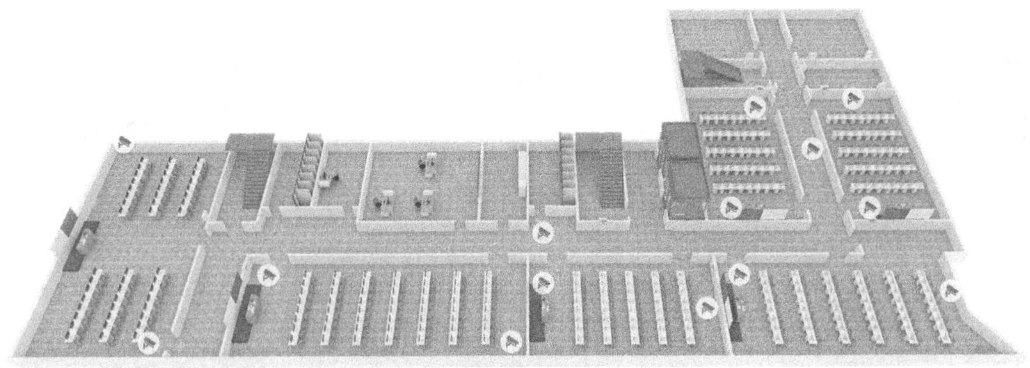

图 10-25　安防视频监控系统（1）

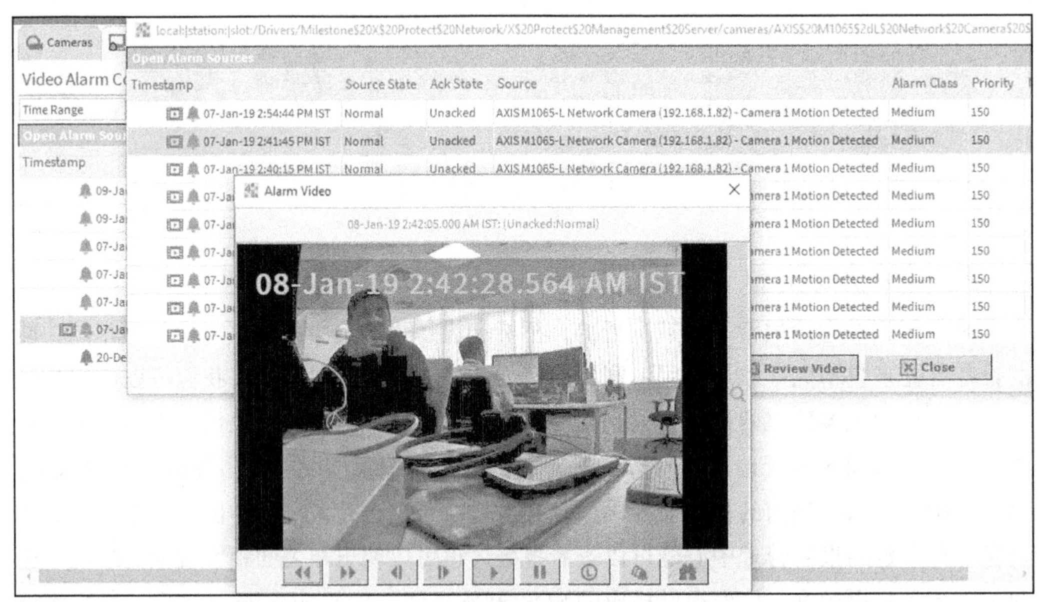

图 10-26　安防视频监控系统（2）

5. 照明控制

照明控制通常包括室内照明、景观照明、幕墙照明和楼道等公共区域照明。照明控制方式有时间表控制、场景控制和变量控制。时间表控制主要是指按工作日、非工作日，上班时间和非上班时间等时间节点来控制照明系统的开启或者关闭。场景控制是从美学的角度事先定义一些主题，让照明配合环境、气候，从而为人们带来更好的心情。变量控制则是从实用性和节能的角度加以考虑，如通过红外检测是否有人来控制灯具开关，或者根据房间照度把灯具调节到合适的亮度。在本平台中，利用边缘计算网关 JACE 通过 DDC 控制各灯光回路，在 JACE 中设计控制逻辑，添加时间表，使灯光按照控制逻辑打开 / 关闭，同时灯光回路的状态也会在界面中呈现。照明控制系统如图 10-28 所示。

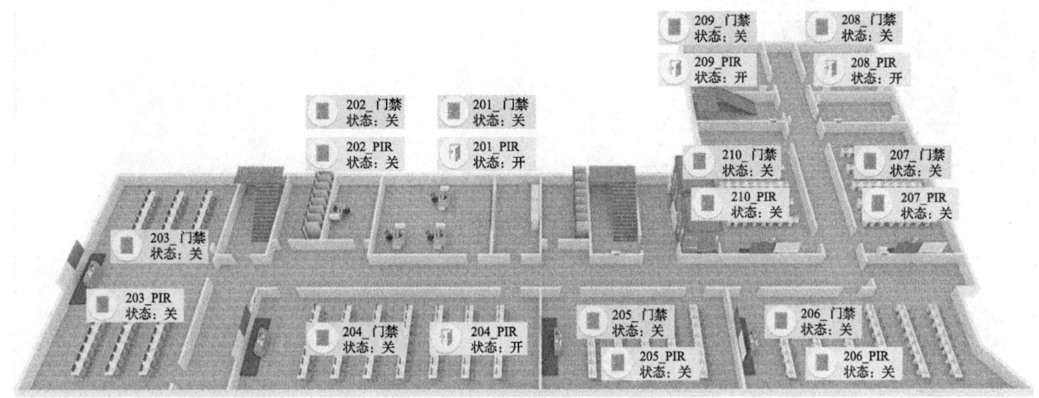

图 10-27　门禁管理系统

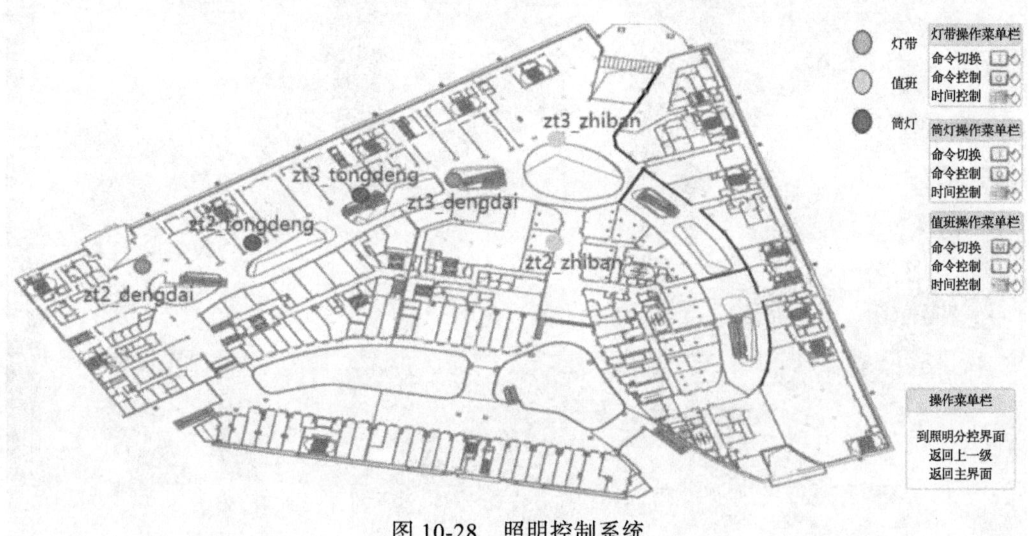

图 10-28　照明控制系统

6. 环境控制

环境控制系统通常以空调控制系统为主，通过传感器监测房间温度、湿度、CO_2 浓度、PM2.5 浓度等参数，然后根据系统设置好的程序启动相应的设备，将环境参数控制在舒适、健康的范围。把环境控制系统集成到平台上之后，相关负责人可以随时远程查看园区环境是否有异常。若出现异常，可以从平台上检查控制参数设置是否正确。如果参数有问题，就可以在平台上进行调整；如果没问题，就可以判断是设备出现问题，工作人员可以现场对问题的原因进行排查。同时，系统也提供了更人性化的界面，让工作人员对园区状况一目了然。在本例中，利用边缘计算网关 JACE 通过 DDC 输入端口采集各传感器状态，并将数据上报至服务器端进行展示。同时，利用 JACE 集成了 BACnet 温控器，实现楼宇的温度集中控制。环境控制系统如图 10-29 ～图 10-31 所示。

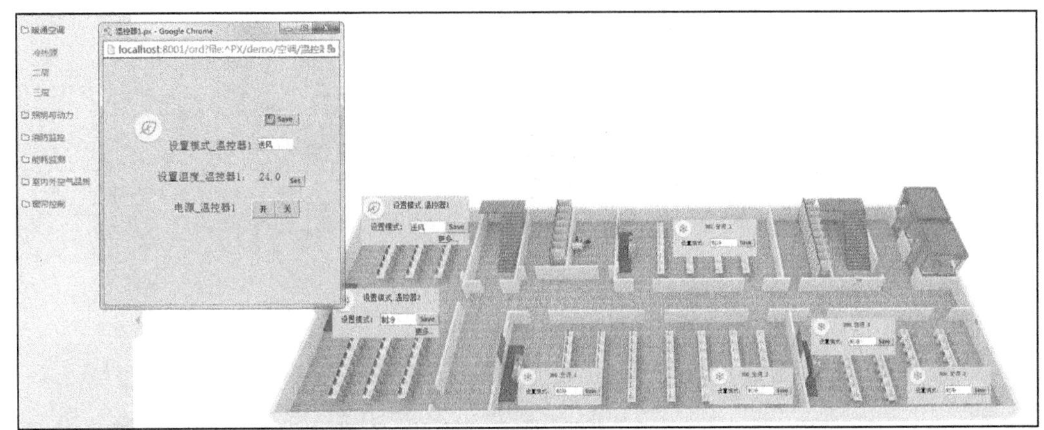

图 10-29　环境控制系统（1）

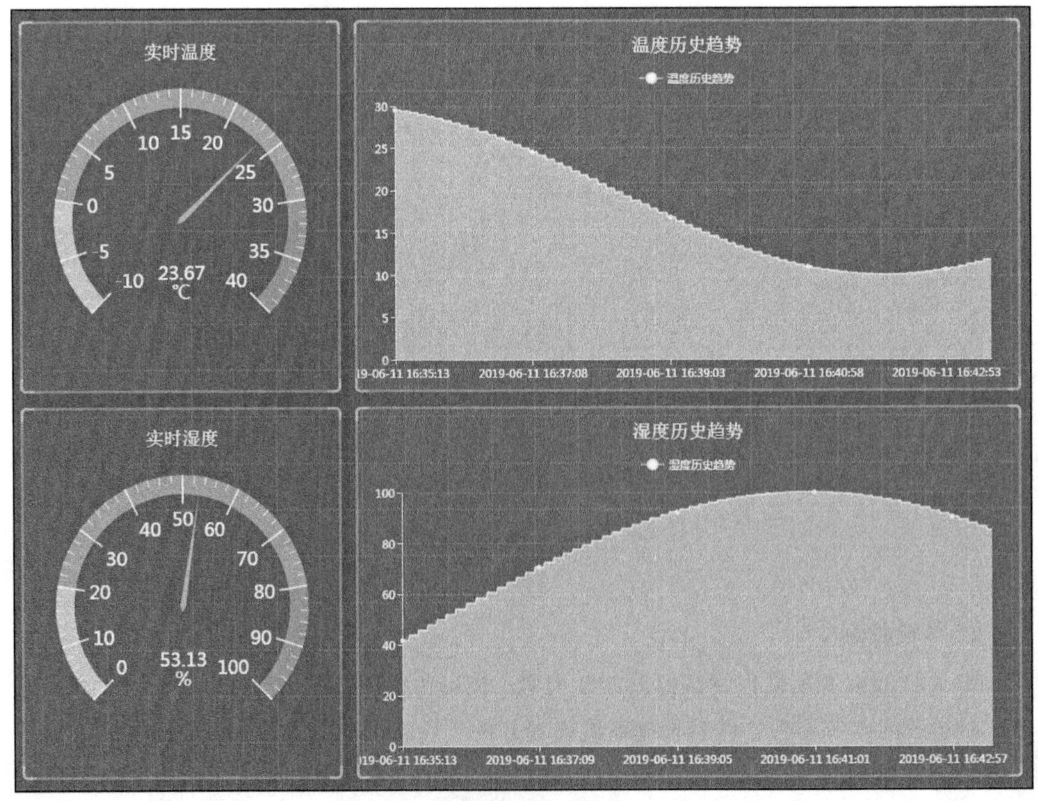

图 10-30　环境控制系统（2）

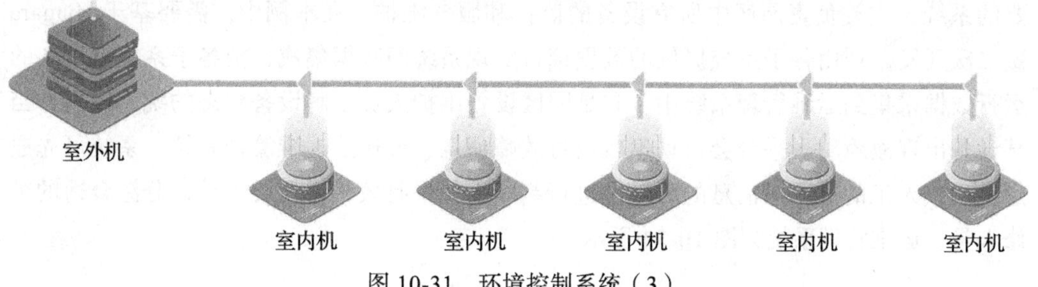

图 10-31　环境控制系统（3）

7. 能源管理

园区通过电表、水表和燃气表等计量设备对建筑中的能耗数据进行分类计量。平台中的能源管理系统主要通过实时采集计量表的数据，将园区能耗用电子地图的形式呈现给用户，同时在电子地图上呈现计量设备位置以及设备状态。并通过 Dashboard 直观地呈现出来。当能耗出现异常时，会在电子地图上显示报警状态提醒，并且允许用户定义报警阈值。系统还可以记录计量表在不同时间节点的数据，方便用户进行能耗分析。本例采用了支持 Modbus 通信的电能表，利用边缘计算网关 JACE 通过 Modbus 每隔 15 分钟采集一次电表的用电量，系统将 15 分钟的数据聚合汇总到界面进行呈现并生成相应报表。能源管理系统如图 10-32、图 10-33 所示。

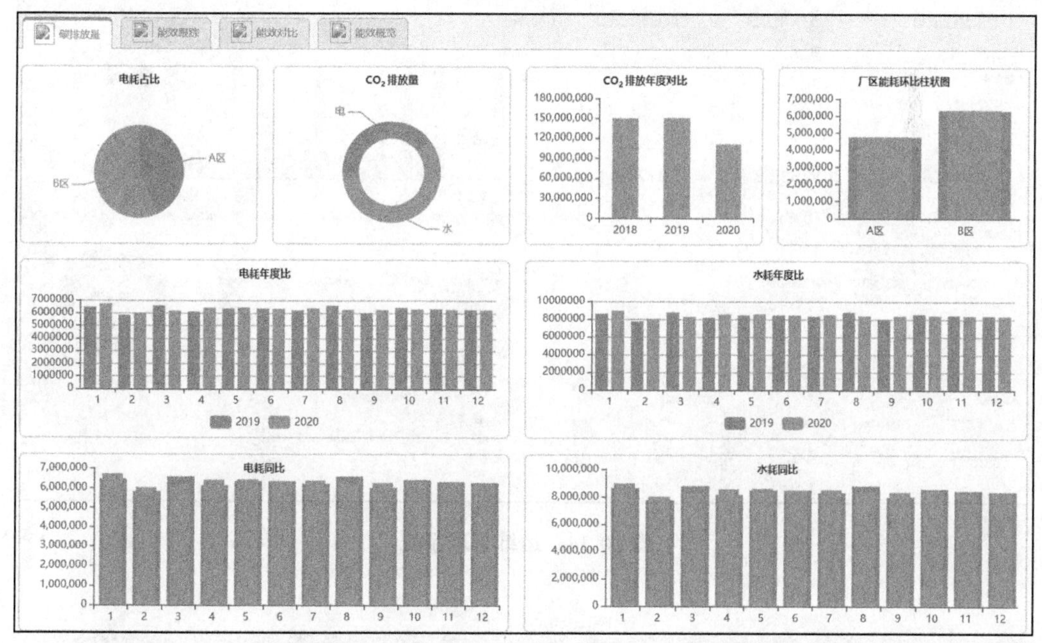

图 10-32　能源管理系统（1）

8. 运维管理

运维管理系统是建立在其他子系统的基础上的，也是智慧园区管理平台上一个很重要的系统，主要负责园区中所有设备的监控和服务维护。在本例中，需要基于 Niagara 做二次开发，利用各子系统提供的数据接口实现系统间数据集成，把各子系统中设备的运行数据采集到运维管理系统中。它是园区设备维护人员了解设备状态的统一窗口，当某设备出现故障时，平台会自动生成设备故障消息，推送给运维管理系统。系统可先通过自动或人工的方式对消息的有效性进行判断，如果有效，就生成工单，分派合适的维修人员。运维管理系统如图 10-34 所示。

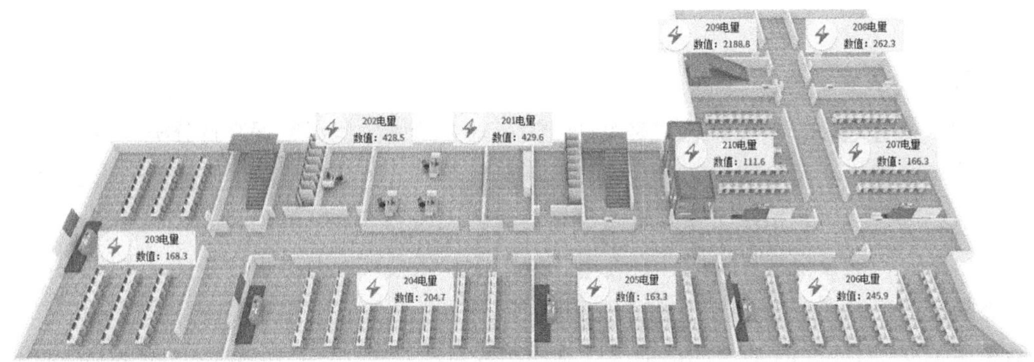

图 10-33　能源管理系统（2）

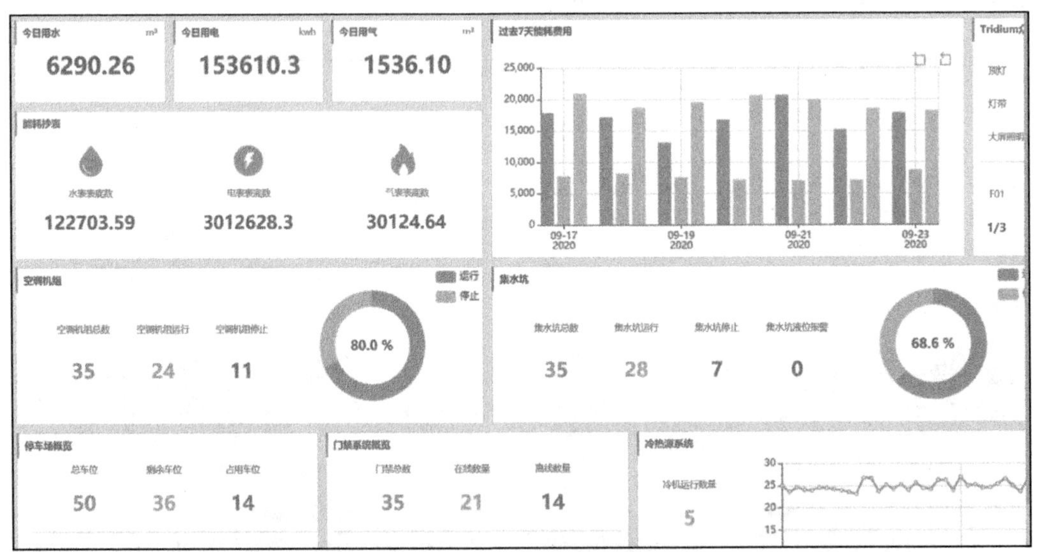

图 10-34　运维管理系统

本章小结

物联网中间件技术的实际应用越来越多，本章以智慧工厂、智慧园区两个典型的场景作为综合案例，从系统概述、系统设计和系统实现方面进行详细介绍，对物联网系统的构建和物联网中间件的应用予以展示和说明。本章的重点在于从功能需求的角度审视物联网系统，读者学习本章后，应该对基于中间件平台设计、开发物联网系统的方法和技术有初步的了解，为后续的学习奠定基础。

习　题

1. 简要说明智慧工厂系统设计过程中面临的关键问题。
2. 对于智慧园区管理系统，从功能设计角度考虑，还有哪些可扩展的功能点？
3. 列举几个其他的物联网中间件的综合应用实例，并加以说明。

推荐阅读

高等学校物联网工程专业规范（2020版）

作者：教育部高等学校计算机类专业教学指导委员会 物联网工程专业教学研究专家组 编制
ISBN：978-7-111-66851-0

本书是教育部高等学校计算机类专业教学指导委员会与物联网工程专业教学研究专家组结合《普通高等学校本科专业类教学质量国家标准》和中国工程教育认证标准的要求，运用系统论方法，依据物联网技术发展和企业人才需求编写而成。

本书对物联网工程专业进行了顶层设计，界定了本专业学生的基本能力和毕业要求，总结出专业知识体系，设计了专业课程体系和实践教学体系，形成了符合技术发展和社会需求的物联网工程专业人才培养体系。与规范1.0版相比，规范2.0版做了大幅修订，主要体现在如下三个方面：

1）系统地梳理了物联网理论、技术和应用体系，重新界定了物联网工程专业人才的能力：思维能力（人机物融合思维能力）、设计能力（跨域物联系统设计能力）、分析与服务能力（数据处理与智能分析能力）、工程实践能力（物联网系统工程能力）。

2）按概念与模型、标识与感知、通信与定位、计算与平台、智能与控制、安全与隐私、工程与应用7个知识领域进行专业核心知识体系的梳理。

3）提出并建设形成了包括专业发展战略研究、专业规范制定与推广、物联网工程专业教学研讨、教学资源建设与共享、创新创业能力培养平台建设、产学合作协同育人专业建设项目等在内的物联网工程专业人才培养生态体系。

推荐阅读

物联网工程导论
第2版
INTRODUCTION TO INTERNET OF THINGS

物联网技术与应用
第2版

物联网通信技术

传感器原理与应用

物联网信息安全

传感网原理与技术

物联网
工程设计与实施

ZigBee技术原理与实战

海量数据存储

推荐阅读

物联网导论

作者：[印度] 拉杰·卡马尔 译者：李涛 卢冶 董前琨 ISBN：978-7-111-64097-4

可穿戴计算：基于人体传感器网络的可穿戴系统建模与实现

作者：[意] 詹卡洛·福尔蒂诺 拉法埃莱·格雷维纳 斯特凡诺·加尔扎拉诺
译者：冀臻 孙玉洁 ISBN：978-7-111-62274-1

信息物理系统应用与原理

作者：[印度] 拉杰·拉杰库马尔 [美] 迪奥尼西奥·德·尼茨 马克·克莱恩
译者：李士宁 张羽 李志刚 等 ISBN：978-7-111-59810-7

雾计算与边缘计算：原理及范式

作者：[澳大利亚] 拉库马·布亚 [爱沙尼亚] 萨蒂什·纳拉亚纳·斯里拉马 等
译者：彭木根 孙耀华 ISBN：978-7-111-64410-1